S. I. WAWILOW · DIE MIKROSTRUKTUR DES LICHTES

DIE MIKROSTRUKTUR DES LICHTES

UNTERSUCHUNGEN UND GRUNDGEDANKEN

VON

S. I. WAWILOW

1954

AKADEMIE-VERLAG · BERLIN

Вавилов, С. И. • Микроструктура света
Erschienen im Verlag der Akademie der Wissenschaften der UdSSR 1950

Übersetzt aus dem Russischen von Georg Schultz
Wissenschaftliche Redaktion: Dr. Detlef Lyons, II. Physikalisches Institut der Humboldt-Universität, Berlin
und Dr. Hans Jancke, Institut für Strahlungsquellen der Deutschen Akademie der Wissenschaften zu Berlin

Die Herausgabe dieses Werkes wurde gefördert vom Kulturfonds
der Deutschen Demokratischen Republik

Erschienen im Akademie-Verlag GmbH, Berlin W 8, Mohrenstraße 39
Lizenz-Nr. 202 · 100/76/52

Gesamtherstellung: B. G. Teubner, Leipzig (III/18/154)
Bestell- und Verlags-Nr. 5098
Printed in Germany

VORWORT

In der Lehre vom Licht, wie man sie von ihrer Anwendung her gewohnt ist, wird immer stillschweigend vorausgesetzt, daß jede Lichtquelle und jeder Lichtstrom durch drei Kennzeichen vollständig charakterisiert ist, nämlich Strahlungsenergie, Spektrum und Polarisation. In Wirklichkeit ist das allerdings nur dann richtig, wenn man es mit Problemen der *Makro*optik zu tun hat, wo die Lichtstärke genügend groß, die Beobachtungszeit genügend lang und die Lichtquelle genügend ausgedehnt ist. Hinter dieser Makrooptik verbirgt sich noch eine *Mikro*optik, die von der ersten etwa so verschieden ist, wie die Thermodynamik der Körper von ihrer Molekulartheorie.

Arbeitet man mit sehr schwachen Lichtquellen, so werden sich statistische Schwankungen im Lichtstrom zeigen (Fluktuationen), die von der quantenhaften Natur des Lichtes und der Materie, sowie von dem diskreten Aufbau der Lichtquelle herrühren. Die Interferenzerscheinungen an sehr kleinen und dünnen leuchtenden Körpern hängen ganz wesentlich ab von der Art der elementaren Strahler, die die Quelle bilden, und davon, ob wir es praktisch mit Systemen aus elektrischen Dipolen oder Quadrupolen oder aus magnetischen Dipolen zu tun haben. Bei Beobachtungen mit zerhacktem Licht bei hoher Unterbrecherfrequenz (phosphoroskopische Messungen) machen sich die Lebensdauer der Moleküle und eigentümliche Polarisationserscheinungen bemerkbar, die bei stationärem „makroskopischem“ Leuchten verborgen bleiben.

Bei der Lichtausstrahlung ist das Medium, in das der Strahler eingebettet ist, von ganz besonderer Bedeutung. Das leuchtende Molekül und das von ihm ausgehende Licht erfahren eine starke Änderung, falls das Leuchten in einem absorbierenden Medium vor sich geht und die absorbierenden Nachbarteilchen sich in Entfernungen von den Strahlungsquellen befinden, die kleiner als die Lichtwellenlänge sind. Die Absorption nimmt außerordentlich zu, und es tritt eine Depolarisation der Ausstrahlung ein. Diese Eigenheiten des Lichtes, das von einem leuchtenden und gleichzeitig absorbierenden Medium ausgestrahlt wird, rechnete man früher in der Makrooptik zu den spezifisch physikochemischen Prozessen, die in lumineszierenden Stoffen vor sich gehen. Die mikrooptische Analyse zeigt jedoch, daß wir hier rein optische Erscheinungen vor uns haben, die durch die absorbierenden Moleküle in der Nähe der leuchtenden Zentren bedingt sind.

Der gemeinsame Kern des vorliegenden Buches, der seine drei verschiedenartigen Teile verbindet, ist die Mikrooptik in dem gezeigten Sinne. Damit erklärt sich der Titel des Buches.

Den Hauptinhalt des Buches bildet die Wiedergabe einiger Arbeiten, die die Probleme der Mikrostruktur des Lichtes und überhaupt die Mikrooptik behandeln. Sie wurden von mir und meinen Mitarbeitern in 30 Jahren an verschiedenen Orten durchgeführt: Im Institut für Physik und Biophysik, in der Moskauer Universität, im Staatlichen Optischen Institut und im P. M. LEBEDEWschen Institut für Physik. Daneben werden vereinzelt andere entsprechende Untersuchungen des In- und Auslandes angeführt.

Im ersten Teil werden die experimentellen Untersuchungen über Lichtquantenschwankungen nach der visuellen Methode gebracht, dieser Teil (ohne große Änderungen) wurde schon vorher in den „Uspechi" im Jahre 1948 veröffentlicht.

Der zweite Teil ist den Interferenzerscheinungen gewidmet, die hauptsächlich mit der Mikrostruktur des Lichtes zusammenhängen. Hier ist neben der Beschreibung unserer Untersuchungen auch beträchtliches didaktisches Material enthalten. Es wird eine elementare Darstellung der Interferenzoptik gegeben, die von der üblichen etwas abweicht. Mir scheint, daß man auf diesem Wege die mikrooptische Bedeutung der Interferenzerscheinungen und der Interferenzmethode in der Optik überhaupt leichter verstehen kann.

Im dritten Teil werden Eigenschaften des Lichtes untersucht, das von einem absorbierenden Medium ausgestrahlt wird.

Die Zusammenstellung dieses Buches hat die Möglichkeit gegeben, die vor vielen Jahren erhaltenen Ergebnisse noch einmal zu bearbeiten, sie von einem neuen mikrooptischen Standpunkte zu verstehen und teilweise zu berichtigen.

Die mikrooptischen Untersuchungen eröffnen, abgesehen von ihrer prinzipiellen Bedeutung, einige praktische Perspektiven für verschiedene Gebiete der Technik und der Medizin (neue Methoden zur Untersuchung des Auges, neue Wege der Photosensibilisierung, Vervollkommnung der Luminophore usw.). Gleichzeitig darf man nicht vergessen, daß sich die Mikrooptik noch im Anfangsstadium ihrer Entwicklung befindet, insofern, als einige wichtige Probleme der Lehre vom Licht noch nicht gelöst sind. Die elektromagnetische Lichttheorie hat man bisher im Grunde genommen nur sozusagen mechanisch mit der Tatsache des Vorhandenseins von Quanten vereinigt. Die fundamentale Erscheinung der Umwandlung der Strahlung in Stoff in dem Prozeß der Paarerzeugung Elektron–Positron aus γ-Quanten gehört zweifellos unmittelbar zu den Problemen der Mikrooptik. Doch steht dieser Vorgang bisher in der Optik gesondert da und besitzt nur abstrakte und formale Deutung. Dieser Formalismus und die bisher „nicht mit ihm zu vereinigende" klassische Lehre von dem elektromagnetischen Feld warten auf ihre Überwindung. Man kann hoffen, daß der Fortschritt auf diesem Gebiet der theoretischen Physik der weiteren Entwicklung der Mikrooptik entschieden weiterhilft.

Herzlicher Dank gebührt meinen Kollegen und Mitarbeitern W. L. LJOWSCHIN, E. M. BRUMBERG, P. P. FEOFILOW, B. J. SWESCHNIKOW, A. N. SEWTSCHENKO, P. A. TSCHERENKOW, F. M. PEKERMAN, T. W. TIMOFEJEW, M. D. GALANIN. Die wissenschaftlichen Ergebnisse ihrer Arbeiten erleichterten in vielem die Lösung unserer Aufgabe.

Mosshinka
August 1950

S. WAWILOW

INHALTSVERZEICHNIS

DRITTER TEIL

Eigenschaften des von einem absorbierenden Medium ausgestrahlten Lichtes

ERSTER TEIL

EXPERIMENTELLE UNTERSUCHUNGEN QUANTENHAFTER SCHWANKUNGSERSCHEINUNGEN DES LICHTES NACH DER VISUELLEN METHODE

ERSTES KAPITEL

VISUELLE METHODE ZUR MESSUNG DER QUANTENHAFTEN SCHWANKUNGSERSCHEINUNGEN

§ 1. „Klassische" und quantenhafte Schwankungen des Lichtes

Die Existenz einer ungeordneten Mikrostruktur im Lichtstrom muß sich unmittelbar in einer Abweichung vom Mittelwert (Schwankungen) bei den verschiedenen optischen Größen äußern. Um solche Schwankungen experimentell beobachten zu können, muß man mit sehr schwachen Lichtquellen oder äußerst geringen Lichtströmen arbeiten. Diese beiden Bedingungen sind nicht gleichbedeutend bei der Behandlung unseres Problems, es kommt darauf an, ob wir es klassisch oder quantentheoretisch betrachten.

Eine gewöhnliche Lichtquelle besteht aus einer Vielzahl strahlender, gegeneinander in Bewegung befindlicher Teilchen, die in Wechselwirkung miteinander stehen. Durch Stöße werden sie entweder zu neuer Ausstrahlung angeregt, oder sie geben umgekehrt ihre Anregungsenergie strahlungslos ab. Auf Grund der statistischen Regellosigkeit, mit der diese Prozesse ablaufen, ist es leicht verständlich, daß bei der klassischen Betrachtung des Problems statistische Abweichungen vom Mittelwert des Lichtstromes zu erwarten sind, wenn eine verhältnismäßig kleine Anzahl leuchtender Teilchen vorhanden ist und die Beobachtung ihrer Gesamtheit kurzzeitig erfolgt. Solche Schwankungen lassen die ungeordnete Molekularbewegung des leuchtenden Mediums erkennen. Es ist wichtig, auf folgende Besonderheiten dieser „klassischen" Lichtschwankungen hinzuweisen: sie werden vor allem nur durch solche Prozesse bestimmt, die im Inneren der Lichtquelle vor sich gehen und unabhängig von der Größe des Lichtstromes sind, der in die Meßanordnung fällt. Man kann z.B. das Licht in jeder beliebigen Entfernung von einer sehr schwach strahlenden punktförmigen Lichtquelle messen. Die Schwankungen aber bleiben unabhängig von dieser Entfernung die gleichen, da sie nur durch die Molekularbewegung innerhalb der Lichtquelle selbst bestimmt werden. Andererseits ist es klassisch möglich, eine Lichtquelle ohne Schwankungen zu realisieren. Stellen wir uns z.B. Moleküle vor, die in einer sehr zähen Substanz gelöst sind und unter dem Einfluß einer außerhalb gelegenen Lichtquelle, die frei (oder praktisch frei) von Schwankungen ist, fluoreszieren. Vom klassischen Standpunkt aus müssen die fluoreszierenden Moleküle, die nicht vom zähen Lösungsmittel erregt oder gelöscht werden (im Einklang mit dem Experiment), kontinuierlich, ohne Schwankungen, Licht ausstrahlen.

Es ist offensichtlich, daß die „klassischen" Lichtschwankungen wesentlich vom physikalischen Zustand der Lichtquelle abhängen. Nur für den Fall eines schwarzen Körpers im Strahlungsgleichgewicht kann man sie als Funktion der Temperatur, unabhängig von der Zusammensetzung und Form des Körpers bestimmen.

Die Quantennatur des Lichtes aber ändert völlig den Charakter der Schwankungserscheinungen. Auch in dem eben besprochenen Fall, wo klassisch keine Schwankungen vorzukommen brauchten, müssen im vollen Maße quantenhafte Schwankungen auftreten, die durch die sogenannte „spontane" Unabhängigkeit des Strahlungsvorgangs der einzelnen Moleküle bestimmt sind. Im allgemeinen jedoch werden diese quantenhaften Schwankungen von statistischen überlagert, die durch die Molekularbewegung und gegenseitige Störung der Teilchen bedingt sind. Bei erzwungenem Übergang des angeregten Moleküls aus einem metastabilen in einen normal angeregten Zustand, der mit nachfolgender Emission verbunden ist, müssen z.B. „klassische" Schwankungen auftreten, sie lassen die Regellosigkeit der molekularen erzwungenen Störung erkennen. Gleichzeitig treten quantenhafte Abweichungen auf, sie entsprechen dem spontanen Charakter des Übergangs aus dem normal angeregten in den Grundzustand.

Das mittlere Quadrat aller klassischen und quantenhaften Schwankungen der Energie der Hohlraumstrahlung eines heißen schwarzen Körpers ist durch die zweigliedrige EINSTEINsche Formel gegeben, die dem additiven Charakter beider Schwankungen Rechnung trägt [1]:

$$\overline{(\Delta E_0)^2} = h\nu E_0 + \frac{c^3}{8\pi\nu^2\Delta\nu}\,\frac{E_0^2}{v_0}, \tag{1}$$

wobei (nach der PLANCKschen Formel)

$$E_0 = \frac{8\pi h\nu^3}{c^3}\,\frac{\Delta\nu}{e^{\frac{h\nu}{kT}}-1}\,v_0;$$

v_0 — Volumen des Hohlraums
ν — Frequenz der Strahlung
$\Delta\nu$ — betrachtetes Frequenzintervall.

Benutzen wir den obigen Ausdruck für E_0, so können wir leicht die EINSTEINsche Formel umformen in

$$\overline{(\Delta E_0)^2} = h\nu E_0\left(1 + \frac{1}{e^{\frac{h\nu}{kT}}-1}\right). \tag{2}$$

Für sichtbares Licht, z.B. der Wellenlänge 5000 Å, und für die Temperatur $T \approx 3000°$, erhalten wir

$$\overline{(\Delta E_0)^2} \approx h\nu E_0, \tag{2'}$$

dagegen wird sich z.B. für $T \approx 30000°$ auch das zweite Glied im Ausdruck für die Schwankung bemerkbar machen. Die Schwankungen werden dadurch eine meßbare Funktion der Temperatur. Damit ist es wenigstens im Prinzip möglich, die Schwankungen zur Bestimmung der Temperatur z.B. sehr heißer Sterne auszunutzen, sofern man eine konstante mittlere Ausstrahlung des Sternes während der Messung voraussetzen kann.

Eine Grundeigenschaft der quantenhaften Lichtschwankungen, die sie deutlich von den „klassischen“ Schwankungen unterscheidet, besteht darin, daß sie bei jedem beliebigen Zustand einer konstanten Lichtquelle beobachtbar sind, vorausgesetzt, daß der zu *beobachtende* Lichtstrom klein genug ist.

Wir können als Lichtquelle einen selbstleuchtenden, fremdes Licht streuenden, glühenden oder lumineszierenden Körper wählen. In allen Fällen müssen quantenhafte Schwankungen zu beobachten sein, wenn nur das Lichtbündel von genügend geringer Intensität ist. Wie schon gesagt, können diese quantenhaften Schwankungen unter gewissen Bedingungen durch „klassische“, molekulare Schwankungen kompliziert werden, die die Natur des strahlenden Körpers widerspiegeln.

§ 2. Die Möglichkeit, quantenhafte Schwankungen visuell nachzuweisen

Die theoretischen Untersuchungen der quantenhaften Schwankungen waren bisher auf einen im Strahlungsgleichgewicht stehenden schwarzen Körper beschränkt. Experimentell konnte man schon lange die Schwankungen harter Strahlen, wie Röntgen- und γ-Strahlen, mit Hilfe einer empfindlichen Ionisationskammer bzw. einem GEIGER-MÜLLER-Zählrohr messen. Die gegenwärtig verfügbaren Photoelemente und -zellen sind jedoch noch nicht zu solcher Empfindlichkeit und Konstanz entwickelt worden, daß sie zur Untersuchung der Schwankungen im sichtbaren Bereich des Spektrums ausreichen. Inzwischen ist man besonders an der systematischen Erforschung der Schwankungserscheinungen innerhalb dieses Spektralbereiches stark interessiert, nachdem die grundlegenden Veröffentlichungen über andere optische Eigenschaften der Stoffe gerade in diesem sichtbaren Gebiet sehr zahlreich sind.

Da objektive Meßgeräte für die Erforschung fehlten, griff man erneut auf die Hilfe des Auges zurück, das sich schon bei der Entwicklung der Optik als unschätzbarer Helfer erwiesen hatte.

BARNES und CZERNY [3] sprachen im Jahre 1932 die Vermutung aus, daß man mit einem dunkeladaptierten Auge die quantenhaften Schwankungen beobachten könne. Bekanntlich erlangt das Auge eine große Empfindlichkeit, wenn es sich lange genug (ungefähr eine Stunde) in völliger Dunkelheit befindet. Diese Empfindlichkeit ist individuell etwas (manchmal sehr) verschieden und für ein und denselben Beobachter zeitlich veränderlich. Sie hängt ab von der Stelle der Netzhaut, auf die die Abbildung fällt, und von der Wellenlänge des benutzten Lichtes. Für Licht der Wellenlänge 525 mμ liegt die Reizschwelle des Auges, d.h. die minimal vom Auge wahrnehmbare Energie bei ungefähr 200 Photonen pro Sekunde gemäß unseren Messungen, die wir weiter unten beschreiben [11]. Die auftretenden relativen Abweichungen für vier verschiedene Beobachter schwanken um den Faktor 2. Dabei wird ein Lichtpunkt mit dem Durchmesser von etwa 6′, der 8° von der Netzhautgrube (Fovea centralis) entfernt abgebildet wird, beobachtet. Nach Messungen von HECHT und Mitarbeitern [12] entsprechen dem minimalen Mittelwert der Lichtenergie, der noch zur Reizung des Auges ausreicht, etwa 100 Photonen. HECHT und Mitarbeiter benutzten Licht der Wellenlänge $\lambda = 510$ mμ und einen Lichtpunkt der Ausdehnung von 10′ und beobachteten an der um 20° von der Netzhautgrube entfernt gelegenen Stelle. Hierbei erreichen die Abweichungen vom Mittelwert ungefähr den Faktor 3. Die angeführten Zahlenwerte beziehen sich auf die Energie, die auf das Auge fällt. Zweifellos geht ein Teil der Energie auf ihrem Wege zur Netzhaut in der Augenflüssigkeit durch Reflexion und Absorption verloren; schließlich absorbiert die Netzhaut selbst das auftretende Licht nicht vollständig. Deshalb ist die wirkliche Anzahl der Photonen, die noch eine Empfindung auf der Netzhaut hervorrufen, viel kleiner als durch die Zahlenwerte angegeben wird. Sie wird also einige 10 Photonen betragen. Unter solchen Bedingungen werden nach den Gesetzen der Statistik die Schwankungen schon sehr beträchtlich sein.

Die Vorstellung, daß sich bei Beobachtungen an der Reizschwelle des Auges quantenhafte Schwankungen bemerkbar machen müßten, lag auch der Arbeit von Barnes und Czerny zugrunde. Jedoch sind ihre Untersuchungen nicht überzeugend. Sie sind fehlerhaft, weil die Versuchsbedingungen starke physiologische Schwankungen zuließen; diese aber machen sich viel stärker bemerkbar als die zu erwartenden quantenhaften, wie den Physiologen und Psychologen bekannt ist [2]. Einer dieser Versuche von Barnes und Czerny bestand darin, daß eine kreisförmige Scheibe mit einem Radius von 15 cm, auf der 50 grünleuchtende Punkte unregelmäßig verteilt waren, in einer Entfernung von 0,5 m mit dem bloßen Auge beobachtet wurde. Diese Scheibe war jeweils nur 0,1 sec sichtbar, während der übrigen 0,9 sec wurde sie von einem rotierenden Sektor verdeckt. Damit fehlte dem adaptierten, außerordentlichen beweglichen Auge in dem größten Teil der Beobachtungszeit ein fester Punkt (in der physiologischen Optik „Fixpunkt" genannt). Offenbar verharrte das Auge die ganze Zeit nicht in ein und derselben Stellung. Seine unwillkürliche Bewegung in den Dunkelpausen zwischen den Lichtblitzen mußte zu unvermeidlichen starken Schwankungen der beobachteten Helligkeit führen. Diese Schwankungen sind teilweise auch darauf zurückzuführen, daß das ziemlich große Gesichtsfeld (ungefähr 18°) Teilen der Netzhaut entsprach, die sehr unterschiedliche Empfindlichkeit für das Dämmerungssehen besitzen.

Einen anderen Versuch beschreiben Barnes und Czerny folgendermaßen: „Man kann eine Dunkelkammerlampe mit einem Grünfilter nehmen, wie sie zur Entwicklung panchromatischer Platten benutzt werden. Auf das Lichtfilter gibt man erst eine dicke Lage weißes Papier, dann ein schwarzes Papier mit entsprechenden Löchern. Die Helligkeit der Löcher reguliert man mit einem Schiebewiderstand vor der Lampe und durch Abstandsänderung des Kopfes. Schwankungen werden erst nach mehreren Minuten Aufenthalt im Dunkeln wahrnehmbar." Wiederholt man jedoch diesen einfachen Versuch, so sieht man, daß die „Schwankungen" nicht nur bei Helligkeiten auftreten, die gerade noch eine Reizung des Auges verursachen, sondern auch bei hundertfach stärkeren. Wir sehen also, daß diese Erscheinung auf physiologischen Schwankungen beruht und nichts mit quantenhaften Vorgängen zu tun hat.

Würde man darüber hinaus alle physiologischen Effekte ausschalten können, außer der Eigenschaft des Auges, innerhalb eines Bruchteils einer Sekunde einen Helligkeitseindruck zu behalten, so könnte man bei dem eben beschriebenen Versuch immer noch keine quantenhaften Schwankungen beobachten. Infolge der Dauer eines Helligkeitseindruckes werden die physikalischen Schwankungen unter den angegebenen Verhältnissen genau so verschwimmen und gemittelt werden, wie es bei der Beobachtung von nahe dem Schwellenwert liegenden Helligkeiten einer großen leuchtenden Fläche der Fall ist. Eine mit leuchtenden Punkten besäte Fläche unterscheidet sich in dieser Hinsicht wenig von einer ebenso großen gleichmäßig leuchtenden Fläche. Die Art der Durchführung dieses Versuches von BARNES und CZERNY ist schwer verständlich, da die Autoren in den anderen erwähnten Versuchen mit Lichtblitzen gearbeitet haben.

Aus den von BARNES und CZERNY durchgeführten Energiemessungen geht hervor, daß sie bei ihren endgültigen Versuchen mit Intensitäten gearbeitet haben, bei denen sich theoretisch quantenhafte Schwankungen bemerkbar machen müßten; jedoch waren die Versuchsbedingungen so gewählt, daß unbedingt physiologische Schwankungen auftreten mußten, die die quantenhaften Schwankungserscheinungen zu überdecken in der Lage waren. So haben zwar BARNES und CZERNY ganz richtig auf die Möglichkeit der Beobachtung der quantenhaften Schwankungen mit dem Auge hingewiesen, doch waren sie nicht in der Lage, diese Schwankungen qualitativ oder gar quantitativ nachzuweisen.

§ 3. Die Grundlagen der visuellen Methode zur Messung von quantenhaften Schwankungen

Die Überlegung von BARNES und CZERNY, daß Schwankungen in einem Lichtstrom, der der Reizschwelle des Auges entspricht, unbedingt bemerkbar sein müßten, war der Anlaß für eine Reihe von experimentellen Arbeiten, die wir in den Jahren 1932 bis 1941 durchführten. Sie werden weiter unten besprochen [4—11][1].

Aus dem im § 2 in Zusammenhang mit der Besprechung der Versuche von BARNES und CZERNY Gesagten folgt, daß eine Beobachtung der quantenhaften Schwankungen bei kontinuierlichem Lichtstrom infolge der endlichen Dauer eines Helligkeitseindruckes und der sich daraus ergebenden Herausmittelung der Schwankungen nicht möglich ist. Ebenso unmöglich ist es, die Schwankungen bei Flächen zu beobachten, die unter einem großen Sehwinkel erscheinen. Weiterhin muß bei der Beobachtung der quantenhaften Schwankungen unbedingt ein Fixpunkt für das Auge vorhanden sein. Hält man dagegen die drei Bedingungen ein:

1. kurzzeitiges Aufblitzen,
2. kleine Abmessungen der Abbildung auf der Netzhaut und
3. Fixierung des Auges,

so wird man physikalische Schwankungen bei Lichtströmen, die gerade noch eine Reizung des Auges verursachen, unbedingt beobachten müssen, wenn die Vorstellung der quantenhaften Emission und Absorption des Lichtes richtig ist.

Es ist wichtig, daß die visuellen Beobachtungen und Messungen außerordentlich erleichtert werden durch das Vorhandensein einer scharfen *Reizschwelle des Auges*. Die Wahrnehmung ändert sich in der Umgebung der Schwelle sprunghaft und fällt rasch

[1] Die Arbeiten wurden von E. M. BRUMBERG, K. B. PANSCHIN, S. M. SWERDLOW, T. W. TIMOFEJEW und dem Autor durchgeführt.

gegen Null bei einem gewissen „Grenz“ wert der Lichtenergie. Würde kein Schwellenwert vorhanden sein und die Reizung des Auges nur allmählich abnehmen, so wäre ein Vorhandensein von Schwankungen nur durch schwer meßbare, ihre Helligkeit schnell ändernde Lichtblitze nachzuweisen. Infolge der Existenz einer Reizschwelle sind die Lichtblitze nicht zu sehen, deren Energie kleiner ist als ein gewisser Grenzwert. Man hat folglich ein qualitatives Merkmal der Schwankungen: Lichtblitze werden entweder wahrgenommen oder nicht. Geringfügige Änderungen der Helligkeit in der Umgebung der Schwelle sind praktisch nicht zu bemerken [4].

Wir bezeichnen nun mit n die mittlere Anzahl der Photonen eines Lichtblitzes aus monochromatischem Licht der Frequenz ν, die auf der Netzhaut absorbiert werden *können*, und mit z die Anzahl der Photonen, die in der Zeit des Lichtblitzes wirklich absorbiert *werden*. Wegen der Existenz einer Schwelle werden nur die Lichtblitze empfunden, für die

$$z \geqslant n_0. \tag{3}$$

Im nachfolgenden wird vorausgesetzt, daß n_0 ein konstanter Wert ist. Wenn in Wirklichkeit n_0 von Lichtblitz zu Lichtblitz um einen gewissen mittleren Wert unregelmäßig schwankt (aus physiologischen Gründen), so wird n_0 in den Endformeln (wie wir weiter unten sehen werden) diesem Mittelwert entsprechen. Ebenso sind langsame Änderungen von n_0 von Versuchsreihe zu Versuchsreihe zu bemerken, die physiologisch bedingt sind; diese Änderungen von n_0 werden Abweichungen der zu bestimmenden von den theoretischen Wahrscheinlichkeiten bedingen. Sie können zu Streuungen der gemessenen Punkte führen.

Bei jedem optischen Versuch kann man die Eigenschaften des Lichtes nur durch die Wirkung bestimmen, die es hervorruft. Führen wir Versuche über Schwankungserscheinungen durch, so haben wir es im Endeffekt praktisch immer mit *Schwankungen der absorbierten Energie* zu tun. Nur wenn *völlige Absorption* vorliegt, wenn die Zahl der in das Medium eintretenden Photonen gleich der der darin absorbierten ist, werden die Schwankungen im Lichtstrom mit den im absorbierenden Medium übereinstimmen. Bei nicht völliger Absorption wird das Wesen der Schwankungen (in der klassischen Statistik, die wir hier anwenden) nur von den Schwankungen der Absorption abhängen. Fällt z. B. ein Lichtstrom, der eine vollkommen regelmäßige Struktur besitzt und frei von Schwankungen ist, in ein Medium ein, welches Schwankungen in der Absorption aufweist, so ist es klar, daß das Endresultat nur durch die Absorptionsschwankungen bestimmt wird. Umgekehrt ist es dagegen, wenn keine solchen Schwankungen vorhanden sind. Dann werden die schließlich bemerkten Schwankungen durch die des einfallenden Lichtes bestimmt.

In Übereinstimmung mit dem Experiment (§ 2) nehmen wir im folgenden an, daß

$$n_0 \gg 1. \tag{4}$$

Nach der Poissonschen Formel haben wir für die Wahrscheinlichkeit einer Zahl z bei gegebenem mittlerem n

$$p(z) = \frac{n^z}{e^n\, z\,!}. \tag{5}$$

Nach dem eben Gesagten bezeichnet n die mittlere Zahl der in der Netzhaut *absorbierbaren* (zur Verfügung stehenden) Photonen.

Auf Grund von (4) kann z jeden beliebigen Wert zwischen n_0 und ∞ annehmen. Damit können wir die Wahrscheinlichkeit P durch das Integral

$$P = \frac{1}{\sqrt{2\pi n}} \int_{n_0}^{\infty} e^{-\frac{(z-n)^2}{2n}} dz \tag{6}$$

ausdrücken. Wir führen die Substitution:

$$y = \frac{z-n}{\sqrt{2n}}. \tag{7}$$

ein. Damit können wir (6) in die Form umschreiben:

$$P = \frac{1}{\sqrt{\pi}} \int_{y_0}^{\infty} e^{-y^2} dy = \frac{1}{2} - \frac{1}{\sqrt{\pi}} \int_0^{y_0} e^{-y^2} dy = \frac{1}{2} - \frac{\varphi}{2} \tag{8}$$

wobei wir mit

$$\varphi = \frac{2}{\sqrt{\pi}} \int_0^{y_0} e^{-y^2} dy \tag{9}$$

das (tabellierte) Gausssche Fehlerintegral bezeichnen und

$$y_0 = \frac{n_0 - n}{\sqrt{2n}} \tag{10}$$

ist.

Bei der Auswertung unserer Meßergebnisse benutzten wir eine Näherungsformel für (8), weil sich in dem wichtigsten und praktisch nur interessierenden Intervall, das bei Wahrscheinlichkeiten ungefähr zwischen den Werten 0,0 und 0,8 liegt, φ innerhalb der Grenzen der Meßgenauigkeit kaum von y_0 unterscheidet. Das sieht man aus der folgenden Tabelle 1.

Tabelle 1

φ	0,00	0,10	0,20	0,30	0,40	0,50	0,60	0,70	0,80
y_0	0,00	0,09	0,18	0,28	0,38	0,48	0,60	0,74	0,91

Auf Grund dessen können wir die Wahrscheinlichkeit P aus (8) genähert folgendermaßen darstellen:

$$P \approx \frac{1}{2} - \frac{y_0}{2} = \frac{1}{2} - \frac{1}{2} \frac{(n_0 - n)}{\sqrt{2n}}. \tag{11}$$

Setzen wir

$$\frac{n}{n_0} = x, \tag{12}$$

so können wir (11) umschreiben in

$$P = \frac{1}{2} - \frac{1}{2}\sqrt{\frac{n_0}{2}}\,\frac{(1-x)}{\sqrt{x}}. \tag{13}$$

Der Absolutwert von x läßt sich bequem graphisch aus den Meßwerten nach der vollständigen Formel (8) bestimmen, wenn wir in ihr $x = 1$ setzen. Dann wird

$$P = \tfrac{1}{2}. \tag{14}$$

Aus dem Experiment ergeben sich Werte für P, die zu entsprechenden Werten von x gehören. In der graphischen Darstellung können wir dann nach (14) den Wert für $P = \frac{1}{2}$ aufsuchen, für den $x = 1$ sein soll. Damit erhält man den Faktor, mit dem die anderen Werte von P zu multiplizieren sind, um aus den relativen absolute Werte für x zu erhalten.

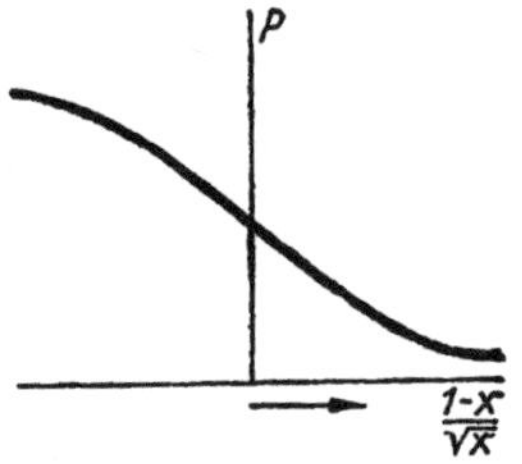

Abb. 1.
Die Wahrscheinlichkeit P als Funktion von $\frac{1-x}{\sqrt{x}}$

Auf Grund der genaueren Formel (8) hat die Wahrscheinlichkeit das Aussehen wie in Abb. 1, wo P als Funktion von $\frac{1-x}{\sqrt{x}}$ (proportional y_0) aufgetragen ist. Die Formel (13), die einer Geraden entspricht, fällt praktisch mit dem geradlinigen mittleren Teil der Kurve zusammen. Die Neigung des geradlinigen Abschnittes ist

$$k = \frac{1}{2}\sqrt{\frac{n_0}{2}}, \tag{15}$$

woraus sich für n_0 ergibt

$$n_0 = 8k^2. \tag{16}$$

Die dargelegte Theorie stellt die Grundlage für die Auswertung der Messung der visuellen quantenhaften Schwankungen auf Grund der Bestimmung von P bei veränderlichen Werten von x dar.

§ 4. Die experimentellen Anordnungen und die Ausführung der Messungen

Man kann leicht die Bedingungen für die kurzzeitige Beobachtung von Lichtblitzen realisieren, die eine genügend kleine Abbildung auf der Netzhaut und eine Fixierung des Auges gewährleisten, was für die Beobachtung der Schwankungen notwendig ist. Die Abb. 2 gibt die experimentelle Anordnung (Blick von oben) wieder, die wir bei den Versuchen im Jahre 1933 benutzten [4]. Das Licht einer 4-Volt-Glühlampe, die sich in einem Lampengehäuse befindet und von einem Akkumulator gespeist wird, fällt durch ein Mattglas, ein grünes Filter und eine runde Öffnung von 1 mm Durchmesser

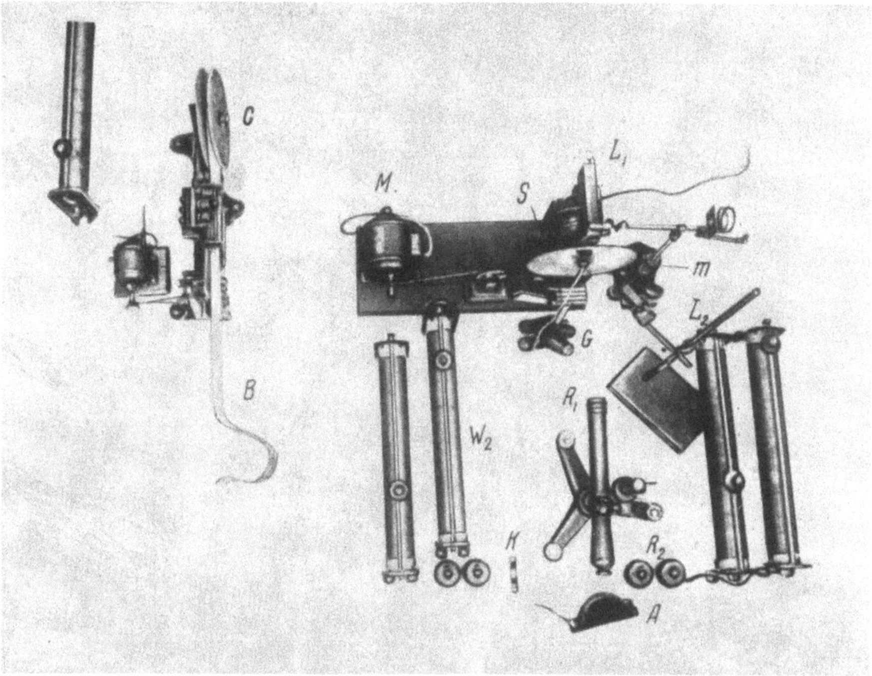

Abb. 2.

Experimentelle Anordnung zur subjektiven Messung quantenhafter Schwankungen

in das Rohr $R_1 R_2$. An den beiden Enden des Rohres sind Polarisationsprismen angebracht. Durch Drehen der beiden Prismen gegeneinander kann man das Licht beliebig schwächen, ohne seine spektrale Zusammensetzung zu ändern. Zwischen der Lichtquelle und dem Rohr wird die mit einer Öffnung versehene Scheibe *S* durch einen Synchronmotor *M* langsam gedreht (1 Umdrehung pro sec). Sie läßt das Licht jeweils 0,1 sec hindurch und hält es 0,9 sec zurück.

Das Licht einer zweiten Lampe L_2, das durch ein rotes Filter fällt, wird von dem Spiegel *m* reflektiert, der vor der sich drehenden Scheibe angebracht ist. Das Bild des roten Fixpunktes hat die gleiche Entfernung vom Auge (60 cm), wie der grüne Punkt der Lampe L_1. Im Gegensatz zum grünen Punkt wird der rote Fixpunkt nicht von der rotierenden Scheibe verdeckt, sondern bleibt die ganze Zeit über im Blickfeld des Auges. Der Winkel zwischen dem roten und grünen Punkt betrug bei unseren ersten Versuchen 4°. Zwischen die Scheibe und das Rohr $R_1 R_2$ konnten, um das Licht um einen bestimmten Betrag zu schwächen, eine Anzahl Glasplatten geschoben werden. Jede Platte schwächt das Licht bei zweifacher Reflexion um 7%, wie aus photometrischen Messungen hervorging. Bringt man im Dunkeln in den Strahlengang einige Glasplatten oder entfernt man einige davon, so kann man leicht die Größe des Lichtstromes in der Nähe der Schwelle stufenweise variieren.

Auf dem zweiten Tisch steht ein astronomischer Chronograph *CB* mit einer Rolle Telegraphenpapier und elektrisch gesteuerten Schreibfedern. Diese Federn sind so mit der umlaufenden Scheibe gekoppelt, daß für jeden Umlauf der Scheibe ein Strich auf dem Papierstreifen markiert wird. Mit Hilfe einer Taste, die auf dem anderen Tisch steht, kann der Beobachter seine Zeitmarkierungen auf den laufenden Papierstreifen übertragen.

Der Versuch geht folgendermaßen vor sich: Die Adaptation des Auges des Beobachters dauert eine Stunde. Das Kinn des Beobachters liegt auf einer speziellen Kinnstütze, wie sie gewöhnlich bei den Versuchen der physiologischen Optik benutzt wird. Durch das Rohr $R_1 R_2$ sieht das Auge beide Punkte L_1 und L_2. Die Helligkeit beider Punkte wird teils durch die Polarisationsprismen R_1 und R_2, teils durch die Widerstände W_1 und W_2 variiert. Das Auge fixiert die ganze Zeit den roten Punkt. Der grüne Punkt wird daher in einer Entfernung von 4° von der Fovea peripherisch beobachtet.

Für die Beobachtung ist eine ziemlich lange vorausgehende Übung erforderlich (5–10 Sitzungen von mindestens je 1 Stunde). Das Auge soll sich durch die Übung an die Schwankungen, das peripherische Sehen und die Aufmerksamkeit, die für eine rechtzeitige Registrierung der beobachteten Lichtblitze durch Drücken der Taste erforderlich ist, gewöhnen. Unser vieljähriger Versuch mit zehn Beobachtern hat gezeigt, daß die ersten Messungen (ohne Übung) bei allen ohne Ausnahme ungenau sind, was auf die ungenügende „Schulung“ des Auges zurückzuführen ist. Eine große Rolle spielt der Zustand des Beobachters (Ermüdung, Tageszeit, Gesundheitszustand usw.). Die Messungen werden sehr gestört durch das sogenannte „Eigenlicht der Netzhaut“, d.h. durch helle Wolken, die im Dunkeln vor dem Auge schweben. Für die Versuche muß man Perioden aussuchen, in denen bei dem Beobachter diese Erscheinung nicht auftritt oder sehr schwach ist.

Nachdem die Scheibe in Bewegung gesetzt ist, verringert der Beobachter allmählich die Helligkeit des grünen Punktes (der unter diesen Bedingungen farblos erscheint) bis zur Schwelle, wobei sein Auge während der ganzen Zeit den roten Punkt fixiert.

Das erste neue qualitative Ergebnis dieser Messung ist von fundamentaler Bedeutung: *Es existiert im Grunde genommen unter solchen Bedingungen keine Reizschwelle des Auges.* Wird die Helligkeit des grünen Punktes allmählich verkleinert, so bemerkt der Beobachter zuerst, daß bei jedem Durchgang der Scheibenöffnung ein Lichtblitz abnehmender Helligkeit auftritt. Danach jedoch beginnt der wahre Bereich der Schwankungen. Schwächen wir weiterhin den Lichtstrom um ganz geringe Beträge, so wird nicht mehr bei jedem Durchgang der Öffnung ein Lichtblitz beobachtet, sondern fehlt bei einigen. Bei weiterer Schwächung werden die Lichtblitze immer seltener und endlich so selten, daß man sie leicht übersehen kann. In qualitativer Hinsicht unterstreicht diese Erscheinung in voller Klarheit das Vorhandensein der quantenhaften Schwankungen.

Für quantitative Messungen muß der Beobachter jeden Lichtblitz (im Bereich der Schwankungen) durch Druck auf die Taste K registrieren. Nach einer gewissen Zahl solcher Registrierungen (die für statistische Berechnungen genügen muß) erhöht der Beobachter die Anzahl G der Glasplatten um eine und registriert erneut die Lichtblitze auf dem Papierstreifen des Chronographen. Für die Messung mit vier bis fünf verschiedenen Glasplattensätzen benötigt man ein bis zwei Stunden. Durch die Aufzeichnungen der Lichtblitze und die gleichzeitige automatische Registrierung der Umdrehungen der Scheibe auf dem Papierstreifen erhält man alles, was zur Berechnung der Wahrscheinlichkeit des Auftretens von Lichtblitzen benötigt wird. Diese Wahrscheinlichkeit ist offensichtlich gleich dem Verhältnis der Anzahl der beobachteten Lichtblitze zur Zahl der Umdrehungen der Scheibe. Andererseits stellt die Zahl der in den Strahlengang gebrachten Glasplatten ein Maß für den relativen Wert von x dar, d.h. für die mittlere Anzahl der Photonen in jedem Lichtblitz.

In unseren Versuchen der darauffolgenden Jahre (1938–1941) wurde die Anordnung etwas verändert [9], wobei jedoch alle wesentlichen Teile des ersten Versuches erhalten blieben. Auf Abb. 3 ist die Anordnung skizziert.

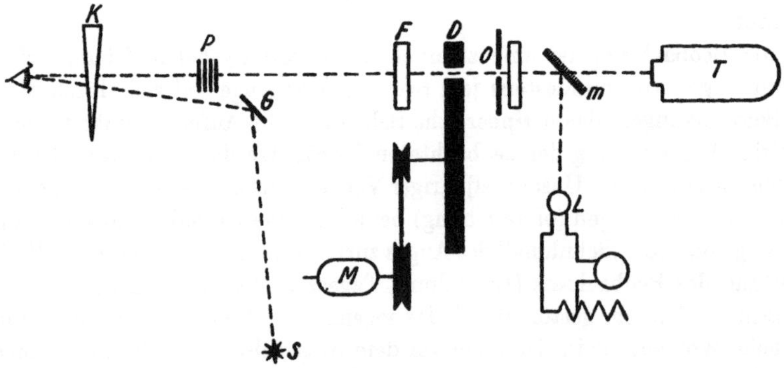

Abb 3. Schematische Darstellung der zweiten Anordnung zur visuellen Messung quantenhafter Schwankungen

Der Kopf des Beobachters liegt, wie im vorherigen Fall, auf einer Kinnstütze. Das Auge fixiert den roten Punkt S (dessen Helligkeit man beliebig mit einem Widerstand schwächen kann) mit Hilfe einer Glasplatte G. Ändert man die Neigung dieser Platte und ihren Abstand von der Achse der Anordnung, so kann man den Winkel zwischen der Fovea und dem beobachtenden Teil der Netzhaut variieren. Zu diesem Teil der Netzhaut gelangt das Licht der Quelle durch das Diaphragma O, das mit einem Milchglas bedeckt ist, durch die Öffnung D einer Scheibe, welche mit Hilfe eines Synchronmotors M gedreht wird, durch das Filter F und endlich durch eine Schicht Glasplatten P und einen Graukeil K. Das Diaphragma O wird durch eine von einem Akkumulator gespeiste Glühlampe beleuchtet. Das Licht wird durch den Spiegel m in das Auge gelenkt. Für die Absolutmessung der Energie, die der Reizschwelle des Auges entspricht, werden der Spiegel m und das Milchglas vor dem Diaphragma O entfernt. Das Diaphragma wird dann durch den „schwarzen Körper" T beleuchtet.

In dieser Anordnung betrug der räumliche Winkel des runden Lichtpunktes gewöhnlich 6′. Die meisten Beobachtungen wurden mit einer Stelle der Netzhaut 8° von der Fovea entfernt durchgeführt.

Für die Messung bei verschiedenen Wellenlängen wurde an Stelle der Lampe L ein Monochromator mit einer Lampe und zusätzlichen Filtern, die zur Ausfilterung des gestreuten Lichtes anderer Wellenlängen dienten, aufgestellt.

Zum Vergleich der Anzahl der Photonen N, die auf die Pupille des Auges *fallen*, wenn die Netzhaut n_0 Photonen *absorbiert*, ist es notwendig, den absoluten Wert der Energie zu kennen, der auf die Pupille des Auges in der Zeit eines Lichtblitzes fällt. Wie schon gesagt, dient dazu der schwarze Körper T (Abb. 3), der an das Diaphragma O geschoben wird (nach Entfernung des Milchglases). Sind die Temperatur des schwarzen Körpers Θ, die Größe der Öffnung O, die spektrale Durchlässigkeit des Filters F, die Entfernung zwischen Diaphragma O und Pupille und der Durchmesser der Pupille des Beobachters bei Dunkeladaptation bekannt, so kann man auf Grund der Gesetze der schwarzen Strahlung die Größe des Lichtstromes, der auf die Pupille fällt, bestimmen. Die Temperatur des schwarzen Körpers betrug ungefähr 1100° K. Die Genauigkeit der weiter unten angeführten Energiewerte N liegt annähernd bei 10%. Der Durchmesser der Pupille bei voller Adaptation wurde durch Photographieren des Auges beim Aufleuchten der Lichtblitze bestimmt. Ein an das Auge gehaltener Maßstab wurde mitphotographiert.

Da es unbequem ist, dauernd mit dem schwarzen Körper zu arbeiten, wurde in einem bestimmten Temperaturbereich bei Beobachtung durch das Filter F die Lampe L mit dem schwarzen Körper geeicht. Im folgenden wurde sie als sekundäres Maß für relative und absolute Messungen benutzt. Aus (12) und (14) folgt bei $P = \frac{1}{2}$, daß $n = n_0$ ist. Ist neben der Form $P(x)$ der Schwankungskurve der absolute Wert für einige x bekannt, so lassen sich alle anderen Werte von x in absolute umrechnen und damit aus dem x, das $P = \frac{1}{2}$ entspricht, N bestimmen. Wichtig ist zu bemerken, daß bei den unten angeführten Ergebnissen N unter den gleichen Bedingungen und aus denselben Messungen bestimmt wurde wie n_0.

Daß wir für die Lichtblitze gerade eine zehntel Sekunde wählten, ergab sich auf Grund von Vorversuchen. Diese haben gezeigt, daß bei ein und derselben Energie

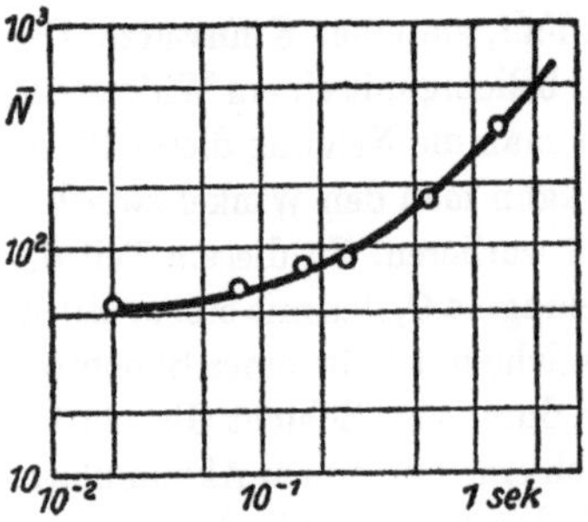

Abb. 4. Mittlere Anzahl der Photonen $\bar{N}$ eines Lichtblitzes, die gleichen Helligkeitseindruck erzeugen, als Funktion der Dauer der Lichtblitze

der Lichtblitze (unter Bedingungen nahe der Schwelle) ihr Helligkeitseindruck sich nicht ändert, falls ihre Dauer kleiner als 0,1 sec ist. Dauern sie 0,1 sec, so wird die Helligkeit kleiner, und man muß eine größere Energie aufwenden, um die frühere Helligkeit zu erhalten. Diese Orientierungsversuche werden durch die vor kurzem durchgeführten Messungen von Bouman und van der Velden bestätigt [26, 16].

In Abb. 4 ist eine der gemessenen Kurven aus dieser Arbeit dargestellt, die die Anzahl der Photonen $\bar{N}$ eines Lichtblitzes, die gleichen Helligkeitseindruck erzeugen, als Funktion der Dauer des Lichtblitzes für ein Blickfeld von ungefähr 4′ angibt. Aus der Kurve ist zu entnehmen, daß der Teil gleichbleibender Helligkeit annähernd bei 0,1 sec beginnt, in Übereinstimmung mit dem von uns angenommenen Wert.

Am Schluß der Beschreibung des Meßvorganges der Schwankungen muß man auf eine Methode zur Prüfung der statistischen Unabhängigkeit der Schwankungen hinweisen. Solche Prüfung ist deshalb nötig, weil sich sonst zweifellos systematische Einflüsse in die Erscheinungen einmischen könnten, die nichts mit statistischen Schwankungen zu tun haben.

Bezeichnen wir die Wahrscheinlichkeit, einen Lichtblitz bei einer gegebenen Anzahl von Durchgängen zu beobachten, mit w, so wird die Wahrscheinlichkeit p_n dafür, daß nach einem Lichtblitz n Durchgänge ohne Lichtblitz folgen und danach wieder ein Durchgang mit Lichtblitz, gegeben sein durch:

$$p_n = (1 - w)^n w,$$

oder anders geschrieben

$$\log p_n = n \log (1 - w) + \log w.$$

Diese Formel kann man zur Nachprüfung der Unabhängigkeit der Schwankungen benutzen. Wir bezeichnen die Zahl der Zwischenräume, die n „dunklen“ Durchgängen auf dem Papierstreifen entsprechen, mit a_n. Dann ist

$$p_n = \frac{a_n}{\Sigma a_n}.$$

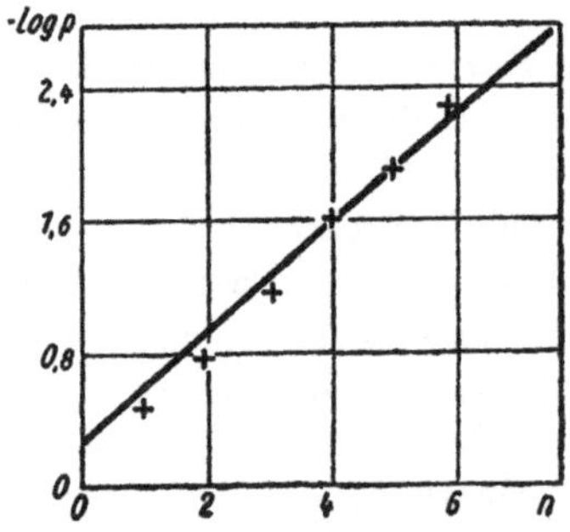

Abb. 5. Prüfung der statistischen Unabhängigkeit der Schwankungen

Bestimmen wir aus den Registrierungen auf dem Papierstreifen den Wert für p_n nach dieser Formel und tragen wir den Wert logarithmisch über n auf, so müssen wir im Falle statistischer Unabhängigkeit eine Gerade erhalten. Wir führen als Beispiel die Angaben eines von B. gemessenen Streifens an. In der Tabelle 2 sind die Werte von n, a_n, p_n zusammengestellt. Die Abb. 5 zeigt graphisch die Abhängigkeit des $\log p_n$ von n. Aus der Neigung der

Geraden erhalten wir $w = 0{,}52$, aus dem Schnittpunkt der Geraden mit der Ordinatenachse $w = 0{,}50$ und aus der direkten Rechnung den Wert $w = 0{,}48$. Wir können tatsächlich durch die Aufzeichnungen des Chronographen die statistischen Schwankungen nachweisen. Ähnliche Ergebnisse wurden aus entsprechender Auswertung der anderen Streifen erhalten.

Tabelle 2

n	0	1	2	3	4	5	6	Zahl der Durchgänge 352
a_n	64	60	28	11	4	2	1	$\sum a_n = 170$
p_n	0,38	0,35	0,17	0,06	0,02	0,01	0,005	$w = \frac{171}{352} = 0{,}48$

§ 5. Meßergebnisse für die Schwankungen im blau-grünen Teil des Spektrums

In den Jahren 1932—1941 wurden im Optischen Staatsinstitut Hunderte von Meßreihen über Schwankungserscheinungen durchgeführt, bei denen mehr als zehn Beobachter mitwirkten. Die Messungen wurden ausgewertet: erstens, um die Linearität nach der Formel (13) nachzuweisen; zweitens, um den Absolutwert von n_0 zu bestimmen, d.h. die Zahl der Photonen, die der Reizschwelle des Auges entspricht.

Um die Methode der Auswertung zu zeigen, führen wir die Tabelle 3 an, in der die zahlenmäßigen Ergebnisse eines von B. im Jahre 1932 aufgezeichneten Papierstreifens angegeben sind. Er benutzte ein grünes Filter ($\lambda \approx 530$ mμ). In dieser Tabelle bedeutet G die Anzahl der aus dem Strahlengang herausgenommenen zur Schwächung des Lichtes dienenden Glasplatten, α das durchgelassene Licht in relativen Einheiten, wobei der Anfangswert willkürlich gleich 1 gesetzt ist; $\mathfrak{R}$ die Anzahl der Lichtblitze, N die Zahl der Durchgänge der Scheibe.

Tabelle 3

G	α	x	$\frac{1-x}{\sqrt{x}}$	$\mathfrak{R}$	N	P
6	1,00	1,24	— 0,215	37	38	1,00
5	0,93	1,16	— 0,148	26	32	0,81
4	0,86	1,08	— 0,077	35	80	0,44
3	0,80	1,00	0,000	48	111	0,43
2	0,75	0,96	0,073	44	142	0,31
1	0,70	0,93	0,139	65	327	0,20

Um x zu berechnen, kann man (wie im § 4 ausgeführt wurde) die aus der Tabelle genommenen Werte für P als Funktion der Anzahl der Glasplatten auftragen, und mit Hilfe einer interpolierenden Geraden findet man den Durchlässigkeitskoeffizienten, der

$P = \frac{1}{2}$ entspricht. Hieraus erhält man den Faktor, mit dem α multipliziert werden muß, um x zu erhalten.

In der Abb. 6 sind die graphischen Auswertungen der Meßergebnisse aus dem Jahre 1968 [9] von vier Beobachtern: B., Sw., S. und E. dargestellt. Aus der Abb. 6 kann man einen Eindruck von der typischen Streuung der experimentell bestimmten Punkte

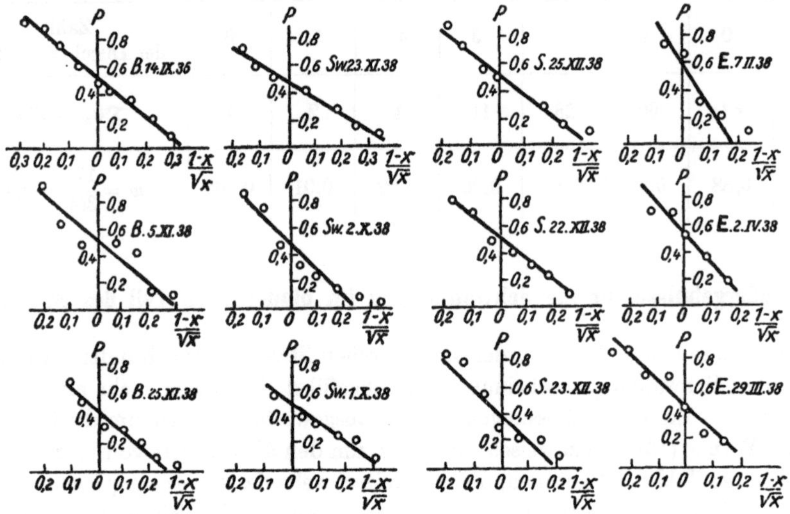

Abb. 6. Meßergebnisse der Schwankungen von vier Beobachtern

erhalten. Das umfangreiche Material, das in vielen Jahren von zehn Beobachtern zusammengetragen wurde, bestätigt die annähernd lineare Abhängigkeit zwischen P und $\frac{1-x}{\sqrt{x}}$ in allen Fällen ohne Ausnahme, wie es theoretisch vorauszusehen war.

Die Mehrzahl der Messungen wurde im blau-grünen Teil des Spektrums zwischen 500 und 550 mμ durchgeführt, da hier, wie unser Versuch gezeigt hat, innerhalb der Fehlergrenzen keine Abhängigkeit der Schwankungen von der Wellenlänge besteht und n_0 für ein und denselben Beobachter konstant ist. Für verschiedene Beobachter schwankt n_0 in weiten Grenzen, wie aus weiter unten angeführten experimentellen Ergebnissen zu ersehen ist.

In Tabelle 4 sind die Mittelwerte der Messungen für k und entsprechend für n_0 zusammengestellt, die von verschiedenen Beobachtern in den Jahren 1933–1941 erhalten wurden. In der Tabelle sind aufgeführt: die Anfangsbuchstaben der Beobachter, das Jahr der Versuche, der Peripheriewinkel ω der Beobachtung, die Wellenlänge λ, die Mittelwerte von k und n_0, die aus einer Beobachtungsserie erhalten wurden (die Serie umfaßt drei bis zehn Beobachtungsreihen). Für manche Beobachtungen ist auch der Mittelwert N angeführt, der auf die im § 4 angegebene Weise bestimmt wurde. In die letzte Spalte ist das Verhältnis $\frac{N}{n_0}$ eingetragen.

Tabelle 4

Beobachter	Jahr	ω	λ	$\bar{k}$	$\bar{n}_0$	N	$\frac{N}{n_0}$
B.	1932	4°	530	2,4	47	—	—
B.	1936	10	510	1,9	30	—	—
B.	1938	8	525	1,7	23	168	7,1
P.	1936	10	500	1,0	8,0	—	—
P.	1936	10	510	1,0	8,0	—	—
P.	1936	10	520	1,2	11,0	—	—
P.	1936	10	540	1,2	12,0	—	—
Sw.	1938	8	525	1,9	29	231	8,0
Sw.	1940	7	500	1,8	26	—	—
Sw.	1940	7	550	1,8	26	—	—
Sw.	1938	8	525	1,5	18	324	18,0
E.	1938	8	525	2,0	32	108	3,4
T.	1940	7	500	1,9	29	—	—
T.	1940	7	550	1,7	23	—	—
Sh.	1941	7	500	1,3	13	—	—
Sh.	1941	7	500	1,4	16	—	—
Sh.	1941	7	550	1,7	23	—	—
Sm.	1940	7	500	2,1	35	—	—
Sm.	1940	7	550	2,3	42	—	—
L.	1940	7	500	1,0	8,0	—	—
L.	1940	7	550	1,0	8,0	—	—
Mittelwerte				1,6	20	208	9,0

In Tabelle 5 sind die Werte N und k für zwei Beobachter von verschiedenen Tagen des gleichen Jahres zusammengestellt. Aus ihr kann man das Schwanken der Werte k und N für ein und denselben Beobachter an verschiedenen Tagen beurteilen.

Tabelle 5

Beobachter S.			Beobachter Sw.		
1938			1938		
Datum	N	k	Datum	N	k
16. XII.	224	2,0	2. X.	333	1,4
20. XII.	192	1,8	5. X.	324	1,8
22. XII.	291	1,8	10. X.	323	1,4
23. XII.	255	1,9	22. X.	335	1,4
25. XII.	246	1,5	20. XI.	304	1,7
26. XII.	228	1,9	23. XI.	318	1,4
28. XII.	242	2,3	27. XI.	333	1,5
29. XII.	221	1,6			
30. XII.	178	2,2			
Mittelwert	231	1,9	Mittelwert	324	1,5

Betrachten wir die Tabellen 4 und 5, so kommen wir zu folgenden Ergebnissen:

1. Läßt man alle übrigen Größen unverändert, so ist für ein und denselben Beobachter die Größe k im Wellenlängenintervall von 500–550 mμ praktisch konstant.

2. Der Wert von k schwankt für verschiedene Beobachter und verschiedene Versuchsreihen um mehr als den Faktor 2 (n_0, das dem Quadrat von k proportional ist, ändert sich dementsprechend fast um den Faktor 6).

3. Für ein und denselben Beobachter schwankt k an verschiedenen Tagen um den Faktor 1,4 (n_0 entsprechend um den Faktor 2). Weil jedoch die Genauigkeit, mit der die Neigung der Geraden k (siehe Abb. 6) bestimmt werden kann, nicht sehr groß ist, läßt sich nicht mit Bestimmtheit sagen, ob die Streuung der Werte von k, und um so mehr von n_0, für verschiedene Beobachter und für denselben Beobachter an verschiedenen Tagen immer reell ist.

4. Die Größe N, d. h. die Zahl der Photonen nahe der Reizschwelle, die auf die Pupille des Auges fallen, schwankt für ein und denselben Beobachter an verschiedenen Tagen in bedeutend kleineren Grenzen als n_0, wie es aus der Tabelle 5 ersichtlich ist. Außerdem wird N von verschiedenen Beobachtern sehr unterschiedlich bewertet, mit Unterschieden um den Faktor 3.

5. N ist immer bedeutend größer als n_0. Im Mittel ist das Verhältnis $\frac{N}{n_0} = 9{,}0$. Für verschiedene Beobachter variiert das Verhältnis $\frac{N}{n_0}$ um mehr als den Faktor 5.

Der große Unterschied zwischen n_0 und N scheint bei flüchtiger Betrachtung unserer Grundvorstellung dem quantenhaften Charakter der beobachteten Schwankungen deutlich zu widersprechen. Jedoch ist solche Schlußfolgerung völlig falsch. Die Kenntnis der optischen Eigenschaften der Augenflüssigkeiten, die man in den letzten zehn Jahren erworben hat, fordert, daß $\frac{n_0}{N} \ll 1$. Zur Zeit der Beendigung unserer ersten Arbeit konnte man als Grund für den großen Unterschied in den Werten von N und n_0 nur allgemein die „Energieverluste, die durch Reflexion, Absorption und Streuung im Augapfel auftreten“, angeben. Gegenwärtig sind schon physiologische Untersuchungen bekannt, die diese Seite des Problems konkret behandeln.

Man kann zwar den geringen Verlust des Lichtes durch Reflexion an der Oberfläche des Auges vernachlässigen, muß jedoch unbedingt die bedeutende Absorption in den Augenflüssigkeiten auf dem Wege bis zur Netzhaut berücksichtigen. Nach den Angaben von Roggenbau und Wetthauer [17] absorbieren alle Augenflüssigkeiten auf dem Wege bis zur Netzhaut ungefähr 50% von dem Licht des Spektralgebietes um 510 mμ. Darüber hinaus bedecken die Stäbchen, die das Licht absorbieren und damit den Sehakt auslösen, die Oberfläche der Netzhaut nicht vollständig, und zwar besonders in Bereichen, die weit von der Fovea entfernt sind. Nach Osterberg [181] beträgt die Anzahl der Stäbchen auf der Netzhaut ungefähr $1{,}2 \cdot 10^8$. Die Stäbchen haben einen Durchmesser von etwa 2 μ. Die angeführte Anzahl der Stäbchen ist auf eine Oberfläche von annähernd 10 cm² verteilt, d. h. im Mittel nehmen die Stäbchen nur ein Drittel der Oberfläche der Netzhaut ein. Auf einen Bereich, der einem

Peripheriewinkel $\omega = 8°$ entspricht, sind nach OSTERBURG auf 1 mm² der Netzhaut ungefähr $1{,}6 \cdot 10^5$ Stäbchen verteilt, daraus folgt, daß in diesem Teil der Netzhaut nur die Hälfte der Fläche mit Stäbchen bedeckt ist.

Weiterhin besteht die Oberfläche der Netzhaut aus Nerven- und anderem Gewebe, das in unbestimmtem (wahrscheinlich nicht großem) Maße das auffallende Licht absorbiert und streut.

Endlich findet sogar im Maximum keine vollständige Absorption im Sehpurpur der Stäbchen selbst statt (abweichend von dem, was wir in der ersten Arbeit angenommen hatten). Nach den Angaben von WALD [19] beträgt der Absorptionskoeffizient des Sehpurpurs im Spektralgebiet um 500 mμ, bezogen auf die Flächeneinheit der Netzhaut bei dem Auge eines Frosches 33,6%, eines Kaninchens 4,2% und einer Ratte 13,0%.

Wir bezeichnen nun mit α den Teil des auffallenden Lichtes, den die Augenflüssigkeiten bis zur Netzhaut durchlassen, mit β den Teil, den die Schichten der Netzhaut durchlassen, von denen die Stäbchen abgeschirmt werden, mit γ den Bruchteil der Fläche der Netzhaut, die im beobachtenden Teil des Auges mit Stäbchen bedeckt ist, und endlich mit δ den Bruchteil des Lichtes, der in den Stäbchen absorbiert wird. Dann ist offensichtlich

$$n_0 \leqslant N\alpha\beta\gamma\delta. \tag{17}$$

Dem Zeichen $<$ entspricht hier die Möglichkeit, daß die Ausbeute des physikalisch-chemischen Prozesses, der die Sehempfindung bestimmt, kleiner als 1 ist.

Setzen wir die oben angeführten Zahlen für unsere Versuchsbedingungen ein, so wird

$$n_0 \leqslant N\frac{1}{2} \cdot \frac{1}{2} \cdot \beta\delta,$$

d. h.

$$\frac{N}{n_0} \leqslant \frac{4}{\beta\delta}.$$

Vergleichen wir dies mit dem mittleren experimentellen Ergebnis $\frac{N}{n_0} = 9{,}0$, so müssen wir folgern, daß:

$$\beta\delta \approx \frac{4}{9}.$$

Wie schon gesagt, hat man keine Unterlagen für die Größe von β. In allen Fällen ist jedoch wahrscheinlich, daß sich β wenig von Eins unterscheidet. Was δ betrifft, das dem Teil des Lichtes entspricht, der im Sehpurpur der Stäbchen absorbiert wird, so ist sein Wert nach der Abschätzung der Physiologen im Gebiet um 500 mμ nicht kleiner als 0,2 [12]. Somit stimmt das angeführte Ergebnis qualitativ gut mit den physiologischen Daten überein. Von einer quantitativen Übereinstimmung kann hier nicht die Rede sein, schon deshalb nicht, weil die quantitativen Angaben über die Augenflüssigkeiten von einem Auge zum anderen außerordentlich schwanken. Man kann hier auch nicht das statistische Verfahren anwenden, weil die Anzahl der durchgeführten Versuche noch zu gering ist. Für verschiedene Beobachter variieren zweifellos die vier Parameter α, β, γ, δ in sehr weiten Grenzen. Für ein und dieselbe Person sind dagegen große Abweichungen während einer kurzen Beobachtungszeit nicht sehr wahrscheinlich. Diese Schlußfolgerung stimmt mit dem Experiment überein, wie aus Tabelle 4 und 5 ersichtlich ist.

Deshalb liefern die beschriebenen Versuche, abgesehen von der Bekräftigung der Grundvorstellung von dem quantenhaften Charakter der beobachteten Schwankungen, Ergebnisse, die für die Erforschung der Eigenschaften des Auges sehr wesentlich sind. Die gleichzeitige Bestimmung von n_0 und N nach der beschriebenen Methode gibt die Möglichkeit, am lebenden Auge die Empfindlichkeit der Netzhaut und den Bruchteil des Lichtes, der die Sehempfindung hervorruft, einzeln zu messen.

ZWEITES KAPITEL

VISUELLE MESSUNGEN NICHTSOWJETISCHER AUTOREN AN SCHWANKUNGSERSCHEINUNGEN

§ 6. Messung der Schwankungen durch S. Hecht und Mitarbeiter

Im Jahre 1941 erschien eine Mitteilung von S. Hecht, S. Shlaer und M. Pirenne [13] über visuelle Messungen von Schwankungen, die in New York durchgeführt worden waren. Diese Versuche erfolgten nach einem Schema, welches mit unserem vollkommen übereinstimmte. Es unterschied sich nur in unwesentlichen Details und war bedeutend weniger umfangreich. Die Messungen führten zu quantitativen Ergebnissen bezüglich n_0, die mit den Resultaten einiger unserer Beobachter übereinstimmten, während sie von den Ergebnissen anderer erheblich abwichen.

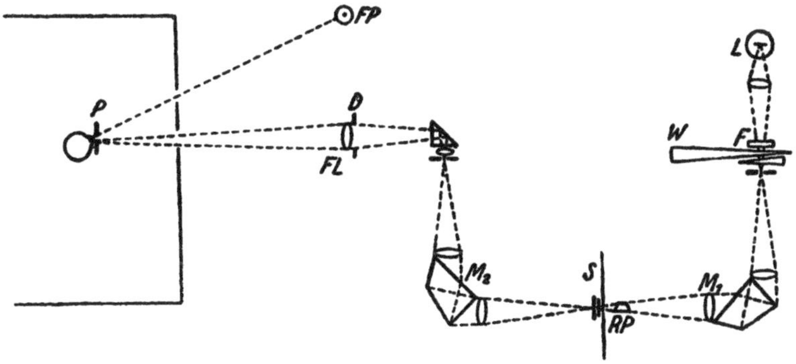

Abb. 7. Schema der Anordnung zur visuellen Messung der quantenhaften Schwankungen von Hecht, Shlaer und Pirenne

Das Schema der Anordnung der amerikanischen Forscher ist in Abb. 7 dargestellt. Das Licht einer Glühlampe, die von einem Akkumulator gespeist wird, wird auf den Spalt des Doppelmonochromators $M_1 M_2$ und danach auf das Diaphragma P vor dem Auge abgebildet. Der Kopf des Beobachters ruht auf einer Kinnstütze, wobei er, wie man manchmal bei Versuchen in der physiologischen Optik verfährt, irgendeinen Gegenstand zwischen den Zähnen hält. Das Auge fixiert den Punkt FP in einem Peripheriewinkel von 20°. Das Licht wird grob durch ein Graufilter F und fein durch einen

Graukeil W geschwächt. Der Lichtstrom der Wellenlänge $\lambda = 510$ mμ wird mit Hilfe der speziellen Einrichtung S auf die Dauer von 0,001 sec beschränkt. Sie ermöglicht es, einzelne Impulse dieser Dauer zu einer beliebigen Zeit durch Drücken eines Knopfes auszulösen. Der Experimentator variiert die Lichtintensität durch Verschieben des Keiles W. Der Beobachter erzeugt durch Tastendruck einen Lichtblitz und gibt an, ob er ihn gesehen hat oder nicht. Gewöhnlich wurden ungefähr 50 Lichtblitze derselben Intensität erzeugt. Eine volle Serie von Beobachtungen dauerte ungefähr anderthalb Stunden. Unabhängig von der Messung der Schwankungen wurde mit Hilfe eines Thermoelementes in Verbindung mit einem Galvanometer die Anzahl der Photonen (N) gemessen, die auf die Pupille fällt. Die kurze Dauer der Lichtblitze von 0,001 sec wurde der größeren Sicherheit wegen gewählt.

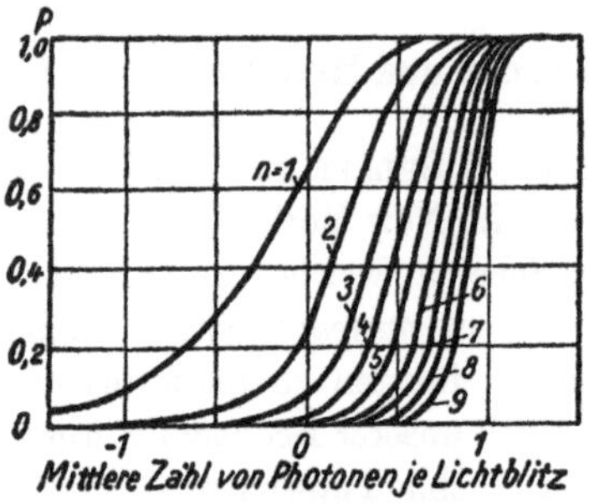

Abb. 8. Die Kurven $P(\log n)$ sind für verschiedene Werte von n_0 aufgetragen, wie sie von HECHT, SHLAER und PIRENNE für die Auswertung der Messungen der Schwankungen verwendet wurden

Die Auswertung der Schwankungsmessungen unterschied sich prinzipiell nicht von der unsrigen außer geringen formalen Differenzen. Der Wert der Wahrscheinlichkeit P wurde nach der Formel (8) nach den Tabellen von FRAY [20] als Funktion des Logarithmus der mittleren Zahl der Photonen eines Lichtblitzes aufgetragen. Man erhält für jedes n_0 eine besondere Kurve, so daß die durch kontinuierliche Variation des Parameters n_0 entstehende Kurvenschar die ganze P-log n_0-Ebene kontinuierlich überdeckt (Abb. 8). Der Vorteil der logarithmischen Einteilung der Abszisse besteht darin, daß man die experimentell ermittelten Kurven, auf denen die Werte von P als Funktion des Logarithmus der relativen Werte von n aufgetragen sind, z. B. auf Pauspapier zeichnet, sie über die Kurven der Abb. 8 legt und durch Verschieben die theoretisch berechnete Kurve sucht, die mit der experimentellen am besten übereinstimmt. Unserer Meinung nach besteht der Nachteil dieser Methode, wenn man sie mit dem im § 3 Gesagten vergleicht, darin, daß man für sie P sehr genau bestimmen muß. Unsere Methode der Interpolation mit Hilfe einer Geraden glättet die zufälligen Fehler.

Tabelle 6

Beobachter	ω	λ	$\bar{n}_0$	N	$\frac{N}{n_0}$
S. H.	20°	510	6	115	19
S. S.	20	510	7	78	11
M. H. P.	20	510	5	100	20
Mittelwert .			6	96	17

In der veröffentlichten Arbeit sind Ergebnisse dreier Beobachter angeführt (anscheinend entsprechen sie einer Serie von Messungen). Diese Ergebnisse sind in Tabelle 6 den Zahlen N der Photonen, die auf die Netzhaut auffallen und der Schwelle entsprechen, gegenübergestellt.

Vergleichen wir die Tabelle 6 mit der Tabelle 4, so sehen wir, daß für zwei unserer Beobachter, P. und L., der Wert $n_0 = 8$ dem Wert, den die amerikanischen Beobachter erhielten, nahekommt. Die annähernde Übereinstimmung der Werte für n_0 bei den drei Amerikanern ist anscheinend rein zufällig.[1] Wie man aus der Tabelle 4 entnehmen kann, wird die Streuung der Werte für n_0 bei einer großen Anzahl von Versuchen und Beobachtern sehr groß. Der Unterschied zwischen den Mittelwerten N der Tabellen 4 und 6 wird durch die Beobachtung bei verschiedenen Peripheriewinkeln (8 und 20°) erklärt. Der Winkel von 20° entspricht einer bedeutend größeren Empfindlichkeit der Netzhaut als der Winkel von 8°.

Die amerikanischen Angaben stimmen also mit unseren Messungen im wesentlichen überein.[2]

---

[1] In der Arbeit von PIRENNE [15], eines Mitarbeiters von HECHT, wird im Gegensatz zu der Hauptveröffentlichung [11] gesagt, daß n_0 in den Grenzen von 5 bis 14 Photonen schwankt.

[2] In der ersten Mitteilung von HECHT und seinen Mitarbeitern über Schwankungsmessungen wurden unsere Arbeiten aus den Jahren 1933—1938 [4—8] nicht erwähnt. Bei der Veröffentlichung unserer neueren Messungen aus den Jahren 1938—1941 im Jahre 1942 über Schwankungen machten wir darauf aufmerksam, daß unsere früheren Veröffentlichungen den amerikanischen Autoren anscheinend unbekannt waren, weil sie in ihrer Mitteilung nichts davon erwähnten.

Nach einem umfassenden Artikel von HECHT, den er 1942 im Journal of Physiology veröffentlichte, stellte sich jedoch heraus, daß unsere Arbeiten den Autoren bekannt waren. Außerdem werden diese Arbeiten im Verhältnis zu ihrem Gehalt so kurz und entstellt zitiert, daß wir genötigt sind, das vollständige Zitat der entsprechenden Stelle der amerikanischen Arbeit hier anzuführen: „BARNES und CZERNY (1932)", schreiben die Autoren, „und nach ihnen BRUMBERG und WAWILOW (1933) konstatierten, daß in der Energie, die für das Sehen notwendig ist, Schwankungen vorhanden sein müssen. Beide Gruppen versuchten sie zu finden. Es gelang ihnen jedoch nicht, den Ursprung der Schwankungen zu finden, weil sie vermuteten, daß die Schwankungen in der Energie zu suchen sind, die auf die Hornhaut fällt. BRUMBERG und WAWILOW erwarteten sogar einen Unterschied in den Schwankungen für verschiedene Wellenlängen infolge der größeren Energie, die z. B. für das Sehen von rotem im Vergleich zum blau-grünen Licht benötigt wird, entsprechend der Empfindlichkeitskurve des dunkeladaptierten Auges."

Hier verwundert vor allem die Behauptung, daß unsere erste Arbeit die Arbeit von BARNES und CZERNY fortsetzt. Aus dem § 2 geht deutlich hervor, daß letztere in experimenteller Hinsicht fehlerhaft war. Richtig an ihr war nur der theoretische Hinweis, daß quantenhafte Schwankungen unbedingt vorhanden sein müßten. Der prinzipielle Wert unserer experimentellen Arbeiten geht allein aus der Tatsache hervor, daß alle wesentlichen Teile unserer Methode und Anordnung (wie aus dem Vergleich der § 3, 4 und 5 mit § 6 deutlich hervorgeht) von HECHT und seinen Mitarbeitern vollständig nachgebildet worden sind. Unsere Messungen waren nicht die Fortsetzung der Arbeit von BARNES und CZERNY, sondern stellen eine vollständige Ablehnung ihres experimentellen Teiles dar.

Weiterhin entstellen die amerikanischen Autoren völlig den Inhalt unserer Arbeit, wenn sie behaupten, wir hätten vermutet, daß die auf die Pupille fallende Energie schwankt. Auf Seite 938 unserer ersten Arbeit von 1933 [4] konnten sie folgendes lesen: „Die einzige Methode, um n_0 zu erhalten, ist die statistischer Messungen der Art, wie wir sie angewendet haben. Andererseits kann man hoffen, auf diese Weise die ganze Empfindlichkeitskurve des dunkeladaptierten Auges mit dem besonderen Vorzug zu erhalten, daß man die wirkliche

Im Jahre 1943 veröffentlichte einer der beteiligten amerikanischen Autoren (Pirenne) in England [15] die Ergebnisse der Schwankungsmessungen bei binokularer und monokularer Beobachtung. Es ist bekannt, daß die absolute Schwelle bei der Beobachtung mit beiden Augen etwas niedriger (ungefähr zweimal) liegt, als bei Beobachtung mit einem Auge. Die Annahme liegt nahe, dies darauf zurückzuführen, daß beim Beobachten mit zwei Augen die Wahrscheinlichkeit, eine genügende Anzahl Photonen, also mehr als n_0, zu erhalten, größer ist. Diese Hypothese, die unmittelbar aus der Annahme von quantenhaften Schwankungen folgt, wurde von Pirenne geprüft. Die Versuchsanordnung war annähernd die gleiche, wie sie in der Abb. 7 skizziert ist. Der runde leuchtende Fleck von der Winkelausdehnung 10′ wurde unter dem Peripheriewinkel von 20° beobachtet. Die Dauer der Lichtblitze betrug 0,004 sec. Beide Augen fixierten denselben Fixpunkt. Bei jedem Versuch wurde die Wahrscheinlichkeit P für das rechte und linke Auge P_r und P_l und die Wahrscheinlichkeit für beide Augen P_{lr} einzeln bestimmt. Wenn P_l und P_r völlig unabhängigen Schwankungsprozessen entsprechen, so kann man schreiben

$$P_{lr} = 1 - (1 - P_r)(1 - P_l) = P_r + P_l - P_l P_r.$$

In der Tabelle 7 sind die Ergebnisse zusammengestellt.

Tabelle 7

Nr. des Versuches	P_l	P_r	P_{lr}	berechnet P_{lr}
1	0,40	0,46	0,75	0,68
2	0,04	0,10	0,13	0,136
3 log der Helligkeit 1,1	0,44	0,32	0,56	0,62
3′ log der Helligkeit 1,4	0,84	0,88	1,00	0,98
4	0,24	0,37	0,48	0,52
5	0,198	0,258	0,378	0,405

Anzahl der Photonen findet, die an der Reizschwelle in der Netzhaut absorbiert werden. Alle Energieverluste, welche im Augapfel infolge von Reflexion, Absorption und Streuung auftreten, und die unvermeidlich jede beliebige energetische Methode beeinflussen, fallen bei statistischen Messungen automatisch heraus. Nach dieser Methode könnte man wahrscheinlich die interessante Frage nach der wahren Empfindlichkeit der lebenden Netzhaut im langwelligen ultravioletten Teil des Spektrums lösen. Es ist bekannt, daß ultraviolettes Licht im Gebiet von 400 bis 310mμ bei großen Intensitäten zu sehen ist. Es bleibt also die Frage offen, ob die geringe Empfindlichkeit des Auges in diesem Gebiet der wirklichen Unempfindlichkeit der Retina oder der Absorption der Augenflüssigkeiten des Augapfels zuzuschreiben ist.“ Die angeführten Zeilen bedürfen keiner weiteren Erläuterung. Die amerikanischen Autoren, die unsere Arbeit kritisierten, haben sie im besten Falle „übersehen“.

Die amerikanischen Forscher beschuldigen uns schließlich, daß wir Unterschiede in den Schwankungen bei verschiedenen Wellenlängen vermuten. Im nächsten Paragraphen wird gezeigt, daß das keine Vermutung, sondern eine durch Messungen von vielen Beobachtern bewiesene unbestreitbare Tatsache ist. Aus irgendeinem Grunde beschränkten sich Hecht und seine Mitarbeiter a priori auf die Behauptung, daß n_0 unabhängig von λ sei. Sie führen nicht eine Messung dafür an, obwohl in ihre Anordnung ein Monochromator eingebaut war, der es erlaubt hätte, jeden beliebigen Teil des sichtbaren Spektrums leicht einzustellen.

Wir sind genötigt, gegen solche Einstellung zu den Arbeiten anderer Autoren zu protestieren, die normalerweise in wissenschaftlichen Veröffentlichungen nicht üblich ist.

Die angeführte Korrelation der Wahrscheinlichkeiten wird gut bestätigt, d. h. die Schwankungsprozesse erfolgen für jedes Auge unabhängig voneinander. Diese Bedingung ist notwendig, aber noch nicht hinreichend für den physikalischen Charakter der Schwankungen, da man sich nämlich physiologische Gründe statistischer Art vorstellen kann, die für beide Augen unabhängig sind.

§ 7. Schwankungsmessungen von van der Velden u. a.

Im Jahre 1944 wurde die Methode zur Messung der visuellen quantenhaften Schwankungen in Utrecht durch van der Velden [25] „entdeckt".[1] Die Problemstellung, die Meßmethode und die Auswertung der Ergebnisse stimmen im Prinzip mit denen unserer ersten Arbeit aus dem Jahre 1933 überein. Als Lichtquelle dient eine Glühlampe (Bandlampe). Zur wesentlichen Schwächung des Lichtes dienten zwei Opalscheiben. Die Größe des Lichtflecks war durch Diaphragmen festgelegt. Die Farbe ($\lambda \approx 530$ mμ) wurde durch ein entsprechendes Filter (Schott VG 2) bestimmt. Die Stellung des Kopfes des Beobachters wurde durch einen zwischen den Zähnen gehaltenen festen Gegenstand fixiert. Vor dem rechten Auge befand sich ein Diaphragma zur Abgrenzung der Pupillenöffnung. Die Lichtblitze wurden mit Hilfe eines „Compur"-Verschlusses erzeugt. Die Intensität der Lichtblitze wurde durch einen Widerstand im Lampenkreis reguliert. Das Neue an dem Aufbau von van der Velden bestand in der Anordnung des Fixpunktes: Er konnte nur mit dem linken Auge beobachtet werden, während das rechte Auge lediglich die aufleuchtenden Lichtblitze sah. Der Beobachter öffnete selbst den Verschluß nach einer beliebigen Zeitspanne. Die Beobachtung erfolgte durch zwei Personen. Die Dauer der Lichtblitze betrug ungefähr 0,01 sec. Die Ausdehnung[2] des beobachteten Fleckes war $< 4'$. Der Winkelabstand von der Fovea betrug annähernd 7°. Die Auswertung der statistischen Messungen erfolgte mit Hilfe der Poissonschen Formel nach einer Methode, die sich von der von Hecht und Mitarbeitern nicht unterschied.

Die von van der Velden erhaltenen Ergebnisse unterscheiden sich quantitativ von den Zahlen, die wir und die amerikanischen Forscher gemessen haben. Auf Grund der Messung zweier Beobachter und später [26] eines dritten folgt, daß in allen drei Fällen $n_0 = 2$ ist. Nach unseren Beobachtungen (und ebenso den amerikanischen) schwankt n_0 stark für verschiedene Augen (nach unseren Messungen ist der kleinste Wert für $n_0 = 8$, nach den amerikanischen $n_0 = 5$). In einer unserer Arbeiten [7] aus dem Jahre 1936 werden einzelne Beobachtungen (siehe Abb. 9) von K. B. Panschin für $\lambda = 500$ mμ angeführt. (Wegen ihrer Einmaligkeit wurden sie nicht in Tabelle 4 aufgenommen.) Die genaue Berechnung nach der Poissonschen Formel ergibt in diesem Falle $k = 1{,}2$ und $n_0 = 1{,}4$. Die Besonderheit dieser Beobachtungen bestand darin, daß der

[1] Die erste Veröffentlichung von van der Velden (1944) enthält keinerlei Hinweis auf die sowjetischen und amerikanischen Arbeiten. In den nachfolgenden Veröffentlichungen werden nur die amerikanischen Untersuchungen diskutiert.

[2] De Vries [27], der die Arbeit von van der Velden analysiert, schreibt von einer Ausdehnung von 12″, also um den Faktor 20 kleiner.

Peripheriewinkel, d.h. der Abstand zwischen dem Fixpunkt und dem zu beobachtenden Fleck sehr groß war: $\omega = 26°$.

Bouman und van der Velden [26] versuchten ihre Abweichungen so zu erklären, daß bei den Versuchen der anderen Forscher ein und dasselbe Auge den Fixpunkt und die Schwankungen beobachtete. Der Fixpunkt scheint die zu untersuchende Stelle der Netzhaut zu „überstrahlen". Darauf kann man Folgendes erwidern:

In unseren Untersuchungen haben wir von Anfang an mit der Möglichkeit einer Beeinflussung durch das Licht des Fixpunktes gerechnet. Wir stellten deshalb vergleichende Versuche mit zu fixierenden roten Flecken verschiedener Helligkeit an. Es haben jedoch auch große Helligkeitsänderungen keinen Einfluß auf die Schwankungsmessungen gezeigt.

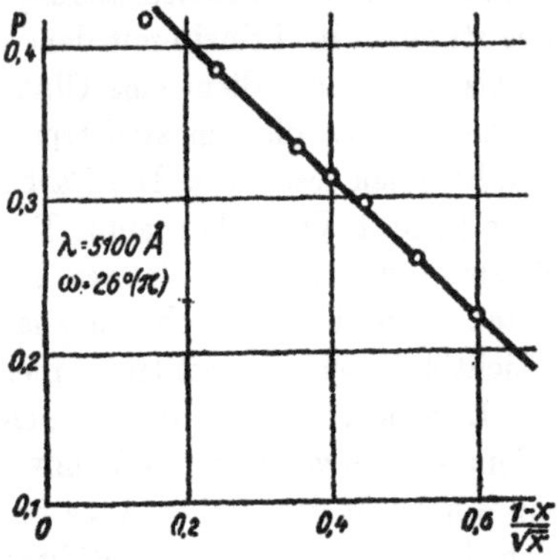

Abb. 9. Schwankungsmessungen von K. B. Panschin (1936)

Wenn ferner die angeführte Erklärung begründet wäre, dann sollte man erwarten, daß die Größe der gewöhnlichen Reizschwelle des Auges (für *abnehmende* Energie), die bei Anwesenheit des Fixpunktes im Sehfeld bestimmt wird, stets größer sein müßte als bei Abwesenheit des Fixpunktes. Das stimmt jedoch mit den bisherigen Messungen nicht überein.

Außerdem kann man Versuche anführen, die von uns im Zusammenhang mit dem Nachweis der Abhängigkeit der Werte n_0 von λ [11] durchgeführt wurden und im nächsten Paragraphen behandelt werden.

Bei peripherischem Sehen und der Anwesenheit eines roten Fixpunktes akkommodiert das Auge naturgemäß auf den letzteren. Infolge der chromatischen Aberration des Auges wird der zu untersuchende Lichtfleck (ungefähr von der Größe 3′) in größerem oder kleinerem Maße defokussiert. Das hängt von dem Unterschied der Lichtbrechung bei der gegebenen Wellenlänge λ im Vergleich zu der Lichtbrechung für den Fixpunkt ab.

Wenn die Winkelausdehnung des Lichtfleckes derart ist, daß sie noch innerhalb der Grenzen liegt, in denen das Riccosche Gesetz[1] gültig ist, so wird sich das Unscharfwerden der Abbildung des Fleckes nicht auf den zu messenden Schwellenwert auswirken, da unter solchen Bedingungen der Schwellenwert unabhängig von den Ausmaßen der Abbildung auf der Netzhaut wird. Umgekehrt muß man natürlich dort, wo das Riccosche Gesetz nicht erfüllt ist, eine bestimmte Abhängigkeit der zu messenden Schwelle von der Farbe des Fixpunktes erwarten.

[1] Bei sehr schwachen Intensitäten des auffallenden Lichtes ist die Helligkeitsempfindung proportional der Fläche der Abbildung auf der Netzhaut (in bestimmten Grenzen genügt eine um so kleinere Fläche, je größer die Lichtintensität ist). Darin besteht das Riccosche Gesetz. Bekanntlich ist bei großen Intensitäten der Helligkeitseindruck unabhängig von der Fläche der Abbildung.

Auf Grund dieser Überlegungen haben wir die relativen Werte der Reizschwelle bei verschiedenfarbigen Fixpunkten gemessen. Die Winkelausdehnung des untersuchten Lichtfleckes betrug 3′, $\omega = 7°$. Das Licht fiel durch einen Monochromator mit Glasoptik, die Farbe des Fixpunktes wurde mittels dreier Filter verändert, deren Durchlässigkeitsschwerpunkte bei 430, 525 und 650 mμ lagen und die abwechselnd vor eine Glühlampe gesetzt wurden. Das Auge wurde ungefähr eine Stunde lang dunkel adaptiert. Die Einstellung auf den Schwellenwert geschah mit Hilfe eines Graukeils. In Tabelle 8 sind die Mittelwerte über zwei Versuchsreihen für einen Beobachter im blaugrünen Spektralgebiet angeführt. Innerhalb der Meßgenauigkeit kann man behaupten, wie es auch klar aus der Tabelle hervorgeht, daß die Größe des Schwellenwertes nicht merklich von der Farbe des Fixpunktes abhängt und damit überhaupt nicht von dem Fixpunkt. Die oben angeführte Erklärung von BOUMAN und VAN DER VELDEN ist also nicht richtig.

Tabelle 8

λ \ λ_f	430 mμ	525 mμ	650 mμ
500 mμ	23	22	25
550 mμ	23	21	24

Andere Faktoren, auf die dieselben Autoren [26, 16] als wesentliche Ursachen für Abweichungen hinweisen, sind die Dauer der Lichtblitze und die Winkelausdehnung des zu beobachtenden Fleckes. Die Dauer der Lichtblitze betrug bei den holländischen Versuchen im wesentlichen ungefähr 0,02 sec, während bei den amerikanischen Versuchen Dauern von 0,004 sec verwendet wurden. Die Winkelausdehnung war bei den holländischen Versuchen 3′, bei den amerikanischen 10′. Wie man aus den Messungen von BOUMAN und VAN DER VELDEN, von denen ein Beispiel in Abb. 4 gegeben wird, entnehmen kann, ist der Schwellenwert für Lichtblitze mit Dauern $\leqslant 0{,}1$ sec unabhängig von τ. Andererseits beginnt der Einfluß der Winkelausdehnung des beobachteten Punktes erst bei Werten $> 10'$ sich bemerkbar zu machen, was wir wieder den Messungen der holländischen Autoren entnehmen.

BOUMAN und VAN DER VELDEN schreiben, seit ihrer ersten Arbeit [25], ihrem Ergebnis $n_0 = 2$ allgemeine Bedeutung zu. Sie vermuten, daß zwei Photonen der Reizschwelle des Auges entsprechen, die in bestimmter Weise mit der optischen Abbildung und dem Auflösungsvermögen zusammenhängt.

Auf Grund dieser Vorstellung führen sie verschiedene theoretische Berechnungen durch, die den Einfluß der Dauer der Lichtblitze und der Ausdehnung des beobachteten Fleckes auf die Schwankungsmessungen berücksichtigen und vergleichen sie mit ihren Messungen.

Es gibt jedoch bis heute noch keine Erklärung für die Differenzen bei dem Vergleich der Hauptfolgerung der holländischen Forscher, daß $n_0 = 2$ allgemeine Gültigkeit besitzt, mit den sonstigen zahlreichen Messungen, die die sehr großen Schwankungen des Wertes n_0 bei verschiedenen Beobachtern bezeugen.

Es wäre deshalb sehr wünschenswert, die Versuche von Bouman und van der Velden unter Heranziehung einer großen Anzahl von Beobachtern zu wiederholen.

Die Differenzen der Werte von n_0 bei verschiedenen Anordnungen und unter verschiedenen Versuchsbedingungen könnte man natürlich mit der Änderung der Schwelle selbst unter verschiedenen Bedingungen in Zusammenhang bringen. Diese Frage wird hier nicht diskutiert, weil sie rein biologischen Charakter besitzt. Die im § 8 beschriebenen Versuche haben einen gewissen Zusammenhang hiermit.

Baumgardt (Paris) [28] teilt in seinem 1950 veröffentlichten Buch mit, daß die in seinem Laboratorium von einem Beobachter durchgeführten Versuche für n_0 einen Wert von 4 bis 10 ergeben haben. Diese Versuche wurden später als die Beobachtungen von Bouman und van der Velden, aber anscheinend mit der gleichen Anordnung durchgeführt.

Unabhängig von der Interpretation der Messungen der ausländischen Forscher, die unsere Versuche wiederholten (in dem größten Teil der Fälle, ohne auf sie hinzuweisen), kann man mit Gewißheit sagen, daß alle diese Messungen die Annahme von der Möglichkeit, quantenhafte Schwankungen des Lichtstromes zu beobachten, und die Richtigkeit unserer Methode bestätigen.

DRITTES KAPITEL

SCHWANKUNGSERSCHEINUNGEN UND EIGENSCHAFTEN DES AUGES

§ 8. Visuelle Schwankungen in verschiedenen Teilen des sichtbaren Spektrums

In unseren ersten Versuchsreihen hat sich n_0 als nicht konstant für verschiedene Teile des Spektrums ergeben.

In der Tabelle 9 sind die spektralen Messungen zweier Beobachter B. und P. aus dem Jahre 1936 [6, 7] zusammengestellt.

Tabelle 9

Beobachter B.

λ (mμ)	400	430	450	475	510	525	550	660
k	3,2	3,5	3,1	2,4	2,1	2,4	3,0	3,8
n_0	81	93	79	47	32	46	72	115

Beobachter P.

λ (mμ)	340	360	380	400	420	440	460	480	510	540	580	620	640	660
k	2,3	1,5	1,0	1,7	3,5	2,4	1,5	1,2	1,0	1,2	2,2	3,5	5,0	6,0
n_0	42	18	8,0	23	93	46	18	12	8,0	12	39	97	200	280

Innerhalb der großen Fehlergrenzen solcher Messungen, die an verschiedenen Tagen durchgeführt wurden, d.h. bei Bedingungen, bei denen für ein und denselben Beobachter k und erst recht n_0 sehr großen Schwankungen unterworfen ist, kann man in Übereinstimmung mit dem früher Gesagten behaupten, daß k im blau-grünen Gebiet von ungefähr 450 bis 550 mμ praktisch konstant ist. Es steigt zum blauen Teil des Spektrums an und fällt erneut im nahen Ultraviolett ab. Ein Minimum wird (nach den Messungen von P.) bei ungefähr 380 mμ erreicht, wo k und n_0 den gleichen Wert wie bei 510 mμ besitzen. Die hohe Empfindlichkeit der Netzhaut in diesem Teil des ultravioletten Spektrums wurde von späteren Beobachtungen über die spektrale Augenempfindlichkeit, die nach Entfernung der Augenlinse durchgeführt wurden [8], bestätigt.

Im orangeroten Teil des Spektrums steigen k und n_0 sehr rasch an.

Bei unseren anfänglichen Untersuchungen der Schwankungen verfügten wir über keine experimentellen Kenntnisse der optischen Eigenschaften der Netzhaut. Wir nahmen deshalb an, daß das Licht in ihr praktisch vollständig absorbiert wird. Das führte zur Hypothese, daß N proportional n_0 sei, was zu der Vermutung Anlaß gab, daß die spektrale Abhängigkeit von n_0 ähnlicher Art sei, wie die Empfindlichkeitskurve des dunkeladaptierten Auges.

Neue physiologische Angaben widersprechen diesen Voraussetzungen. Direkte Messungen der Menge des Sehpurpurs in der Netzhaut verschiedener Tieraugen zeigen, daß sogar im Maximum der Absorption bei 510 mμ eine vollständige Absorption nicht erreicht wird und folglich die Absorption im blauen und roten Gebiet sehr klein ist. Weiterhin stimmt die spektrale Kurve des Absorptionskoeffizienten des Rhodopsins, wenigstens für ihren mittleren Bereich, mit der Empfindlichkeitskurve für das dunkeladaptierte Auge überein [21]. Gleichzeitig erfolgt das Ausbleichen des Rhodopsins, das anscheinend den ersten wesentlichen Vorgang der Wahrnehmung beim Dämmerungssehen darstellt, für verschiedene Teile des Spektrums bei der gleichen Anzahl von absorbierten Photonen in gleicher Weise [22]. Aus diesen Tatsachen folgt, entgegen unserer anfänglichen Annahme, daß für die Zäpfchen n_0 unabhängig von λ ist.

Um die Übereinstimmung dieser Folgerung mit den Schwankungsmessungen zu zeigen, wurden neue, weit umfangreichere Unterlagen benötigt, weil die Schwankungsmessungen ihrer Natur nach keine große Genauigkeit erreichen können.

Die neuen Versuche [10] wurden mit der Anordnung durchgeführt, die in § 4 beschrieben ist. Als Lichtquelle diente wie früher eine Glühlampe, deren Licht auf einen Monochromator fiel. Um das störende Nebenlicht zu beseitigen, wurden zusätzliche Farbfilter benutzt. Um festzustellen, ob die Versuchsbedingungen konstant blieben, wurden die Messungen zuerst bei abnehmendem Lichtstrom und dann, nachdem die Wahrscheinlichkeit, Lichtblitze zu beobachten, sehr klein geworden war, in umgekehrter Richtung durchgeführt.

Die langen Versuchsreihen der spektralen Schwankungsmessungen wurden von fünf Beobachtern ausgeführt. Für jedes λ wurden von jedem Beobachter 5 bis 15 Beobachtungsserien durchgeführt. Die Winkelausdehnung des beobachteten Lichtfleckes betrug für alle λ 3′. Der zu untersuchende Teil der Netzhaut war um $\omega = 7°$ von der Fovea entfernt. Die Lichtblitze hatten wie früher eine Dauer von 0,1 sec. In der Tabelle 10 ist eine Zusammenstellung der Mittelwerte von k angegeben, die fünf Beobachter für verschiedene Wellenlängen in den Jahren 1940 und 1941 erhalten haben. Unter jedem Wert von k ist in Klammern der kleinste und größte Wert für k aufgeführt, den der Beobachter für die angegebene Wellenlänge während der Zeit seiner Messungen, die manchmal eine Woche oder sogar einen Monat andauerten, erhielt.

Tabelle 10

λ (mμ)	Beobachter						
	T.	Sm.	L.	Stsch.	Sh.	Mittleres	
						k	n_0
442	2,3 (1,5–3,8)	2,9 (2,8–3,0)	0,9 (0,7–1,2)	2,4 (2,2–2,7)	2,0 (1,2–3,1)	2,1	35
500	2,0 (1,3–3,2)	2,1 (2,1–2,3)	1,0 (0,6–1,1)	1,8 (1,4–1,9)	1,7 (0,9–2,6)	1,7	23
550	1,7 (1,2–1,9)	2,3 (1,7–2,5)	1,0 (0,7–1,1)	1,8 (1,1–2,4)	1,7 (1,3–1,9)	1,7	23
605	1,9 (1,1–3,2)	2,7 (2,1–3,2)	0,8 (0,7–1,2)	1,9 (1,6–2,2)	1,6 (1,3–1,8)	1,8	25
635	2,3 (1,7–3,4)	3,2 (2,3–3,9)	1,3 (1,1–1,6)	3,4 (2,2–4,7)	2,3 (1,9–2,5)	2,5	50
670	3,1 (2,0–5,8)	3,4 (3,1–4,0)	2,0 (1,3–2,7)	3,8 (2,3–5,3)	2,8 (2,3–3,2)	3,0	72

In der letzten Spalte stehen die mittleren Werte für n_0, die nach der Formel (16) aus k errechnet sind. In der Abb. 10 sind die Werte $\frac{1}{n_0}$, die man als die spektrale Empfindlichkeit bezeichnen kann, für jeden Beobachter aufgetragen. Aus der Tabelle und der Abbildung geht hervor, daß: 1. die starke Zunahme von k und damit von n_0 nach langen Wellen hin von allen Beobachtern in Übereinstimmung mit unseren früheren Messungen gefunden wurde; 2. das Anwachsen von k und n_0 nach kurzen Wellen hin von vier Beobachtern gefunden wurde und bei einem fehlt; 3. im mittleren Bereich der Spektralkurve, bei ungefähr 500 bis 600 mμ, k und n_0 praktisch konstant sind. Diese Folgerungen sind besonders deutlich aus der Abb. 11 abzulesen, in der die Mittelwerte $\overline{n}_0$ für alle fünf Beobachter als Funktion der Wellenlänge dargestellt sind.

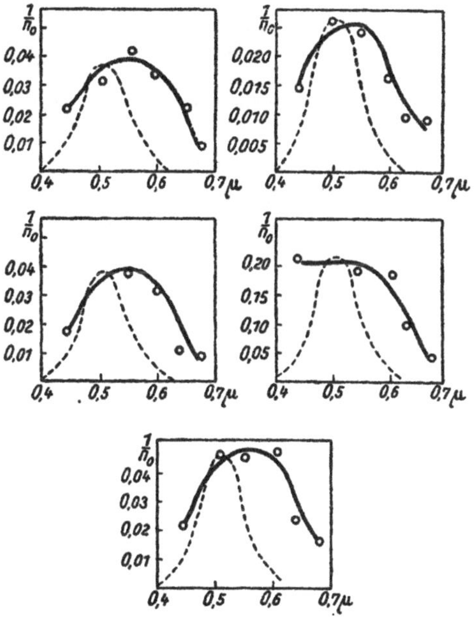

Abb. 10. Die Abhängigkeit der Empfindlichkeit der Retina von der Wellenlänge am Schwellenwert (nach Schwankungsmessungen)

In der Abb. 10 ist die Empfindlichkeitskurve des dunkeladaptierten Auges punktiert eingetragen. Es ist klar, daß von einer quantitativen Übereinstimmung dieser Kurve mit den Schwankungskurven nicht die Rede sein kann.

Die Erklärung der dargelegten Ergebnisse, wenigstens im Bereich von 500 bis 700 mμ, muß man vor allem zuerst in der Wechselwirkung zweier Empfangsorgane – der Stäbchen und Zäpfchen – suchen.

Dabei muß man berücksichtigen, daß die oben in diesem Paragraphen aufgezählten Tatsachen: 1. die Parallelität zwischen der Absorption des Sehpurpurs und der Empfindlichkeitskurve des dunkeladaptierten Auges; 2. die Konstanz der Quantenausbeute der Bleichung des Sehpurpurs in Abhängigkeit von λ, experimentell nur für den Bereich von ungefähr 500 bis 600 mμ bestimmt sind. Wie alle unsere Experimente (siehe Abb. 11) zeigen, ist gerade hier n_0 konstant, und folglich stimmen die Ergebnisse der Schwankungsmessungen mit den übrigen Kenntnissen vom Auge überein.

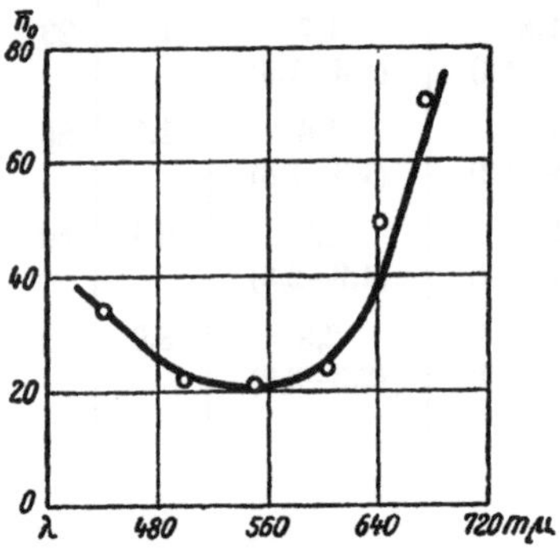

Abb. 11. Mittlere Anzahl $\overline{n}_0$ der Photonen, die dem Schwellenwert der Netzhaut entsprechen, in Abhängigkeit von λ

Im langwelligen Gebiet des Spektrums ($\lambda > 600$ mμ) ist die Empfindlichkeit der Stäbchen infolge der geringen Absorption des Sehpurpurs sehr klein, deshalb werden hier die Zäpfchen mit ihnen in Konkurrenz treten. Die wohlbekannte Tatsache, daß an der Reizschwelle die Farbempfindung im langwelligen Gebiet des Spektrums erhalten bleibt, ist hierfür ein qualitativer Beweis. Nach den alten Messungen von CHARPENTIER [23] ist das Verhältnis des chromatischen zum achromatischen Schwellenwert (d. h. der Schwellenwert der Zäpfchen zu dem der Stäbchen) im äußersten roten Teil des Spektrums 3,6, im Orange 5,5 und im Gelb 9,6. Nach den Messungen von WENTHWORTH [24] ist dieses Verhältnis für $\lambda = 672$ mμ und $\omega = 4°$: 3,0, für 5° : 3,7, für 10° : 4,0. Zweifellos haben deshalb im langwelligen Gebiet des Spektrums, $\lambda = 600$ mμ, außer den Stäbchen auch die Zäpfchen an der Wahrnehmung nahe dem Schwellenwert des Auges einen beachtlichen Anteil.

Der Charakter der Wechselwirkung der Stäbchen und Zäpfchen an der Schwelle ist nicht erforscht; insbesondere ist unbekannt, ob man von einem additiven Charakter dieser Wirkung sprechen kann. Deshalb fehlen für die quantitative statistische Berechnung dieses Falles bisher noch die notwendigen Daten. Aus der gefundenen Tatsache des Anwachsens von n_0 im langwelligen Bereich des Spektrums kann man in jedem Fall schließen, daß für die Anregung der Zäpfchen eine bedeutend größere Zahl von Photonen absorbiert werden muß als für die Anregung der Stäbchen.

Im kurzwelligen Teil des Spektrums für $\lambda < 500$ mμ ist von einer Parallelität der Absorptionskurve des Lichtes im Sehpurpur zur Empfindlichkeitskurve des dunkeladaptierten Auges durchaus nicht mehr die Rede. Gewöhnlich dient zur Erklärung die Annahme, daß die Absorption sowohl außerhalb der Netzhaut, als auch in den Stäbchen selbst wenig wirkungsvoll ist. Die Schwankungsmessungen weisen darauf hin, daß hier beim Sehprozeß außer der Bleichung des Sehpurpurs andere noch unbekannte Faktoren eine Rolle spielen. Naturgemäß kann man annehmen, daß andere lichtempfindliche Pigmente, außer dem Sehpurpur, die sich in den Stäbchen befinden (das Sehgelb mit dem Maximum der Absorption bei 407 mμ [29]), nicht nur als Farbfilter wirken, sondern an dem Sehvorgang in gleicher Weise wie der Sehpurpur beteiligt sind. Da der Mechanismus der Wahrnehmung des Auges im kurzwelligen Teil des Spektrums allgemein wenig bekannt ist, muß man die Schwankungsmessungen in diesem Gebiet in jedem Fall als wichtiges empirisches Material betrachten. Aus den Kurven der Abb. 8 ist ersichtlich, daß auch Fälle der Konstanz von n_0 in diesem Gebiet vorkommen. Die Empfindlichkeit des Auges im nahen Ultraviolett kann die gleiche Größe erreichen wie im blau-grünen Teil des Spektrums (siehe Tabelle 8).

§ 9. Schwankungen bei künstlicher Vergrößerung der Schwelle

Die Möglichkeit der visuellen Beobachtung quantenhafter Schwankungen wird durch den außerordentlich niedrigen Energiewert bestimmt, der der nach längerer Adaptation erreichten Dunkelschwelle entspricht. Wenn der Adaptationsprozeß nicht in vollständiger Dunkelheit („Lichtadaptation") vor sich geht, so wird ebenfalls eine Schwelle erreicht, die jedoch bedeutend höher liegt als die Dunkelschwelle. Das kann man durch Messung der Schwankungen nachprüfen. Wir haben weiter oben gesehen [Formel (17)], daß

$$n_0 \leqslant N\alpha\beta\gamma\delta,$$

wo n_0 die Minimalzahl an Photonen ist, die in den Stäbchen der Netzhaut absorbiert werden müssen, um eine Lichtempfindung hervorzurufen (unter vorgegebenen Bedingungen);

N die Minimalzahl an Photonen, die bei den gleichen Bedingungen auf die Pupille fällt;

α der von den Augenflüssigkeiten bis zur Netzhaut durchgelassene Anteil des Lichtes;

β der von den Schichten der Netzhaut selbst durchgelassene Anteil;

γ der Bruchteil der Netzhautfläche, der in dem zu untersuchenden Teil mit Stäbchen bedeckt ist;

δ der in den Stäbchen absorbierte Anteil des Lichtes.

Zweifellos nimmt N bei dem Übergang von der Dunkel- zur Lichtadaptation zu und erlangt einen bestimmten Wert N', der mit zunehmender Beleuchtung anwächst; andererseits kann δ dabei etwas kleiner werden infolge der stärkeren Ausbleichung des Sehpurpurs in den Zäpfchen. Wenn die Bleichung nur von einer Konzentrationsabnahme des Sehpurpurs begleitet wäre, müßte man annehmen, daß sich n_0 bei dem Übergang zur Lichtadaptation nicht ändert. In Wirklichkeit ändern sich bei der Lichtadaptation die chemischen Bedingungen in den Stäbchen infolge der Anhäufung der

Zersetzungsprodukte des Sehpurpurs, damit kann sich n_0 selbst ändern. Diese Frage kann mit der Methode der Schwankungsbeobachtungen gelöst werden.

Die Versuche [11] wurden mit monochromatischem Licht, $\lambda = 500$ mμ, $\omega = 7°$ von der Fovea, durchgeführt; die Winkelausdehnung des beobachteten Lichtfleckes betrug 3′. Der Beobachter führte im Laufe eines Tages zwei Serien von Vergleichsmessungen der Schwankungen bei völliger Dunkelheit und bei einer bestimmten Lichtadaptation aus, deren Grad sich bei verschiedenen Versuchen änderte. Die Lichtadaptation wurde durch die Beleuchtung des Raumes mit einer sehr schwachen Lichtquelle (eine von einem Akkumulator gespeiste Lampe) erreicht. Vor der Beobachtung wurde das Auge ungefähr 15 min lang der Wirkung dieser Beleuchtung ausgesetzt. Während der Messung selbst, bei der das Auge an das mit einem photographischen Keil *k* (Abb. 3) versehene Rohr angedrückt wurde, änderte sich der Grad der Lichtadaptation um ein Weniges. Um den verzerrenden Einfluß dieses Faktors zu verkleinern, schaute der Beobachter so oft wie möglich von dem Rohr auf, um das Auge erneut der Wirkung der vorgegebenen Helligkeit auszusetzen.

Tabelle 11

Beobachter T.

Datum	k	k'	$\frac{N'}{N}$	r
1940				
30. XI. . . .	1,5	2,6	1,7	0,57
1. XII.. . .	1,6	2,7	2,0	0,70
13. XII.. . .	2,5	2,7	1,5	1,27
19. XII.. . .	2,2	8,2	11,0	0,79
30 XII.. . .	2,5	2,7	1,5	1,27
1941				
4. I.	1,7	3,2	2,6	0,73
9. I.	1,7	3,4	2,4	0,60
13. I.	1,7	3,1	2,1	0,63
16. I.	1,8	3,0	3,3	1,18
Mittelwert	1,9	—	—	0,87

Beobachter Sh.

Datum	k	k'	$\frac{N'}{N}$	r
1941				
26. II. . . .	1,9	2,7	2,0	0,99
28. III. . . .	1,2	1,9	2,6	1,60
29. III. . . .	1,7	2,4	2,7	0,60
31. III. . . .	1,3	2,9	5,0	1,41
1. IV. . . .	0,9	2,2	5,4	0,89
2. IV. . . .	1,8	2,6	2,0	0,96
3. IV. . . .	1,1	2,4	5,2	1,00
8. IV. . . .	1,7	2,8	2,9	1,14
10. IV. . . .	1,1	3,0	6,4	0,78
Mittelwert	1,3	—	—	0,98

Außer den Schwankungsversuchen wurde vor und nach jeder Serie von Messungen die „statische" Schwelle bei stillstehendem Motor *M* (Abb. 2) ermittelt. Dabei fixierte das Auge wie früher den roten Punkt, und das Licht, welches peripher beobachtet wurde ($\omega = 7°$), wurde mit einem Keil bis zur Schwelle geschwächt. In Tabelle 11 sind die Meßergebnisse zusammengestellt. In der ersten Spalte ist das Datum des Versuches angegeben, in der zweiten die Neigung *k* der Geraden der Schwankungen für die Dunkeladaptation, in der dritten die Neigung *k′* für die Lichtadaptation, in

der vierten das Verhältnis $\frac{N'}{N}$ der Licht- zur Dunkelschwelle, in der fünften das Verhältnis

$$r = \frac{N'}{N}\left(\frac{k}{k'}\right)^2. \tag{18}$$

Der Vergleich der Werte für k und k' der Tabelle 11 zeigt ohne Zweifel, daß bei dem Übergang von der Dunkel- zur Lichtadaptation n_0 bedeutend zunimmt. Andererseits sieht man aus der letzten Spalte der Tabelle, daß r annähernd Eins ist. Deshalb ist im Mittel

$$\frac{n_0'}{n_0} \approx \frac{N'}{N}. \tag{19}$$

Benutzt man die Formel (17), so findet man

$$\alpha\beta\gamma\delta \approx \alpha'\beta'\gamma'\delta', \tag{20}$$

Da α, β, γ als wenig veränderliche optische Konstanten der Augenflüssigkeiten sich bei dem Übergang von der Dunkel- zur Lichtadaptation nicht ändern können, folgt

$$\delta \approx \delta', \tag{(20 a)}$$

d.h. die Gesamtabsorption des Sehpurpurs in den Stäbchen hat sich bei unseren Versuchen bei dem Übergang von der Dunkel- zur Lichtadaptation nicht geändert, d. h. die Bleichung war verhältnismäßig gering. Naturgemäß kann man erwarten, daß bei dem Übergang zu weit größeren Raumhelligkeiten, als wir sie in unserem Versuch benutzten, dies nicht mehr zutreffen wird; jedoch werden sich Schwankungsmessungen bei größeren Helligkeiten und einer entsprechenden Vergrößerung von n_0 kaum verwirklichen lassen.

Die Zunahme von k bei dem Übergang von der Dunkel- zur Lichtadaptation gibt einen neuen wichtigen Beweis der physikalischen, quantenhaften Natur der beobachteten Schwankungen. Es ist schwer, sich einen physiologischen Prozeß vorzustellen, der zu solcher Abhängigkeit der Schwankungen von der Höhe der Schwelle führen könnte und dabei quantitativ verläuft [19]. Andererseits kann man bemerken, daß die Zunahme von k bei dem Übergang von der Dunkel- zur Lichtadaptation vom quantentheoretischen Standpunkt zwar völlig erklärbar, jedoch nicht notwendig ist. Man kann sich z.B. den Übergang von dem einen zu dem anderen Zustand als Bleichvorgang des Sehpurpurs vorstellen, dem eine Abnahme seiner Konzentration entspricht.

Ließen sich alle äußeren Bedingungen unverändert konstant halten, so besteht die Möglichkeit, daß auch n_0 dabei für den Schwellenwert des dunkel- und helladaptierten Auges den gleichen Wert besitzt.

VIERTES KAPITEL

SCHWANKUNGSMESSUNGEN DER EIGENSCHAFTEN EINES LICHTSTROMES BEI GERINGEN INTENSITÄTEN

§ 10. Relative Schwankungen kohärenter Bündel

Das in den vorhergehenden Paragraphen angeführte vielseitige experimentelle Material beweist Schritt für Schritt und in seiner Gesamtheit die quantenhafte Natur der erforschten Erscheinungen.

Gleichzeitig eröffnen die Schwankungsmessungen, die ihre physikalische Erklärung erhalten haben, einen neuen Weg für die tiefere Erforschung des *lebenden* Auges. Wir haben gesehen, daß mit dieser Methode erstmals die Bestimmung der wahren Empfindlichkeit der Netzhaut an der Reizschwelle des Auges gelungen ist. Die Erforschung der Schwankungen in den verschiedenen Spektralgebieten deutet auf neue Eigenheiten des Sehapparates im orange-roten und im violetten Teil des Spektrums: in § 8 wurden Messungen bei Lichtadaptation beschrieben, die das Verhalten des Sehpurpurs unter diesen Bedingungen erkennen lassen. Man kann hoffen, daß sich viele Besonderheiten des Sehvorganges bei der Erforschung der Abhängigkeit der Schwankungen von dem Peripheriewinkel erklären lassen.

Gleichzeitig unterliegt der große physikalische Wert der Methode der Schwankungen kaum einem Zweifel. Diese Methode macht die Quantennatur der Erscheinungen geradezu „sichtbar". Weiter oben wurde schon bemerkt, daß sich infolge der unvollständigen Absorption in der Netzhaut bei Schwankungserscheinungen gleichzeitig die quantenhafte Natur sowohl des Lichtstromes als auch des absorbierenden Mediums zeigt. Bei vollständiger Absorption in der Netzhaut ließe sich die Erscheinung nur aus den Schwankungen des Lichtstromes, der zu dem Sehpurpur gelangt, „von selbst" bestimmen. Infolge der Eigenschaft des die Statistik bestimmenden Poissonschen Gesetzes [5] hängen die Schwankungen jedoch nur von einer Veränderlichen, der mittleren Anzahl n der absorbierten Photonen, ab, unabhängig davon, ob diese Zahl durch den auffallenden Lichtstrom oder den Wert des Absorptionskoeffizienten bestimmt wird. Deshalb kann man die visuellen quantenhaften Schwankungen zweifellos für die Erforschung der mit den wesentlichen Eigenarten und der Natur des Lichtes verbundenen Prozesse verwenden.

In unseren ersten Versuchen [4] wurde die Methode der Schwankungen zur Untersuchung kohärenter Strahlen angewandt. Bekanntlich kann man auch bei äußerst schwachen Intensitäten Interferenzstreifen photographieren (mehrtägige Exposition). Vom wellentheoretischen Standpunkt aus versteht sich dies von selbst; unverständlich ist es aber vom korpuskularen Standpunkt aus, da dann in den zur Interferenz gelangenden Bündeln der entsprechende Partner fehlt.

Die weiter unten beschriebenen Versuche zeigen jedoch, daß die Interferenz bei kleinen Intensitäten vom wellentheoretischen Standpunkt aus gesehen doch nicht so selbstverständlich ist.

Abb. 12. Lage der leuchtenden Punkte in den Versuchen mit *kohärenten* Strahlen und doppelter Brechung

Für die Versuche wurde die in Abb. 2 dargestellte Anordnung verwendet, mit dem Unterschied, daß zwischen der rotierenden Scheibe S und dem Rohr $R_1 R_2$ ein FRESNELsches Biprisma mit horizontaler brechender Kante angeordnet war. Dann waren im Blickfeld zwei kohärente grüne symmetrisch zum roten Fixpunkt F liegende Punkte zu sehen (Abb. 12).

Beim Erreichen der Grenzhelligkeit schwanken die Helligkeiten beider Punkte relativ zueinander deutlich und die Punkte sind sehr selten gleichzeitig zu sehen. Diese Erscheinung der *unabhängigen* relativen Schwankungen kohärenter Strahlen bedeutet eine Katastrophe für die Wellentheorie, versucht man ihre Anwendbarkeit in dem angegebenen Fall zu verteidigen.

Diese Erscheinung wurde quantitativ durch die Bestimmung der Wahrscheinlichkeit p des gleichzeitigen Auftretens beider kohärenter Lichtflecke untersucht. Offensichtlich entspricht beiden der gleiche Wert n_0. Nimmt man die Schwankung bei beiden Lichtflecken als unabhängig voneinander an, so findet man deshalb nach dem Produktsatz der Wahrscheinlichkeitsrechnung

$$p = P^2,$$

oder unter Benutzung von (13)

$$\sqrt{p} = \frac{1}{2} - \frac{1}{2}\sqrt{\frac{n_0}{2}}\,\frac{(1-x)}{\sqrt{x}}\,. \qquad (21)$$

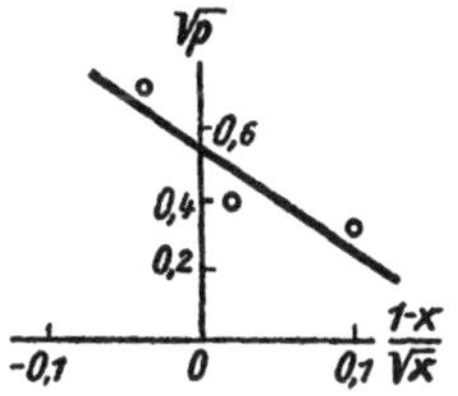

Abb. 13. Ergebnisse des Versuches mit kohärenten Bündeln

In der Abb. 13 sind die Ergebnisse einer Serie von Messungen, die von B. im Jahre 1933 ausgeführt wurden, dargestellt. Auf der Ordinatenachse ist $\sqrt{p}$ aufgetragen. In Übereinstimmung mit (21) erhält man eine Kurve der Neigung $k = 2{,}3$, die $n_0 = 43$ entspricht (siehe Tabelle 4 für den Beobachter B.). Diese Messungen beweisen, daß die Schwankungen in den beiden kohärenten Strahlen unabhängig voneinander vor sich gehen und quantenhaften Charakter haben.

§ 11. Schwankungserscheinungen der Polarisation in einem Lichtbündel

Ein ähnlicher Versuch wurde mit einem Polarisationsprisma nach Wollaston durchgeführt, auf welches von einer Quelle unpolarisiertes Licht fiel. Die beiden grünen Punkte (Abb. 12) waren in diesem Fall senkrecht zueinander polarisiert.

Wie im vorhergehenden Versuch *schwankten beide Lichtflecke völlig unabhängig voneinander*. Aus dieser Beobachtung folgt, daß das unpolarisierte Licht bei genügend kleinen Intensitäten in jedem Moment andersartig polarisiert ist (Schwankungen des Polarisationszustandes). Man muß betonen, daß sich diese Tatsache etwas von der „elementaren Polarisation" unterscheidet, die vom wellentheoretischen Standpunkt aus möglich ist und welche nur innerhalb eines außerordentlich kurzen Zeitraumes auftreten kann. In unserem Versuch dauert der Zustand einer bestimmten Polarisation des natürlichen Lichtes mindestens 0,1 sec. Die Besonderheit besteht in der äußersten Verdünnung des Strahlenbündels bei unseren Bedingungen. Die große Dauer wird durch die kleine mittlere Anzahl der Photonen kompensiert.

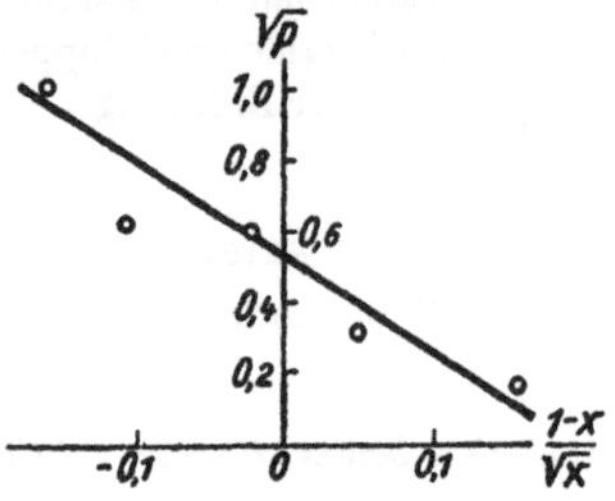

Abb. 14. Ergebnisse des Versuches mit polarisierten Strahlen

Auch in diesem Falle wurde die Wahrscheinlichkeit p des gleichzeitigen Aufleuchtens beider Lichtflecke in Abhängigkeit von x gemessen. Die Ergebnisse sind in Abb. 14 dargestellt, in der wieder auf der Ordinatenachse $\sqrt{p}$ aufgetragen ist, wie es Formel (21) entspricht. Die Beobachtungen wurden von B. ausgeführt. Man hat hier erneut eine geradlinige Abhängigkeit. Die Neigung der Geraden beträgt $k = 2{,}5$, entspricht also 50 Photonen.

Offensichtlich muß man nach den bewiesenen Grundtatsachen von den Schwankungen eines beliebigen Lichtbündels genügend kleiner Intensität gleichartige Ergebnisse auch in anderen analogen Versuchen erwarten. Man kann z. B. die relativen Schwankungen der beiden symmetrisch gelegenen Spektren erster Ordnung eines Strichgitters beobachten. Das würde bedeuten, daß bei kleinen Intensitäten das Beugungsbild nicht sofort überall entsteht, sondern sich langsam, statistisch, ausbildet.

Man braucht hier kaum Versuche solcher Art zu wiederholen, weil sie alle notwendig aus einem durch Versuche bewiesenen Schwankungsprinzip folgen. Man kann das Prinzip folgendermaßen formulieren:

Jedes irgendwie isolierte Lichtbündel zeigt bei genügend kleiner Helligkeit Intensitätsschwankungen, die völlig selbständig und unabhängig von den Schwankungen in irgendeinem anderen Lichtbündel vor sich gehen.

Man kann hoffen, daß es in nächster Zeit gelingen wird, Photoelemente herzustellen, die im sichtbaren Teil des Spektrums nicht unempfindlicher als das Auge sind. Mit ihnen wird man natürlich alle beschriebenen physikalischen Versuche wiederholen können. Die Besonderheit der visuellen Methode besteht darin, daß sie zugleich eine neue sehr feine Methode für die Erforschung des Augeninneren ist.

LITERATUR

1. A. Einstein, Phys. Z., 1909, 10, 185, 817; W. Heisenberg, Ber. d. sächsischen Akad. d.W., 1931, 83; M. Born u. K. Fuchs, Proc. Roy. Soc., 1939, A 170, 252; 1939, 172, 465.
2. C. E. Ferree, J. Physiol., 1913, 24, 378.
3. R. B. Barnes u. M. Czerny, Z. Phys., 1932, 79, 436.
4. Е. Брумберг и С. Вавилов, Изв. АН СССР (ОМЕН).
   E. Brumberg u. S. Wawilow, Nachr. Akad. Wiss. UdSSR (OMEN) 1933, S. 919.
5. Е. Брумберг и С. Вавилов, ДАН СССР.
   E. Brumberg u. S. Wawilow, Ber. Akad. Wiss. UdSSR, 1934, III, 1.
6. С. И. Вавилов, Трубы I-й конференции по физиол. оптике.
   S. I. Wawilow, Abhandlungen der 1. Konferenz über physiol. Optik, 1936.
7. С. И. Вавилов, Изь. АН СССР (серия физ.); см. также Успехи физ. наук.
   S. I. Wawilow, Nachr. Akad. Wiss. UdSSR (Serie Physik), 1936, Nr. 1/2, 176; siehe auch Fortschr. d. Phys., 1936, 16, 872.
8. С. И. Вавилов, ДАН СССР.
   S. I. Wawilow, Ber. Akad. Wiss. UdSSR, 1938, Nr. 8, 21.
9. Е. М. Брумберг, С. И. Варилов и С. М. Свердлов, ЖЭТФ.
   E. M. Brumberg, S. I. Wawilow u. S. M. Swerdlow, Zs. f. exp. u. theor. Phys., 1942, 12, 93.
10. С. И. Вавилов и Т. В. Тимофеева, ЖЭТФ.
    S. I. Wawilow u. T. W. Timofejewa, Zs. f. exp. u. theor. Phys., 1942, 12, 105.
11. С. И. Вавилов и Т. В. Тимофеева, ЖЭТФ.
    S. I. Wawilow u. T. W. Timofejewa, Zs. f. exp. u. theor. Phys., 1942, 12, 109.
12. S. Hecht, S. Shlaer u. M. H. Pirenne, J. Gen. Physiol., 1942, 25, 819.
13. S. Hecht, S Shlaer u. M. H. Pirenne, Science, 1941, 20, 585; s. a. J. Opt. Soc. America, 1942, 32, 42.
14. S. Hecht, Energy and vision. Zusf. in Science in Progress. Fourth Series, 1945, S. 75.
15. M. Pirenne, Nature, 1943, 152, 698.
16. M. A. Bouman u. H. A. van der Velden, J. Opt. Soc. Amer. 1948, 38, 231.
17. C. Roggenbau u. A. Wetthauer, Klinisches Monatsblatt der Augenheilkunde, 1927, 78, 762; 1927, 79, 456.
18. G. Osterberg, Topography of the layer of rodes and cones of the human retinc (Acta ophthalmologica, Suppl. VI, Copenhagen, 1935).
19. G. Wald, J. Gen. Physiol., 1938, 21, 795.
20. T. C. Fray, Probability and its engineering use, New York, 1928.
21. R. J. Lythgoe, J. Physiol., 1937, 89, 331; H. J. A. Dartnall u. C. F. Goodeve, Nature, 1937, 139, 409.
22. H. J. A. Dartnall, C. F. Goodeve u. R. J. Lythgoe, Proc. Roy. Soc., London, 1938, A 164, 216.
23. A. Charpentier, La luminière et ses couleurs, Paris, 1888, S. 213–216.
24. H. d. Wenthworth, Psychological Monografs, 1930, N 3, 40.
25. H. A. van der Velden, Physica, 1944, XI, 179; englische Übersetzung in Ophthalmologica, 1946, III, 321.
26. M. A. Bouman u. H. A. van der Velden, J. Opt. Soc. Amer., 1947, 37, 908.
27. H. de Vries, Experientia, 1948, 4, 205.
28. E. Baumgardt, Les théories photochimiques classiques et quantiques de la vision et l'inhibition nerveuse en vision luminaire. Paris, 1950.
29. H. J. A. Dartnall, Nature, 1950, 166, 207.

ZWEITER TEIL

ÜBER DIE VORAUSSETZUNGEN
UND EINIGE FOLGERUNGEN
DER ELEMENTAREN LEHRE
VON DER INTERFERENZ DES LICHTES

ERSTES KAPITEL

DIE GRENZEN DER ERFÜLLBARKEIT DES SUPERPOSITIONSPRINZIPS DER OPTIK

§ 1. Die Interferenz als Methode und als Prinzip

Die Lehre von der Interferenz des Lichtes hat zweifachen Charakter. Einerseits gibt sie eine vereinfachte Methode zur Lösung der Aufgaben über die Ausbreitung des Lichtes, andererseits ist in ihr ein großer konkreter Inhalt von prinzipieller Wichtigkeit konzentriert.

Der Lehre von der Interferenz als Methode liegt der schematische und nur begrenzt anwendbare Begriff des Lichtbündels als eines scharf begrenzten Kanals zugrunde, innerhalb dessen sich die Lichtenergie wellenförmig ausbreitet. Sie ist ein weiterer Schritt in der Theorie im Vergleich zu der noch einfacheren geometrischen Optik, die sich auf die Vorstellung von Lichtbündeln gründet, in denen die Lichtenergie gleichmäßig fließt.

Die Idee vom Lichtbündel als einer Art konischer Saite, in der sich Lichtschwingungen longitudinal ausbreiten, wurde zuerst von L. Euler [1] (siehe Abb. 15 u. 16) ausgesprochen und im 19. Jahrhundert bei der elementaren Behandlung optischer Probleme allgemein zugrunde gelegt, wobei allerdings die Longitudinal- durch Transversalschwingungen ersetzt wurden. Von diesem Standpunkt aus betrachtet setzt sich die Ausstrahlung des leuchtenden Zentrums zusammen aus der Gesamtheit solcher „Saiten", die die transversalen Wellen fortleiten und nur durch den synchronen Schwingungsprozeß in der Lichtquelle und die Gleichheit ihrer Eigenschaften verbunden sind.

Im Grunde genommen ist dieses Schema offenbar nicht ganz richtig, weil in Wirklichkeit der Lichtvektor in jedem Raumpunkt durch den Einfluß aller übrigen Punkte des Lichtfeldes bestimmt wird. Dieses räumliche Problem wird durch das Prinzip von Huygens und Kirchoff auf ein Oberflächenproblem reduziert. Jedoch auch in einer solchen Form ist die Lösung sogar der einfachsten Fälle der Lichtausbreitung derart kompliziert, daß bisher nur wenige Aufgaben zu Ende geführt wurden.

Für die praktische Arbeit und für die üblichen theoretischen Berechnungen wurde bisher ständig die einfache Interferenzmethode, entweder in der elementaren Form, oder korrigiert und mit allgemeineren und strengeren Annahmen kombiniert, benutzt. Es genügt, an die Methode der Fresnelschen Wellenzonen zur angenäherten Lösung von Beugungsproblemen zu erinnern. Bei dieser Methode erfolgt der letzte Schritt der Berechnung mit Hilfe der elementaren Interferenzmethode in dem oben angeführten Sinne.

190

tem, poſtquam pulſus punctum B attigerat, tempore t, ponamus punctum B per agitationem translatum eſſe in punctum b; & cum motus hic puncti ſimilis ſit motui penduli minimas oſcillationes peragentis, erit ſpatium Bb proportionale ſinui verſo cujusdam anguli, qui tempori t eſt proportionalis, ſit iſte angulus $= mt$, ac ponatur $Bb = \alpha$ ſinv. $mt = \alpha(1 - \cos mt)$.

§. XXXVIII. Quoniam vero ſingulæ particulæ, poſtquam ad motum impelli cœperunt, ſimili modo moventur, punctum A, quod jam per tempus $t + \frac{c}{a}T$ impulſum ſuſtinuit, nunc reperietur in a, ut ſit $Aa = \alpha(1 - \cos m(t + \frac{c}{a}T))$. Punctum autem C, cujus motus per tempus $t - \frac{c}{a}T$ duravit, translatum erit in c ut ſit $Cc = \alpha(1 - \cos m(t - \frac{c}{a}T))$. Hinc itaque erit $ab = Bb + AB - Aa$, & $bc = Cc + BC - Bb$, ideoque:

$$ab = c + \alpha \cos m(t + \frac{c}{a}T) - \alpha \cos mt$$

$$bc = c + \alpha \cos mt - \alpha \cos m(t - \frac{c}{a}T)$$

ſeu $ab = c - \alpha \cos mt + \alpha \cos mt . \cos \frac{mc}{a}T - \alpha \sin mt . \sin \frac{mc}{a}T$

& $bc = c + \alpha \cos mt - \alpha \cos mt . \cos \frac{mc}{a}T - \alpha \sin mt . \sin \frac{mc}{a}T$.

§. XXXIX.

Abb. 15. Faksimile der Seite 190 aus „Eine neue Theorie des Lichtes und der Farben“ aus dem Jahre 1746 von L. EULER, wo zum ersten Mal in der Geschichte der Optik Gleichungen für Strahlen mit harmonischen Schwingungen eingeführt wurden, die der elementaren Theorie der Interferenz zugrunde liegen. Die Geschwindigkeit der Wellenausbreitung ist mit $\frac{a}{T}$ bezeichnet

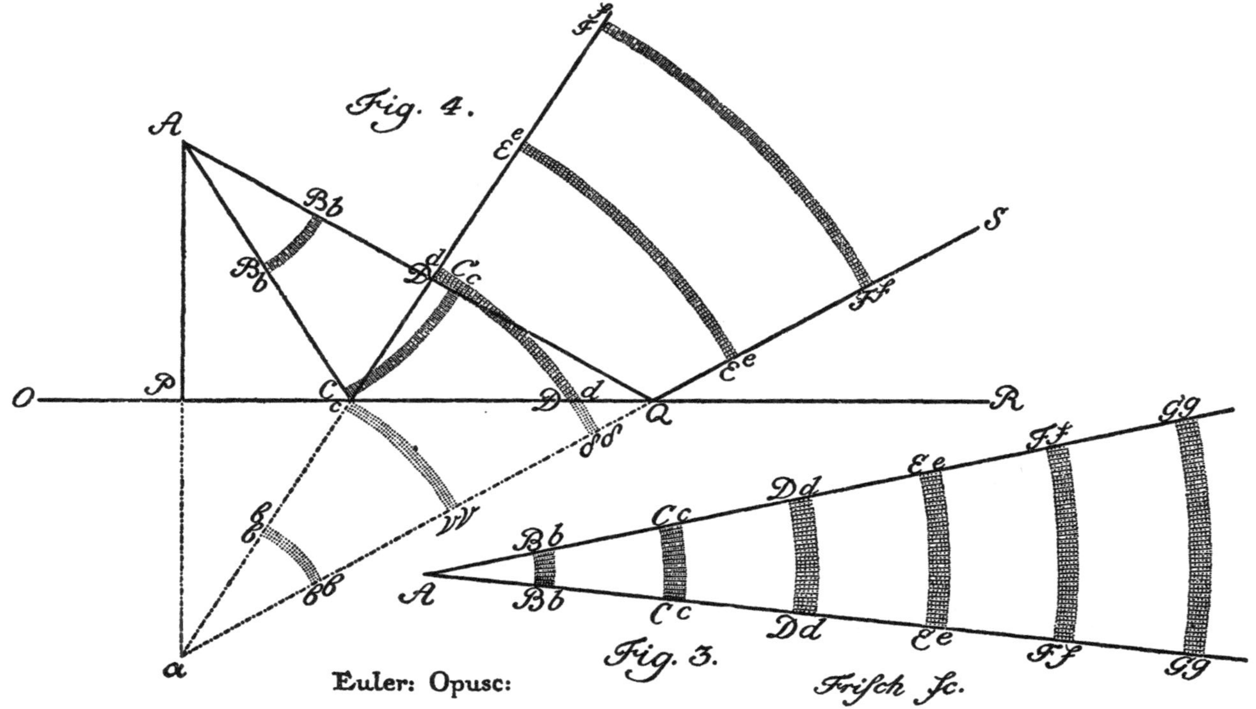

Abb. 16. Figuren aus „Eine neue Theorie des Lichtes und der Farben“ aus dem Jahre 1746 von L. Euler, die die Vorstellung von den streng begrenzten Lichtbündeln mit den sich innerhalb dieser ausbreitenden Wellen erläutern, die der elementaren Theorie von der Interferenz des Lichtes zugrunde liegt. Fig. 4 entspricht dem Wellenbild eines leuchtenden Punktes, der von einem Planspiegel reflektiert wird

Abgesehen von der in ihr liegenden Vereinfachung und nur annähernden Richtigkeit hat die Interferenzmethode den großen Vorteil der Anschaulichkeit in allen Phasen der Überlegungen und Rechnungen und führt, manchmal auf kurzem und einfachem Wege, zu wichtigen Ergebnissen, die der strengen Methode schwer zugänglich sind. Wir bringen später eine Reihe von Beispielen für die Behandlung von Problemen nach dieser Methode.

Die Lehre von der Interferenz führt wegen dieser methodischen Vorzüge und besonders wegen ihrer Einfachheit zu physikalisch wertvollen Folgerungen. Der Begriff „Interferenz" hat in der Optik den Sinn einer Verletzung des Superpositionsprinzips für die Energien der aufeinandertreffenden Lichtbündel. Diese Definition enthält eine Schwierigkeit, die mit dem Begriff des Lichtbündels selbst zusammenhängt. Zu seiner Realisierung braucht das Lichtbündel eine bestimmte Begrenzung, eine Ausblendung des sich von einem leuchtenden Punkt ausbreitenden Lichtstromes, doch hat diese Begrenzung unvermeidlich eine Beugung zur Folge. Das heißt, die Verletzung der Superposition im durchgelassenen Bündel wird an dem Vorhandensein dunkler Bereiche kenntlich, die mit hellen abwechseln. Dieses tritt besonders stark in Erscheinung, wenn die Dimensionen der begrenzenden Öffnung vergleichbar mit der Wellenlänge des Lichtes werden. Deshalb werden die erwarteten Interferenzerscheinungen durch Störungen der Superposition kompliziert, die in jedem der zusammentreffenden Lichtbündel auftreten und durch Beugung an den die Bündel begrenzenden Öffnungen hervorgerufen werden. Mit anderen Worten: In allen Interferenzversuchen sind die sich treffenden Bündel etwas modifiziert gegenüber einem völlig freien Lichtstrom. Diese Schwierigkeit kann man umgehen, wenn man voraussetzt, daß sich die Beugungs- und Interferenzerscheinungen additiv zusammensetzen. Das aber ist bei strengen Berechnungen nur in bestimmten Grenzen berechtigt.

Die anderen Voraussetzungen, die der Lehre von der Interferenz zugrunde liegen, sind ähnlich mit bestimmten prinzipiellen Einschränkungen behaftet, wie wir im § 2 sehen werden.

§ 2. Die Grenzen der Erfüllbarkeit der Superposition im Vakuum

Der Lehre von der Interferenz liegt die Behauptung oder das Prinzip der vollkommenen Superposition der Energie in allen Raumpunkten zugrunde, in denen die Bündel sich schneiden, die von *verschiedenen* natürliches Licht ausstrahlenden Punkten ausgehen.

Dieses Prinzip wurde schon im Anfang der Entwicklung der heutigen Optik im 16. und 17. Jahrhundert von Decartes, Newton, Huygens und Lomonossow ausgesprochen. Von diesem empirischen Prinzip schrieb Huygens im „Traktat vom Licht": „Die verwunderlichste Eigenschaft des Lichtes besteht darin, daß die Strahlen, die aus verschiedenen oder sogar entgegengesetzten Richtungen kommen, sich beim Durchgang des einen Strahls durch den andern durch gegenseitigen Einfluß nicht im geringsten behindern."

In der Lehre vom Licht als Wellenbewegung wird bei der einfachsten Deutung nach der Interferenzmethode die Superposition als Folge statistischer Mittelung der additiv zusammengesetzten Elongationen angesehen. Solche Addition der Elongationen wird entweder als genügend genau angenommen (elektromagnetische Lichttheorie) oder nur auf kleine Amplituden beschränkt (elastische Lichttheorie).

Gegen die ungestörte Ausbreitung eines Lichtbündels beim Durchgang durch andere Bündel wurden schon immer Einwände von seiten der einfachsten korpuskularen Vorstellung vom Licht erhoben. Der Vorwurf, den LOMONOSSOW der korpuskularen Theorie des Lichtes [2] machte, bestand darin, daß im Falle ihrer Richtigkeit Zusammenstöße der Lichtkorpuskeln im Überschneidungsgebiet der Lichtbündel auftreten müßten. Solche Zusammenstöße würden dann zu Störungen der Superposition führen. Nach den Worten von LOMONOSSOW würden in solchem Falle „in den Strahlen Verwirrungen" auftreten, d. h. eine Selbststreuung des Lichtes. Den Ausweg aus dieser Schwierigkeit in der Optik des 17. und 18. Jahrhunderts bildete die Annahme äußerst kleiner Dimensionen der Korpuskeln. „Ich weiß", – schrieb LOMONOSSOW an die Verfechter der Korpuskulartheorie, – „daß ihr die Materie des Lichtes in so kleine Teilchen aufteilt und sie so verdünnt im Raume des Weltalls vorkommend annehmt, daß man ihre Gesamtheit zusammenpressen und in den Poren eines Sandkörnchens unterbringen könnte." Jedoch kann auch solche Vorstellung, wie LOMONOSSOW weiter überlegte, die korpuskulare Theorie des Lichtes nicht retten, wenn man allein den Durchgang des Lichtes durch einen festen durchsichtigen Körper betrachtet.

Die heutige Optik mit ihren Prinzipien von der Konstanz der Lichtgeschwindigkeit und von der Quantennatur des Lichtes schränkt die einfache korpuskulare Vorstellung etwas ein. Nimmt man an, daß die Masse der Lichtkorpuskeln sich bei einem Stoß nicht ändert (d. h. die Frequenz der Lichtschwingungen unverändert bleibt) und die Geschwindigkeit erhalten bleibt, so folgt aus dem Energie- und Impulserhaltungssatz unmittelbar die gegenseitige „Durchdringbarkeit" der Korpuskeln, d. h. ihre Superposition. Mit anderen Worten, die Störung der Superposition ist nur bei Änderung der Masse der zusammenstoßenden Korpuskeln oder bei Änderung der Schwingungsfrequenz des Lichtes möglich.

Im übrigen stellt die neue Theorie des Lichtes in der DIRACschen Form, die Züge der Undulations- und Korpuskularvorstellungen vom Licht vereinigt, die Frage nach der Superposition und „Selbststreuung" des Lichtes in einer besonderen Art. Diese Theorie, die bisher den Rahmen eines mathematischen Formalismus noch nicht verlassen hat, ist nach folgendem Schema aufgebaut: Ein abgeschlossener Raum, der die Materie und das Licht einschließt, wird als einheitliches System betrachtet, dessen Energie man in drei Teile aufteilen kann: die Energie der Materie, die Energie des elektromagnetischen Feldes und die Energie der Wechselwirkung beider. Für dieses System werden die klassischen HAMILTONschen Gleichungen aufgestellt. Hierauf wird ein Verfahren benutzt, das dem Übergang von den HAMILTONschen Gleichungen der Mechanik zur Wellengleichung ähnelt, wie er von SCHRÖDINGER bei der Ableitung seiner Grundgleichung der Quantenmechanik benutzt wurde. Die sich so ergebenden Gleichungen ersetzen die Gleichungen der klassischen Theorie für die Materie und das Licht und erfassen grundsätzlich alle bekannten Eigenschaften des Lichtes.

Obwohl die Quantenelektrodynamik die Superposition für einen großen Intensitätsbereich des Lichtes im materiefreien Raum beibehält, führt sie doch zum unbedingten

Auftreten einer Selbststreuung des Lichtes für Bündel sehr großer Stärke und für außerordentlich hohe Frequenzen der Lichtschwingungen. Diese „Selbststreuung" des Lichtes ist mit dem Prozeß der Umwandlung des Lichtes in Materie (das Entstehen eines Elektron–Positron-Paares aus einem Quant harter Strahlung) unmittelbar verknüpft, der ja von der Theorie vorausgesagt und vom Experiment bestätigt wurde.

Unabhängig von irgendwelchen theoretischen Vorstellungen muß man natürlich die Frage nach den experimentell geprüften Grenzen der Erfüllbarkeit des Superpositionsprinzipes bei Bündeln stellen, die von verschiedenen Quellen ausgehen.

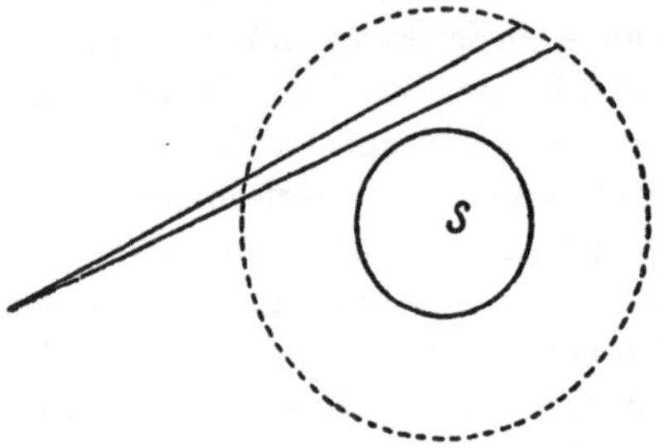

Abb. 17. Schematische Darstellung der Sonnenkorona und ihrer Beobachtung von der Erde

Wenn eine Verletzung der Superposition von unabhängigen Lichtbündeln überhaupt möglich ist, so kann sie sich bei unveränderter Schwingungsfrequenz gemäß dem Energiesatz in einer Richtungsänderung des Lichtes äußern, d. h. in einer *Streuung* oder besonderen Beugung der Lichtwellen an anderen Photonen.

Eine merkliche Verletzung der Superposition wird man, wenn sie vorhanden ist, verständlicherweise nur bei sehr großen Lichtstärken erwarten können. Im Laboratorium konnten bisher die größten Lichtstärken bei sehr kurzer Dauer ($\sim 10^{-5}$ sec) mit Hilfe von kondensierten Funken erzeugt werden. Durch Konzentration dieses Lichtes mit einem Quarzkondensor, der ultraviolette Strahlen durchläßt, kann man leicht Momentanwerte der Strahlenenergie von solcher Stärke erhalten, die einem Vielfachen des Wertes auf der Sonnenoberfläche entsprechen. Die mittlere Intensität ist in diesem Falle infolge der kurzen Dauer und der Seltenheit der Blitze klein, jedoch ist der gesuchte Effekt „des Zusammenstoßes" der Photonen nach Definition dem *Quadrat* der momentanen Strahlungsdichte proportional. Aus diesem Grunde hat der kondensierte Funke für Versuche solcher Art, z. B. gegenüber einem starken Lichtbogen, sichtliche Vorteile. Von uns angestellte Versuche mit einem Funken, dessen Licht im Inneren eines evakuierten Gefäßes konzentriert wurde, zeigten keine „Selbststreuung" des Lichtes [3]. Beobachtet wurden die weit entfernten hinteren Wände des Gefäßes, die mit schwarzem Samt beklebt waren. Zur Kontrolle wurden die Versuche mit dem Licht einer Glühlampe wiederholt, das die äquivalente *mittlere* Intensität besaß. In beiden Fällen waren die Ergebnisse negativ.

Beliebige, im Laboratorium praktisch erfüllbare Bedingungen für die Kontrolle der Erfüllbarkeit der Superposition stehen jedoch denen nach, die man bei der Beobachtung der Sonne zur Zeit einer totalen Sonnenfinsternis zur Verfügung hat (Abb. 17). An der Oberfläche der Sonne schneiden sich die Lichtbündel, die von verschiedenen leuchtenden Bezirken ausgehen. Die Überschneidungen erfolgen bei außerordentlich großen Strahlungsdichten und in riesigem Ausmaß, wobei sich für den Beobachter auf der Erde die Ergebnisse summieren. Zur Zeit der totalen Verdunkelung, wenn zu uns keine direkten Strahlen von der Sonne gelangen können und der Hintergrund vollkommen dunkel ist, haben wir äußerst gute Versuchsbedingungen.

Es ist bekannt, daß dabei die Sonnenkorona sichtbar wird, und damit berührt das von uns betrachtete Problem unmittelbar das Problem der *Sonnenkorona* [3]. Das Wesen der Korona ist in vielen ihrer Eigenschaften noch nicht geklärt. Man hat Grund, den intensivsten Teil der Korona, zumindest teilweise, der Streuung des Lichtes am Elektronengas zuzuschreiben. Für den Beobachter auf der Erde stellt die Sonnenkorona in jedem Fall *die notwendige Versuchsbedingung* dar, die für die Behauptung von der Richtigkeit des Superpositionsprinzips die obere empirische Genauigkeitsgrenze ergibt.

Für näherungsweise Berechnung dieser Grenze kann man davon ausgehen, daß die gesamte Intensität der Korona in einer Entfernung annähernd auf die Hälfte herabsinkt, die dem halben Sonnenradius, vom Rand der Sonne gerechnet, entspricht. Für die genauere Berechnung kann man die empirischen Formeln für die Helligkeitsabnahme der Korona mit der Entfernung benutzen [3]. Bei dieser genaueren Berechnung zeigt es sich, daß die Hälfte der gesamten Intensität der Korona in dem Raum zwischen dem Sonnenrand und einer Entfernung von 0,4 Sonnenradien konzentriert ist. Andererseits ist bekannt, daß das Gesamtlicht der Korona annähernd den $1 \cdot 10^{-6}$-ten Teil der gesamten Sonnenstrahlung ausmacht. Die Hälfte, d.h. $5 \cdot 10^{-7}$, wird (im Mittel) von jedem cm^2 der Sonnenoberfläche gestreut, wenn das Licht die Strecke von 0,4 Sonnenradien, d.h. den Weg von $2{,}8 \cdot 10^{10}$ cm, durchläuft. Daher verliert der Lichtstrahl im Mittel auf jedem Zentimeter des Weges in der Nähe der Sonne durch alle dort vorkommenden Ursachen der Streuung $\frac{5 \cdot 10^{-7}}{2{,}8 \cdot 10^{10}} \approx 1{,}8 \cdot 10^{-17}$ seiner Energie.

So groß ist die obere Grenze der Erfüllbarkeit der Superposition in der Nähe der Sonne, d.h. bei Bedingungen, die äußerst günstig für die Beobachtung seiner etwaigen Störungen sind. Mit dem kondensierten Funken kann man einen Lichtstrom von gleicher Stärke mit ungefähr 10^{11} erg/sec · cm^2 erzeugen, wie er in der Nähe der Sonne auftritt. Die Lichtstreuung nach allen Seiten könnte im Grenzfall (bei 100 Blitzen in 1 sec) auf Grund der Angaben über die Sonnenkorona weniger als

$$1{,}8 \cdot 10^{-17} \cdot 10^{11} \cdot 10^{-6} \cdot 10^{2} = 1{,}8 \cdot 10^{-10} \text{ erg/sec}$$

betragen. Diese Ausstrahlung geht nach allen Seiten vor sich, und deshalb ist die tatsächliche Energie, die in das Auge oder in die Meßanordnung gelangt, ungefähr hundertmal kleiner als die oben angegebene. Aus diesem Grunde erfordert die Selbststreuung des Lichtes, wenn eine solche überhaupt unter den beschriebenen Versuchsbedingungen des Laboratoriums auftritt, für seine Beobachtung eine Anordnung, die eine Energie von

$$< 1{,}8 \cdot 10^{-12} \text{ erg/sec}$$

festzustellen in der Lage ist.

Das schwache Leuchten der Sonnenkorona zeigt, daß das Superpositionsprinzip, zumindest für das sichtbare Licht, mit sehr großer Genauigkeit erfüllt ist. Diese Genauigkeit übersteigt um das Vielfache die Beobachtungsmöglichkeiten des Laboratoriums.

§ 3. Die Grenzen der Erfüllbarkeit der Superposition in absorbierenden Medien

Die im § 2 beschriebenen Versuche und Beobachtungen bezogen sich auf die Ausbreitung des Lichtes im Vakuum. Aus der Tatsache der Gültigkeit der Superposition in einem Raum, in dem sich keine Materie befindet, kann man jedoch nicht von vornherein denselben Schluß in bezug auf ein stoffliches Medium ziehen. Untersuchen wir, inwieweit es erlaubt ist, Superposition unter solchen Bedingungen anzunehmen.

In der klassischen Wellentheorie des Lichtes ist die Behauptung von der Superposition gleichbedeutend mit den Bedingungen der Linearität und Homogenität der Wellengleichung

$$\ddot{\varphi} = c^2 \Delta \varphi, \tag{1}$$

die der Theorie zugrunde liegt. Aus der Linearität und Homogenität dieser Gleichung folgt, daß, wenn gewisse Funktionen φ_i die Gleichung (1) erfüllen, die Summe dieser Lösungen

$$\Phi = \sum \varphi_i \tag{2}$$

auch eine Lösung darstellt. Die Voraussetzung der Eindeutigkeit der Lösung (2) entspricht *dem Superpositionsprinzip der Elongationen* und ist in dem betrachteten Problem über die Wechselwirkung der Lichtbündel gleichbedeutend mit der Behauptung, daß die Störungen, die durch verschiedene Lichtbündel in einem gegebenen Punkt des leeren oder materieerfüllten Raumes oder Mediums auftreten, sich additiv zusammensetzen. In solcher Form kann das Prinzip nicht unmittelbar durch das Experiment geprüft werden, weil der Messung nur der Mittelwert der Energie über ein beträchtliches Zeitintervall, der dem Quadrat der Störung proportional ist, zugänglich ist. Auf die Richtigkeit des Superpositionsprinzips der Elongationen muß man deshalb aus der Genauigkeit, mit der die aus ihr gezogenen Folgerungen erfüllt werden, und vor allem aus der Superposition der Energie schließen.

In der klassischen Theorie der Lichtausbreitung in einem Medium ist die Annahme von der Superposition der Elongationen den Theorien der Dispersion und Absorption zugrunde gelegt, diese Annahme führt auf die Unabhängigkeit der Brechzahl und des Absorptionskoeffizienten von der Energie des durchgehenden Lichtes. Eine Störung der Superposition müßte in Abweichungen von der Linearität dieser Prozesse bemerkbar werden, insbesondere würde sie sich in einer Abhängigkeit der Brechung und Absorption von der Energie des durchgehenden Lichtes äußern.

Im Jahre 1920 wurden von mir Ergebnisse von Untersuchungen veröffentlicht, die zum Ziel hatten, die Unabhängigkeit der Lichtabsorption von der Helligkeit in genügend weiten Grenzen zu prüfen [4]. Die Unabhängigkeit des Absorptionskoeffizienten von der Intensität des auffallenden Lichtes, die zuerst von Bouguer [5] im Jahre 1729 postuliert wurde, war in sehr beschränkten Grenzen durch Versuche geprüft. Bunsen und Roscoe [6] zeigten die Richtigkeit des Gesetzes von Bouguer für Helligkeitsänderungen um das 1,87fache. Kaempf [7] konstatierte die Konstanz des Absorptionskoeffizienten einer Farbstofflösung bei Helligkeitsänderungen um das 1000fache.

Die meisten meiner Messungen wurden an Gelatinefilmen durchgeführt, die mit Rhodamin B gefärbt waren, das eine scharfe Absorptionsbande im sichtbaren Teil des Spektrums mit einem Maximum im Grünen besitzt. Für diese Versuche wurden drei einfache Anordnungen verwendet, die in der Abb. 18, 19 und 20 dargestellt sind und den verschiedenen Lichtstärkebereichen entsprechen.

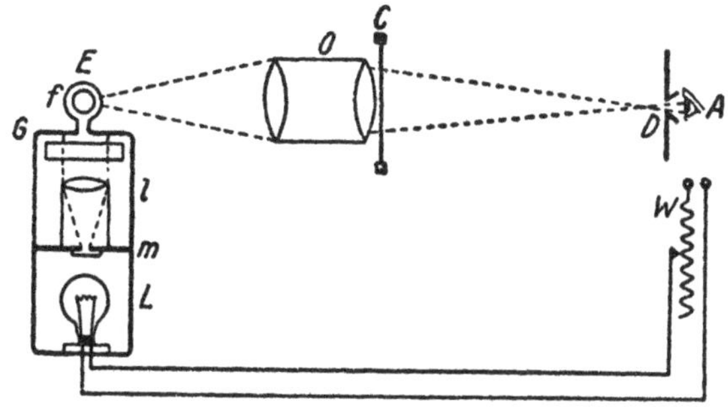

Abb. 18. Versuchsanordnung zur Prüfung des Gesetzes von Bouguer für sehr kleine Lichtstärken

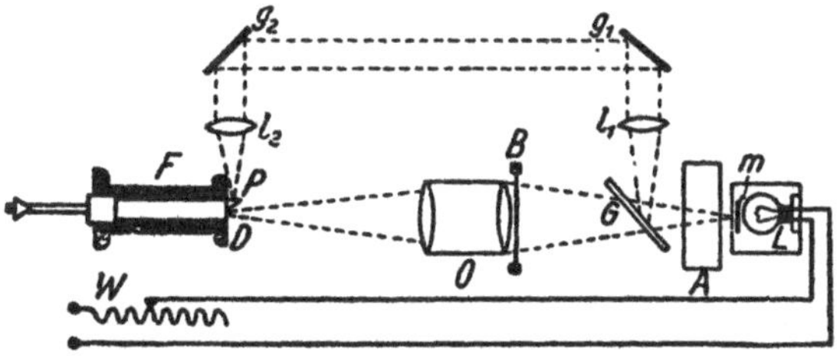

Abb. 19. Versuchsanordnung für die Prüfung des Gesetzes von Bouguer bei kleinen und mittleren Lichtstärken

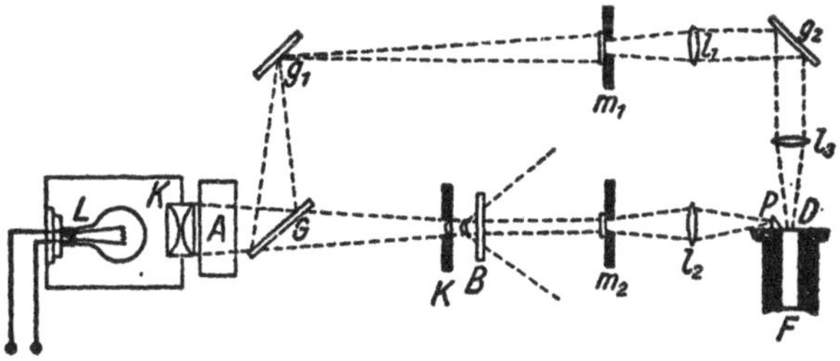

Abb. 20. Versuchsanordnung für Absorptionsmessungen bei großen Lichtstärken

Für die Messung sehr kleiner Lichtstärken war die Tatsache zugrunde gelegt, daß das Auge eine bestimmte konstante Reizschwelle besitzt, deren Wert im grünen Teil des Spektrums bei einer Größenordnung von 10^{-10} erg/sec liegt.

Als Lichtquelle diente die Fluoreszenz einer wäßrigen Farbstofflösung von Rhodamin 5 G, deren Fluoreszenzgebiet ein steiles Maximum bei 550 mμ aufweist. Die Fluoreszenz wurde mit dem Licht einer Glühlampe erregt, in deren Stromkreis der Schiebewiderstand *W* eingeschaltet war (Abb. 18). Der Vorteil einer solchen fluoreszierenden Lichtquelle besteht darin, daß die Energieverteilung im Fluoreszenzspektrum der Farbstofflösung unverändert bleibt, auch wenn sich bei Änderung des Widerstandes *W* die Energieverteilung der erregenden Lichtquelle stark ändert. Es ändert sich lediglich die Intensität. Das große Objektiv *O* mit einem Durchmesser von 16,4 cm bildet das Diaphragma *E* mit einem Durchmesser von 1,5 mm auf *D* ab. Der aus dem Objektiv *O* austretende Lichtkegel hat einen Durchmesser von ungefähr 15 cm. An der Öffnung *D* liegt das Auge des Beobachters *A* an, auf dessen Pupille ein Lichtkegel mit dem Durchmesser der Grundfläche von 6–7 mm fällt. Vor der Messung hielt sich der Beobachter nicht weniger als 15 min in völliger Dunkelheit auf. Durch das Verändern des Widerstandes *W* stellte der Beobachter auf die Reizschwelle des Auges ein. Verschob man den großen mit Rhodamin B gefärbten Gelatinefilm von *C* nach *D*, so konnte man damit die Helligkeit des auffallenden Lichtes, infolge der angeführten geometrischen Verhältnisse, um den Faktor 10^1 ändern. Das Verschieben des Gelatineschirms auf der optischen Bank und das Ablesen der Stellung des Widerstandschiebers führte ein Assistent aus.

Für die Bestimmung der Genauigkeit der Beobachtung war es nötig zu wissen, um wieviel das Licht bei einer Verschiebung des Widerstandschiebers um einen Skalenteil in dem Gebiet der Skala, die der Reizschwelle entspricht, geschwächt wird. Dafür wurde, neben der Messung mit einem gefärbten Film, eine Messung mit zwei solchen Filmen durchgeführt, die hintereinander in die Stellung *D* gebracht wurden. Jede Messung bestand aus je 30–36 Ablesungen für die Fälle: 1. Schirm bei *D*; 2. Schirm bei *C*; 3. doppelter Schirm bei *D*. Zur Bestimmung der Beobachtungsfehler mußte man die relative „Helligkeit" ohne Schirm, mit Schirm und mit zwei Schirmen kennen. Zur Auffindung dieser „Helligkeiten" wurde die Energieverteilung der Fluoreszenz der Lösung von Rhodamin 5 G durch spektralphotometrischen Vergleich mit einem Eichmaß (Hefnerkerze) und die Absorptionskurve des mit Rhodamin B gefärbten Schirms gemessen. Mit Hilfe dieser zwei Kurven und der mittleren Augenempfindlichkeitskurve wurden durch graphische Integration die relativen „Helligkeiten" (bezogen auf $\lambda = 550\ m\mu$) für die drei oben angeführten Fälle mit folgenden Werten ermittelt: 1,00; 0,18; 0,10.

Ein typisches Beispiel einer solchen Beobachtung gibt die Tabelle 1 wieder. Die Zahlen entsprechen der Teilung am Widerstand. In Tabelle 2 sind die Ergebnisse von 4 Beobachtern zusammengestellt.

Tabelle 1

26. I. 1920. Beobachter M.I.P.

Schirm bei *D*		Schirm bei *C*	Doppelter Schirm bei *D*
20,2	Adaptions-	21,0	18,8
20,0	periode	20,4	18,8
21,0		20,8	19,0
21,0		21,1	19,6
21,0		21,0	19,7
21,2		21,2	19,0
21,8		21,2	19,8
21,3		21,5	18,0
21,0		21,4	19,9
21,2		21,0	19,2
21,0		21,1	19,2

Tabelle 2

Beobachter	Mittlere Ablesung bei D	Mittlere Ablesung bei C
S. I. W.	22,6	22,4
	22,7	22,4
	21,8	21,8
M.I.P.	22,0	21,1
	21,5	21,4
	21,6	21,4
	21,5	21,3
P.N.B.	19,6	19,6
	20,4	20,3
E.W.Sch.	19,7	19,7
Mittelwert	21,3	21,2

Das Hinzufügen eines zweiten Schirmes schwächt die Helligkeit, wie oben angegeben, um den Faktor 1,8, wobei der Widerstandschieber um 1,8 Teilstriche verschoben werden muß. Andererseits wird das Licht bei dem Einbringen des ersten Schirmes in den Strahlengang um den Faktor 5,6 geschwächt. Deshalb entspricht die vom ersten Schirm hervorgerufene Absorption annähernd 5,6 Teilstrichen. Die mittlere Abweichung der Ablesungen bei den Stellungen D und C des Schirmes beträgt 0,1, wie aus beiden Tabellen zu ersehen ist. Das entspricht $\frac{0.1}{5,6} = 0,018$, d. h. ungefähr 2% Helligkeitsänderung. Es bleibt also der Absorptionskoeffizient bei der Änderung der Helligkeit des auffallenden Lichtes um das 10^4fache mit einer Genauigkeit von mindestens 2% konstant.

Die Größe des Energiestromes, der der Reizschwelle des Auges entspricht, beträgt annähernd $5 \cdot 10^{-10}$ erg/sec. Bei der Stellung D des Schirmes geht dieser Energiestrom von einer Fläche von ungefähr 2 mm² aus, d. h. auf 1 cm² entfallen $2,5 \cdot 10^{-8}$ erg/sec cm². Bei der Stellung C des Schirmes gehen durch 1 cm² $2,5 \cdot 10^{-12}$ erg/sec cm², d. h. weniger als ein Quant in der Sekunde (für $\lambda = 550$ mμ).

Die Anordnung zur Prüfung des Gesetzes von Bouguer für mittlere und kleine Lichtstärken ist in Abb. 19 dargestellt. Das Licht einer Glühlampe tritt durch das Mattglas m und die Wasserküvette A und fällt auf die Glasplatte G. Von hier gelangt ein Teil des Lichtes auf dem Wege über G, l_1, g_1, g_2, l_2, P zum Prisma des Spektralphotometers P, der andere Teil durch das Objektiv O zum Spalt des Spektralphotometers D. Die Änderung der Lichtstärke, die auf die Flächeneinheit des absorbierenden Schirmes B fällt, wurde in zweifacher Weise durchgeführt: durch die Änderung des Widerstandes W oder durch die Verschiebung des Schirmes B von dem Objektiv zu dem Spalt D hin. Bei solcher Verschiebung kann die absorbierte Energie um das 10^4-fache geändert werden.

Zur Messung gelangte der Winkel, um den man den Okularnikol eines König-Martensschen Spektralphotometers im Gebiet der maximalen Absorption des Rhodamin B ($\lambda = 550$ mμ) bei Änderung der Lichtenergie (pro Flächeneinheit des Schirmes) drehen mußte. Für die zwei untersuchten, mit Rhodamin B und Fuchsin gefärbten, Schirme erwies sich, daß das Gesetz von Bouguer mit einer Genauigkeit von wenigstens 1% bei Energieänderung des auffallenden Lichtes von etwa 10^{-7} bis 10^2 erg/sec cm^2 erfüllt ist.

Die schematische Darstellung der Meßanordnung für große Lichtstärken gibt die Abb. 20 wieder. Der Hauptanteil des Lichtes einer Glühlampe von 2000 W oder eines Lichtbogens, der mit Gleichstrom bis zu 35 A gespeist wurde, fiel auf den aplanatischen Kondensor K und weiter auf das Prisma P des Spektralphotometers. Der andere Teil des Lichtes wurde mit Hilfe der Platte G abgezweigt, wie es die Abbildung zeigt, und zum Spalt des Spektralphotometers D geführt. Der absorbierende Film oder eine große Glasküvette mit der Lösung konnten zwischen K und m_2 auf einer optischen Bank verschoben werden. Mit dieser Verschiebung wurde der Energiestrom geändert, der auf die Oberflächeneinheit des absorbierenden Mediums fiel. Untersucht wurden, neben den obengenannten gefärbten Schirmen, wäßrige Lösungen von Rhodamin B, Kristallviolett, Brillantsäureblau und Fuchsin. Bei Änderungen des Energiestromes pro Flächeneinheit von 10 bis 10^5 erg/sec cm^2 (Glühlampe) und $3 \cdot 10^4$ bis $2 \cdot 10^8$ erg/sec cm^2 (Lichtbogen) blieb der Absorptionskoeffizient bis auf 1% konstant.

Zieht man aus den Ergebnissen die Bilanz, so stellt man fest, daß der Absorptionskoeffizient der untersuchten Stoffe konstant ist in den Grenzen von

$2{,}5 \cdot 10^{-12}$	$- 2{,}5 \cdot 10^{-8}$	erg/sec cm^2 mit einer Genauigkeit von mindestens	2%
$1 \cdot 10^{-7}$	$- 1 \cdot 10^{-2}$	„ „ „ „ „ „ „	1%
10	$- 1 \cdot 10^5$	„ „ „ „ „ „ „	1%
$3 \cdot 10^4$	$- 2 \cdot 10^8$	„ „ „ „ „ „ „	1%

Mit anderen Worten, das Gesetz von Bouguer wird für die untersuchten Medien von $2{,}5 \cdot 10^{-12}$ bis $2 \cdot 10^8$ erg/sec cm^2 mit einer Genauigkeit von mindestens 5% erfüllt.

Der Sinn dieses Ergebnisses ist vom klassischen Standpunkt der Wellenvorstellung aus vollkommen klar und trivial. Bedeutend schwieriger läßt er sich vom Standpunkt der den Tatsachen besser gerecht werdenden Quantennatur des Lichtes interpretieren.

In der Zeit, als die beschriebenen Absorptionsmessungen ausgeführt wurden (in den Jahren 1918–1920), waren viele Folgerungen aus der Quantentheorie, die heutzutage zu den feststehenden und allgemein anerkannten Tatsachen gehören, noch nicht gesichert und bedurften eines experimentellen Beweises. Um die Welleneigenschaften des Lichtes mit dem Quantencharakter der Absorption und Ausstrahlung in Übereinstimmung zu bringen, mußte der Schöpfer der Quantentheorie, M. Planck, die Annahme machen, daß die Absorption des Lichtes dauernd in beträchtlichem Maße (jedoch nicht vollständig) der klassischen Vorstellung entsprechend vor sich geht, jedoch kann die ausgestrahlte Energie nicht größer sein als das Quant $h\nu$. Zum Unterschied von der Absorption muß die Ausstrahlung vom Standpunkt dieser

PLANCKschen Hypothese quantenhaften Charakter haben. Auf der Grundlage solcher Annahmen baute PLANCK eine konsequente Theorie des Temperaturstrahlungsgleichgewichtes auf und veröffentlichte sie in der zweiten Ausgabe seines klassischen Buches [8]. Unsere Versuche mit sehr kleinen Lichtstärken stimmen jedoch durchaus nicht mit dieser PLANCKschen Hypothese überein. Damit bei kontinuierlicher Absorption bei äußerst kleinen Lichtströmen ein Molekül ein ganzes Energiequant aufspeichern kann, ist es notwendig, daß es während der Absorption *nicht ausstrahlt* (im Gegensatz zur klassischen Vorstellung von der Resonanz). Mit anderen Worten: für die Zeit der Aufspeicherung der Energie eines ganzen Quantes durch das Molekül muß seine Absorption *vollständig* sein. Wenn die Anzahl der absorbierenden Moleküle genügend groß ist und ihr gesamter „effektiver Absorptionsquerschnitt" die Fläche vollständig bedeckt, durch die das Lichtbündel hindurchgeht, so wird das Medium, weil nach der PLANCKschen Hypothese das Licht in der Zeit der Aufspeicherung eines Quantes vollständig absorbiert wird, ein „absolut schwarzer Körper" sein.

In meinen Versuchen war die Anzahl der absorbierenden Moleküle, die sich im Strahlengang eines Lichtbündels vom Querschnitt 1 cm^2 befanden, größer als $5 \cdot 10^{17}$, der effektive Absorptionsquerschnitt war im Absorptionsmaximum größer als $10^{-15}\,cm^2$ und damit das Produkt $5 \cdot 10^{17} \cdot 10^{-15} \gg 1$. Andererseits fiel bei den ganz schwachen Lichtstärken, die bei dem Versuch verwendet wurden ($< 3 \cdot 10^{-12}$ erg/sec cm^2), auf 1 cm^2 in 1 sec weniger als ein Energiequant. Damit jedes Molekül bei kontinuierlicher Absorption ein Quant erhält, wäre eine Zeit von mehr als 10^{15} sec erforderlich, d. h. mehr als 30 Millionen Jahre! An der oberen Grenze der Lichtstärken von $2 \cdot 10^{8}$ erg/sec cm^2, die in den Versuchen verwendet wurden, wäre diese Zeit nicht bedeutend, nämlich größer als 10^{-5} sec.

Vom Standpunkt der PLANCKschen Hypothese müßte die Absorption im Gebiet sehr kleiner von uns verwendeter Lichtstärken einem Grenzwert zustreben und bei großen Lichtstärken den üblichen Wert annehmen. Das stimmt durchaus nicht mit den Versuchen[1] überein, und man muß annehmen, daß die Hypothese fehlerhaft sein muß.

Zu völlig anderen Folgerungen führt die Vorstellung von den Lichtquanten, den Photonen, die von EINSTEIN entwickelt wurde. Dabei sollen Absorption und Emission, übereinstimmend mit der ersten Variante der PLANCKschen Theorie, quantenhaft und momentan vor sich gehen. Bei sehr kleinen Lichtstärken müßten statistische Schwankungen der Lichtabsorption beobachtbar sein, wie es die Versuche bestätigen, die in dem ersten Teil dieses Buches beschrieben sind. Wenn auch die Energie, die bei den angeführten Absorptionsversuchen absorbiert wurde, sehr klein war und ein Photon in der Sekunde nicht überschritt, so sammelte sich doch im Auge des Beobachters das

---

[1] Man kann versuchen, die Hypothese PLANCKS zu retten, indem man annimmt, daß die Moleküle bis zur Bestrahlung schon eine bestimmte Energie besitzen, die der Temperatur des Körpers entspricht und statistisch verteilt ist. In solchen Fällen könnten einige Moleküle, die vorher schon einen großen Vorrat an Energie besaßen, diesen bereits zu Anfang der Bestrahlung ausstrahlen. Die Versuche wurden jedoch bei niedriger Zimmertemperatur und mit sichtbarem Licht ausgeführt. In diesem Falle hat die angeführte Korrektur praktisch keine Bedeutung.

Licht, welches durch den ganzen absorbierenden Schirm ging (Abb. 18), d. h. nicht weniger als 200 Photonen in 1 sec. Außerdem wurde bei den Absorptionsversuchen, zum Unterschied von den Bedingungen, die für die Beobachtung von Schwankungen notwendig sind (S. 8), keine Lichtunterbrechung verwendet und auch die anderen Forderungen nicht erfüllt. Das Auge summierte und mittelte den Lichtstrom.

Berücksichtigt man die früher dargelegten Schwankungsmessungen, so kann man in jedem Fall sagen, daß die Lichtquantentheorie mit allen Ergebnissen der Versuche vollständig übereinstimmt.

§ 4. Die Verletzung der „Linearität" bei der Absorption des Lichtes

Trotz der dargelegten Versuche, die die Superposition des Lichtes beim Durchgang durch ein Medium bestätigen oder, genauer gesagt, trotz der „Linearität" der Optik stofflicher Medien in den diskutierten Beispielen kann man doch sagen, daß im allgemeinen Falle die Linearität und folglich auch die Superposition bei der Ausbreitung des Lichtes in einem stofflichen Medium unbedingt verletzt wird. Das folgt aus der Quanteneigenschaft des Lichtes und der Materie.

Das Molekül geht unbedingt bei der Absorption eines Photons, wenn auch nur für sehr kurze Zeit, in einen neuen stationären (angeregten) Zustand über. Die mittlere Lebensdauer des angeregten Zustandes eines Moleküls ist im allgemeinen *endlich*. Wir beschränken uns nur auf die Betrachtung *reversibler* optischer Prozesse, bei denen der Übergang aus dem angeregten in den Grundzustand bestimmt erfolgt und sich das Molekül chemisch nicht ändert. Bei solcher Rückkehr wird die absorbierte Energie ausgestrahlt oder verwandelt sich in Wärme des Mediums. Die Rückkehr in den Grundzustand kann „spontan" oder erzwungen unter dem Einfluß des umgebenden Mediums erfolgen. Die erzwungenen Übergänge aus dem angeregten Zustand muß man in drei Gruppen einteilen.

Zur ersten gehören vorzeitige Übergänge, die durch die Abgabe der Anregungsenergie an ein unmittelbar benachbartes System entstehen, z. B. im Falle der Fluoreszenzauslöschung. Beim Vorhandensein solcher erzwungener Übergänge wird die mittlere Lebensdauer eines angeregten Zustandes *verkürzt* (s. Kap. III).

Die zweite Gruppe entspricht der Überführung des Moleküls aus dem gewöhnlichen labilen angeregten Zustand in einen metastabilen unter äußerem Einfluß. Ein solcher metastabiler Zustand kann unbegrenzte Lebensdauer besitzen und so lange existieren, bis das Molekül durch äußere Einflüsse wieder in einen labilen Zustand zurückgeführt wird, aus dem es spontan in den Grundzustand zurückkehren kann. Dieser Fall des erzwungenen Überganges entspricht einer *Verlängerung* (manchmal einer sehr großen) der mittleren Lebensdauer des angeregten Zustandes.

Zur dritten Gruppe gehören hauptsächlich nicht Moleküle, sondern die komplizierten Kristallsysteme der Halbleiter. Bei Absorption von Licht geht hier eine zeitweilige Befreiung von Elektronen vor sich, der innere Photoeffekt. Unter dem Einfluß des Mediums kehren die Elektronen nach einiger Zeit in den Grundzustand zurück, wobei sie Licht ausstrahlen. Diese Prozesse können von einem Nachleuchten sehr langer

Dauer begleitet sein, das *einer sehr langen mittleren Lebensdauer* des angeregten Zustandes entspricht.

Normal angeregte Zustände, die für die spontane Ausstrahlung der Dipolsysteme verantwortlich sind, haben eine mittlere Lebensdauer von der Größenordnung 10^{-8} bis 10^{-9} sec. Die mittlere Lebensdauer der angeregten Zustände erzwungener Übergänge kann in einem sehr breiten Intervall ungefähr von 10^{-10} sec bis zu Wochen und Monaten variieren. Bei sehr raschen inneren Übergängen der Energie der Elektronenschwingungen in Schwingungs- und Rotationsbewegung der Kerne kann die Lebensdauer des angeregten Zustandes noch stärker verkürzt sein.

Die Tatsache einer endlichen Lebensdauer der angeregten Zustände bei Absorption von Licht hat eine unmittelbare Beziehung zu der Frage nach den Grenzen der Gültigkeit der Linearität der Ausbreitungsgesetze des Lichtes im absorbierenden Medium und zu der Superposition des Lichtes.

Je größer die Anzahl der Moleküle ist, die sich bei der Ausbreitung des Lichtes im Medium im angeregten Zustand befinden, d.h. je größer die Lichtstärke ist, um so merklicher muß sich der Anteil der absorbierten Energie verringern, weil die angeregten Moleküle bis zu ihrer Rückkehr in den Grundzustand aufhören, das Licht in der vorhergehenden Weise zu absorbieren. Deshalb muß die Absorption von der Stärke des Lichtstromes abhängen. Es ist offensichtlich, daß die Abweichung von der Linearität desto merklicher wird, je größer die mittlere Lebensdauer des angeregten Zustandes ist. Für die gewöhnlichen labilen angeregten Zustände mit Lebensdauern von annähernd 10^{-8} sec sind sehr große Lichtstärken, welche man unter Laborbedingungen bisher noch nicht erreichen konnte, erforderlich, um die Abweichungen von der Linearität bemerken zu können. Die in den früher dargelegten Versuchen untersuchten Farbstoffe gehören gerade zu den Stoffen mit Lebensdauern des angeregten Zustandes kleiner als 10^{-8} sec.

Positive Ergebnisse wurden für die Absorption von Uranglas [9] erhalten, dessen mittlere Lebensdauer, wie aus phosphoroskopischen Beobachtungen folgt, ungefähr $3 \cdot 10^{-4}$ sec betrug. Für die Versuche mit Uranglas war der kondensierte Funke wegen seiner sehr großen momentanen Lichtstärke und seiner mit der mittleren Lebensdauer des angeregten Zustandes vergleichbaren Dauer von Vorteil. Das konzentrierte Licht einer Al-Funkenstrecke fiel auf das Uranglas. Die eine Hälfte des Lichtstromes des abgebildeten Funkens ging durch das Uranglas, die andere durch Luft. Außerdem wurde das Bild des Funkens nochmals auf die beiden Spalte eines König-Martensschen Spektralphotometers projiziert. Die Beobachtung wurde in dem Gebiet $\lambda = 454$ mμ durchgeführt. Die Schwächung des Lichtes um den Faktor 3 geschah mit einem gelben Lichtfilter, das zuerst zwischen Glas und Funken und danach zwischen Glas und Spektralphotometer angebracht wurde. Es ist offensichtlich, daß im zweiten Fall das Lichtfilter keinen Einfluß auf die Absorption des Lichtes im Uranglas ausüben konnte. Im ersten Fall wurde für den Absorptionskoeffizienten der Wert 2,576, im zweiten 2,544 erhalten; der Unterschied beträgt 1,5% gegenüber der mittleren Genauigkeit einer Vielzahl von Messungen von $\pm 0{,}3\%$. Infolge des kleinen positiven Effektes wurden die Beobachtungen viele Male (50–100mal) durchgeführt, und der Beobachter wußte nicht, in welcher Stellung sich das Lichtfilter befand. Außerdem wurden Kontrollmessungen mit einer wäßrigen Lösung von Fluoreszein durchgeführt. In diesem Fall ist die mittlere Lebensdauer des angeregten Zustandes bedeutend kürzer als im Uranglas und beträgt ungefähr $5 \cdot 10^{-9}$ sec. Unter denselben Versuchsbedingungen mit der Genauigkeit von $\pm 0{,}3\%$ konnte kein positives Ergebnis erzielt werden.

Starke Abweichungen von der Linearität erhält man jedoch bei Medien mit sehr großen Lebensdauern des angeregten Zustandes, z.B. in festen Farbstofflösungen, in Zucker und in anderen Medien, die eine Phosphoreszenz von der Dauer einer Sekunde und länger aufweisen. Die Nichtlinearität der Absorption in Abhängigkeit von der Lichtstärke zeigt sich besonders stark bei Kristallphosphoren. Es ist schon lange bekannt, daß man bei ihrer Erregung mit genügend intensivem Licht, z.B. einer Bogenlampe, sehr leicht einen Zustand völliger Sättigung des Phosphors erreichen kann, bei dem er praktisch aufhört, Licht zu absorbieren.

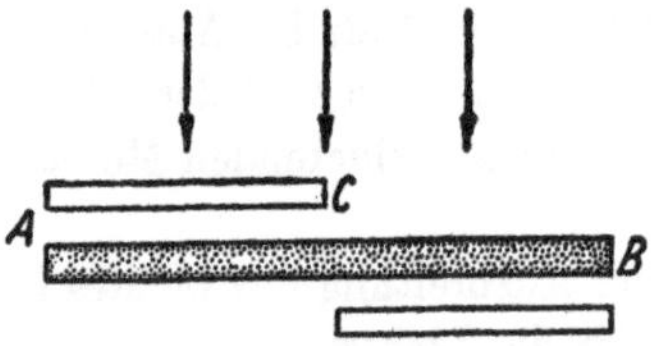

Abb. 21. Schema des „nichtlinearen" Photometers, dessen Grundlage ein phosphoreszierendes Medium ist

Diese Nichtlinearität ist so stark wahrnehmbar, daß man sie besonderen „absoluten Photometern" ohne Vergleichsfeld zugrunde gelegt hat [10]. K. B. Panschin hat auf diesem Prinzip eine Anordnung geschaffen, deren Schema in der Abb. 21 dargestellt ist. Die Schicht des phosphoreszierenden „nichtlinearen" Stoffes ACB ist so angeordnet, daß die Hälfte von ihr von der Seite AC mit einem Grauglas bedeckt ist, und von der Seite CB wird sie durch ein ebensolches Grauglas beobachtet. Wenn die Schicht, wie gewöhnlich, „linear" wäre, würden wir das ganze Feld überall in gleicher Helligkeit sehen. Es wäre gleich, ob man das Grauglas vor oder hinter die Schicht setzt; die Schwächung des Phosphoreszenzlichtes würde sich als gleich erweisen. Doch wird infolge der „Nichtlinearität" der Schicht, da das Licht rechts intensiver ist, das rechte Feld etwas heller erscheinen. Es ist nicht schwer, die Helligkeiten der Felder gleichzumachen und ein für allemal die Anordnung auf absolute Intensität des auffallenden Lichtes zu eichen. Der Vorteil eines solchen Photometers besteht darin, daß man kein Vergleichsmaß braucht; andererseits kann man es jedoch nur zur Messung großer Lichtstärken benutzen.

Die „Nichtlinearität" im absorbierenden Medium muß sich nicht nur bei der Absorption beobachten lassen. Da letztere mit Dispersion verknüpft ist, muß auch die Geschwindigkeit der Lichtausbreitung in einem Medium ganz allgemein von der Lichtstärke abhängen. Im allgemeinen Falle wird man aus dem gleichen Grunde eine Abhängigkeit von der Lichtstärke, d.h. eine Verletzung des Superpositionsprinzips auch bei anderen optischen Eigenschaften des Mediums — bei Doppelbrechung, Dichroismus, Drehvermögen usw. — beobachten.

Mit der „nichtlinearen Optik" des Mediums muß sich der Astrophysiker bei den theoretischen Untersuchungen der Bedingungen, die im Inneren der Sterne herrschen, dauernd beschäftigen. Infolge der kolossalen Dichte der strahlenden Energie im Inneren der Sterne bei Temperaturen, die viele Millionen Grad betragen, müssen Absorption und Geschwindigkeit der Lichtausbreitung in der Substanz des Sterninneren außerordentlich stark von der Lichtstärke abhängen. Wie eben dargelegt, trifft man jedoch auch unter den bescheidenen Laborbedingungen auf große Störungen der Superposition und der Nichtlinearität der optischen Erscheinungen, insbesondere bei Untersuchungen von phosphoreszierenden Körpern.

Die Physik hat sich jedoch so an die Linearität der alltäglichen Optik gewöhnt, daß man bis jetzt noch keinen formalen, streng mathematischen Apparat zur Lösung der realen „nichtlinearen" optischen Aufgaben besitzt. In der Praxis werden Aufgaben solcher Art gewöhnlich nicht auf streng analytischem Wege gelöst, sondern mit Hilfe manchmal sehr grober Vereinfachungen.

Aus dem Ergebnis der Diskussion über die Grenzen der Erfüllbarkeit des Prinzips von der Superposition, das der Lehre von der Interferenz zugrunde liegt, kann man folgendes schließen: In einem stofffreien Raum wird die Superposition in außerordentlich weiten Grenzen genau erfüllt, wie es die Beobachtungen der Sonnenkorona bei Sonnenfinsternis zeigen. Beim Durchgang durch einen Stoff kann die Superposition stark gestört werden, was durch die Quanteneigenschaften des Lichtes und der Stoffe bestimmt wird.

ZWEITES KAPITEL

DIE GRUNDLAGEN DER ELEMENTAREN INTERFERENZTHEORIE

§ 5. Die Interferenz von Lichtbündeln

Betrachtet man die wechselseitigen Beziehungen der natürlichen Lichtbündel, so muß man sie in *kohärente* und *nicht kohärente* unterteilen. Unter gewöhnlichen optischen Bedingungen gehen erstere gleichzeitig von ein und demselben leuchtenden Punkt aus, die zweiten aber von verschiedenen leuchtenden Punkten. Aus der geometrischen Definition des Bündels geht klar hervor, daß sich in einem homogenen Raum die kohärenten Bündel nicht schneiden können. In diesem Falle erreicht man eine Überschneidung mit Hilfe von Einrichtungen aus nicht homogenen Medien, die das Licht reflektieren, brechen oder zerstreuen und statt eines mehrere fiktive leuchtende Punkte erzeugen (z. B. die Abbildung der Lichtquelle durch mehrere Spiegel). Nicht kohärente Strahlen können sich selbstverständlich auch in einem homogenen Medium schneiden.

Auf Grund des Energiesatzes sind sowohl für kohärente als auch für nicht kohärente Bündel nur folgende Änderungen des Energiestromes der sich schneidenden Bündel möglich (wenn man die Möglichkeit einer Transformation der Energie in andere Energieformen ausschließt): 1. die Streuung der Lichtenergie in den Raum außerhalb der geometrischen Begrenzung der Lichtbündel, der „Selbststreuung des Lichtes", von welcher im ersten Kapitel die Rede war; 2. eine Umordnung der Energie innerhalb der Bündel, d. h. eine Umordnung des gleichmäßigen Stromes in einen ungleichmäßigen.

Bezeichnen wir die Lichtfunktionen, die zu verschiedenen Bündeln, die sich in einem bestimmten Punkte des Raumes schneiden, gehören, mit $\varphi_1, \varphi_2 \ldots$ In Übereinstimmung mit dem Superpositionsprinzip für die Elongationen (2) ist der allgemeine Wert der Lichtfunktion für diesen Punkt

$$\Phi = \sum \varphi_i .$$

Die Funktionen φ und Φ sind Vektoren, und man kann diese Gleichung in drei skalare Gleichungen, entsprechend einem beliebigen orthogonalen Koordinatensystem (x, y, z), aufspalten:

$$\Phi_x = \sum \varphi_{ix}; \quad \Phi_y = \sum \varphi_{iy}; \quad \Phi_z = \sum \varphi_{iz}. \tag{2'}$$

Nimmt man die Energie E proportional zu dem Quadrat von Φ an, so erhält man

$$E = \alpha \Phi^2 = \alpha(\Phi_x^2 + \Phi_y^2 + \Phi_z^2)$$
$$= \alpha\left[\sum \varphi_{ix}^2 + \sum \varphi_{iy}^2 + \sum \varphi_{iz}^2 + \sum \varphi_{ix}\varphi_{kx} + \sum \varphi_{iy}\varphi_{ky} + \sum \varphi_{iz}\varphi_{kz}\right], \tag{3}$$

wobei α einen Proportionalitätsfaktor und die Indizes i und k die verschiedenen Lichtbündel bezeichnen. Die Gleichung (3) dient als Grundlage für die Theorie der Wechselwirkung der Lichtbündel. Wie man sieht, folgt sie aus dem Superpositionsprinzip für die Elongationen und daraus, daß die Energie dem Quadrat der Summe der Elongationen proportional ist.

In der Formel (3) steht das Glied $\alpha\left(\sum\limits_{x,y,z} \varphi_i^2\right)$ für die Summe der Energien der einzelnen Strahlen; das Vorhandensein der Zusatzglieder in der Formel zeigt, daß das Superpositionsprinzip für die Lichtstärken im allgemeinen Fall verletzt ist, wobei Abweichungen in beiden Richtungen auftreten können, je nach dem Vorzeichen der Summen der gemischten Produkte. Als Maß für die Verletzung der Superposition *(der Sichtbarkeit der Interferenzstreifen oder der Interferenzfähigkeit)* nimmt man gewöhnlich das Verhältnis

$$v = \frac{\left(\sum\limits_{x,y,z} \varphi_i\varphi_k\right)}{\sum\limits_{x,y,z} \varphi_i^2}, \tag{4}$$

wobei $\sum\limits_{x,y,z} \varphi_i \varphi_k$ der maximalen absoluten Abweichung entspricht. Um die Grenzen zu erhalten, innerhalb derer v liegt, schreiben wir Formel (3) in der Form:

$$E = \alpha\left[\sum_{x,y,z} \varphi_i^2\left(1 + \frac{\varphi_k}{\varphi_i}\right)\right], \tag{3'}$$

wo wir in die Klammer aus jeder Summe den größeren Faktor des Produktes $\varphi_i \varphi_k$ geschrieben haben. Es ist also $\frac{\varphi_k}{\varphi_i}$ ein echter Bruch. Man sieht, daß (3′) bei sonst gleichen Bedingungen Extrema für $\varphi_i = \pm\,\varphi_k$ besitzt, d.h. in dem Fall, in dem die Funktionen φ dem absoluten Wert nach *paarweise einander gleich* sind. Dann ist:

$$E = \begin{cases} 2\alpha\left[\sum\limits_{x,y,z} \varphi_i^2\right]. \\ 0 \end{cases} \tag{5}$$

D.h. in den Grenzfällen ist die Energie an den Orten des Zusammentreffens der Lichtbündel entweder doppelt so groß, als es nach dem Superpositionsprinzip für die Intensitäten (1) sein sollte, oder sie verschwindet gänzlich; deshalb kann sich die Sichtbarkeit v der Interferenzstreifen in den Grenzen 0 und 1 ändern.

Wie in Kapitel 1 gesagt wurde, gilt die Superposition der Intensitäten im gesamten Raum mit großer Genauigkeit innerhalb bestimmter Grenzen der Stärke der Lichtquellen bei Überschneidung nicht kohärenter Bündel, die von unabhängigen leuchtenden Punkten ausgehen.

Dieses Versuchsergebnis ist gleichbedeutend mit dem identischen Verschwinden aller Summen aus den gemischten Gliedern in (3) bei beliebigen Werten der Koordinaten und beliebigen Werten für die einzelnen Summenglieder, was jedoch offensichtlich für alle Zeitmomente unmöglich ist, weil dabei alle Funktionen φ (außer einer) zu allen Zeiten verschwinden müßten. Daraus folgt, daß die Superposition in jedem einzelnen Zeitpunkt auch für kohärente Bündel nicht gilt. Der Grund, warum die Superposition empirisch erfüllt wird, besteht darin, daß in Wirklichkeit nicht augenblickliche, sondern *mittlere* Werte von φ in einem endlichen Zeitintervall beobachtet werden. Bei besonders günstigen Versuchsbedingungen (einzelner kondensierter Funken) kann dieses Zeitintervall nicht größer als ungefähr 10^{-8}–10^{-9} sec sein. Schneiden sich nicht kohärente Bündel, so muß der *mittlere* Wert der Summen der Produktpaare verschwinden. Dabei genügt es nicht, daß die mittleren Werte der Funktionen φ_i und φ_k selbst verschwinden: es ist das Verschwinden der zeitlichen Mittelwerte des Produktes $\varphi_i \varphi_k$ bei beliebigen Koordinatenwerten notwendig. Diese Bedingung kann nur in dem Fall erfüllt sein, daß sich die Funktionen φ_i und φ_k zeitlich vollkommen *ungeordnet und unabhängig* voneinander ändern und mit gleicher Wahrscheinlichkeit positive und negative Werte annehmen. Hieraus kann man die wichtige Schlußfolgerung ziehen, daß *die Ausstrahlung natürlicher Lichtquellen vollkommen ungeordnet erfolgt.* Die Lichtbündel müssen aus einem ungeordneten Wechsel einzelner Impulse bestehen.

Das kinetische Bild von dem Zustand der Materie erleichtert das Verständnis eines solchen Charakters der Ausstrahlung. Die strahlenden Teilchen der Materie, die Atome und Moleküle, können nur unter dem Einfluß zweier Ursachen leuchten: 1. bei Stößen anderer Moleküle, Atome oder Elektronen und 2. unter dem Einfluß fremden Lichtes. Unter realisierbaren Bedingungen erfolgen diese Stöße vollkommen ungeordnet und erzeugen folglich Impulse, die ungeordnet aufeinanderfolgen. Andererseits ist fremdes anregendes Licht, wie bewiesen, stets ungeordnet, und damit muß das von ihm erregte Sekundärlicht die gleiche Eigenschaft besitzen. Außerdem aber führt die Wärmebewegung der Teilchen zu einem dauernden ungeordneten Wechsel der ausstrahlenden Zentren in einem gegebenen Punkt der Lichtquelle. Die angeführten Ursachen erschöpfen jedoch nicht alle Tatsachen der Unordnung der Ausstrahlung. Man hat schon ein statistisches Chaos in der elementaren Ausstrahlung des einzelnen Atoms und Moleküls (s. Teil I, S. 3).

Diese Vorstellungen, die die physikalische Bedeutung der Superposition der Intensität nicht kohärenter Bündel natürlicher Lichtquellen aufklären, stellen jedoch kein prinzipielles Verbot der Möglichkeit dar, interferierende Bündel von mehreren Quellen zu erhalten. Man kann z.B. von zwei Radiostationen unter bestimmten Bedingungen interferierende Bündel erhalten. In diesem Fall sind die Strahler *nicht elementare* Teilchen der Materie, sondern *künstliche* Systeme, die man nach Belieben so einrichten kann, daß sie geordnet ausstrahlen.

Ist nun die Möglichkeit ausgeschlossen, kohärentes Licht innerhalb genügend langer Zeiten von zwei verschiedenen Materieteilchen zu erhalten, die voneinander eine Entfernung von einigen Teilchendurchmessern haben? Offensichtlich nicht. Wenn zwei (oder mehrere) solcher Teilchen sich *gleichzeitig in einem angeregten Zustand* befinden, der, verglichen mit der Periode der Lichtschwingungen, eine bedeutend längere Zeit andauert, so findet zwischen ihnen unvermeidlich Resonanzwechselwirkung oder (in der Interpretation der Quantentheorie) ein Energieaustausch statt (s. Teil III). Infolgedessen wird die Ausstrahlung beider Teilchen kohärent, d. h. phasengebunden sein. Experimentell ist dafür eine sehr starke Anregung (z. B. mit Kathodenstrahlen) und ein Leuchtstoff erforderlich, der ein molekulares „spontanes" Leuchten langer Dauer aufweist (z. B. Uransalze, die eine mittlere Dauer des spontanen Leuchtens von 10^{-3} bis 10^{-4} sec besitzen).

Die Unordnung der Ausstrahlung natürlicher Lichtquellen schließt nicht die Möglichkeit einer Interferenz von Lichtbündeln aus, die gleichzeitig von ein und demselben leuchtenden Punkt ausgehen, d. h. die Interferenz kohärenter Lichtbündel.

Die Funktionen φ, die in (3) eingehen, hängen von der Zeit t und dem Abstand r zwischen dem leuchtenden Punkt und der Stelle der Interferenz ab. Die kohärenten Lichtbündel, die von dem leuchtenden Punkt nach verschiedenen Richtungen auseinanderlaufen, können dadurch charakterisiert werden, daß *sich die Werte von φ für verschiedene Lichtbündel bei gleichem t und r nur durch bestimmte konstante Faktoren a unterscheiden.* Diese Definition bleibt auch für den Fall richtig, daß die Lichtbündel bis zu ihrer Überschneidung die *gleichen* Veränderungen erfahren (Reflexion, Brechung usw.). Für die angeführten Bedingungen kann man $\varphi_k = a_k \varphi_i$ schreiben, und die Formel (3) nimmt die Form an

$$E = \alpha \left[\sum_{x,\, y,\, z} \varphi_i^2 \, (1 + a_k)^2 \right], \tag{6}$$

wobei a_k eine wesentlich positive Größe ist. Deshalb wird das Superpositionsprinzip im Gebiet der Überschneidung der kohärenten Bündel bei gleichem Abstand r_i und r_k und bei gleichen Änderungsbedingungen nicht verletzt, wie kompliziert und ungeordnet sich auch die Ausstrahlung mit der Zeit ändere. Außerhalb dieses Gebietes und bei Nichteinhaltung der angeführten Bedingungen muß die Superposition im allgemeinen zu große Werte geben.

Für alle dargelegten Folgerungen ist es gleichgültig, ob die Lichtfunktion ein Skalar oder ein Vektor ist. In Wirklichkeit wissen wir, daß die Lichtfunktion zweifellos eine vektorielle Größe ist, wobei der Lichtvektor im Falle der Ausbreitung in einem isotropen Medium in einer Ebene senkrecht zur Strahlrichtung liegt. Infolgedessen sind Veränderungen der kohärenten Bündel möglich, bei denen sie ihre Interferenzfähigkeit völlig verlieren. Es ist z. B. nicht schwer, durch Doppelbrechung kohärente Bündel zu erhalten, deren Lichtvektoren einen rechten Winkel miteinander bilden; d. h. der Vektor des einen Bündels liegt z. B. in Richtung der x-Achse, der des anderen in Richtung der y-Achse. Unter dieser Bedingung sind alle drei Summen $\sum \varphi_{i_x} \varphi_{k_x}$, $\sum \varphi_{i_y} \varphi_{k_y}$, $\sum \varphi_{i_z} \varphi_{k_z}$ in der Formel (3) stets gleich 0, weil zumindest ein einzelnes gemischtes Produkt verschwindet. Folglich wird bei der Wechselwirkung kohärenter Lichtbündel, deren Lichtvektoren einen Winkel von 90° bilden, keine Interferenz auftreten. Die Superposition wird für beliebige Werte der Funktion φ und ihrer Argumente erfüllt, unabhängig davon, ob die Funktionen φ ungeordnet oder geordnet sind.

In Wirklichkeit ändert sich φ nicht nur dem Betrage nach ungeordnet, sondern auch *in seiner Richtung*, und zwar infolge des statistischen Charakters der molekularen Störungen in der Lichtquelle. Deshalb sind Versuchsbedingungen möglich, bei denen kohärente Bündel *mit den gleichen* Richtungen der Lichtvektoren ihre Interferenzfähigkeit vollständig verlieren. Legen wir die momentane Richtung des Vektors φ in Richtung OA (Abb. 22). Es gibt Anordnungen (z.B. Doppelbrechung), mit denen man diesen Vektor physikalisch in zwei senkrecht zueinander stehende Richtungen OX und OY zerlegen kann. Weil die Richtung OA sich mit der Zeit ungeordnet ändert, werden sich die Komponenten der Zerlegung $\varphi \sin\theta$ und $\varphi \cos\theta$ ebenfalls ungeordnet ändern und dabei beliebige positive und negative Werte annehmen. Man kann (z.B. dadurch, daß man sie durch einen Polarisator schickt) die beiden neuen Vektoren in dieselbe Richtung mit den Werten $\varphi \sin\theta \sin\alpha$ und $\varphi \cos\theta \cos\alpha$ bringen. Zwei entsprechende kohärente Bündel mit gleicher Richtung der Lichtfunktionen kann man jedoch nicht zur Interferenz bringen, weil der Mittelwert des Produktes $\varphi^2 \sin\theta \cdot \cos\theta \cdot \sin\alpha \cdot \cos\alpha$ für einen genügend langen Zeitraum verschwindet.

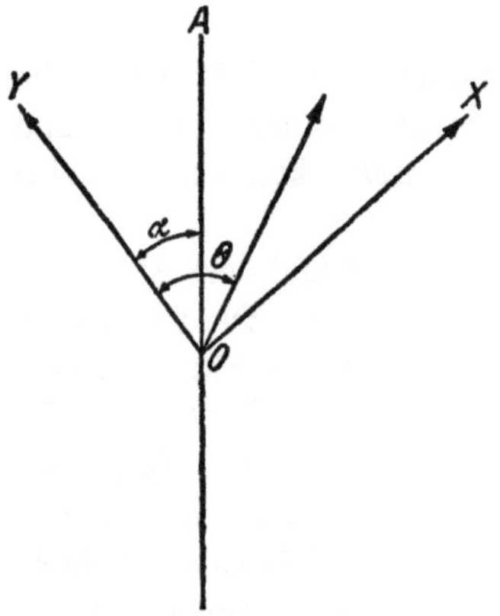

Abb. 22. Schema der Zerlegung des Lichtvektors

In den beiden betrachteten Fällen waren die Bündel vor ihrem Zusammentreffen *verschiedenen* Änderungen ausgesetzt. Wir haben hier also keinen Widerspruch zu den oben abgeleiteten Folgerungen von der dauernden Interferenzfähigkeit bei Bündeln, die die *gleiche* Veränderung erfuhren und durch die gleichen Werte r und t charakterisiert waren.

§ 6. Ideale und reale monochromatische Bündel

Im § 5 wurden keine speziellen Annahmen über die Gestalt der Funktion φ gemacht. Daß Superposition der Lichtintensitäten im Falle des Zusammentreffens in kohärenten Bündeln gilt, bedeutet, daß sich diese Funktionen zeitlich völlig regellos ändern. Andererseits zeigt jeder Interferenzversuch, daß das Feld nach dem Überschneiden kohärenter Bündel eine mehr oder weniger deutlich hervortretende *periodische Struktur* besitzt. Es wechseln dunkle oder farbige Streifen periodisch mit hellen oder andersfarbigen Streifen ab. Beleuchtet man mit weißem Licht und benutzt als Empfänger das Auge, die photographische Platte oder ein Photoelement, so bemerkt man zwar die Periodizität, doch bekommt man keine große Zahl von Streifen; untersucht man das Interferenzfeld mit einem Thermoelement oder Bolometer, so ist die Periodizität bei weißem Licht fast gar nicht zu bemerken. Beleuchtet man aber mit Lichtquellen nach Art der gelben Natriumlampe oder der Quecksilberlampe oder beobachtet man durch Farbgläser, so wird die Periodizität sehr deutlich und eine große Anzahl von abwechselnd dunklen und hellen Streifen sichtbar. Zur Erklärung muß man noch spezielle Annahmen über die Form der Funktion φ außer ihrem erwähnten regellosen statistischen Charakter machen.

Die Beobachtung einer beliebigen optischen Erscheinung geschieht während eines größeren oder kleineren endlichen Zeitintervalls τ. Zerlegen wir die Funktion φ, die periodisch in diesem Intervall ist, in eine FOURIERreihe und benutzen wir zur Abkürzung der Rechnungen die komplexe Schreibweise, so erhalten wir

$$\varphi = \sum_{n=1}^{n=\infty} a_n e^{i\left[\frac{2\pi n}{\tau}\left(t - \frac{r}{c} + \theta_n\right)\right]}, \tag{7}$$

wo n eine beliebige negative oder positive ganze Zahl und

$$\frac{n}{\tau} = \nu \tag{8}$$

die Schwingungsfrequenz ist. Die Zeit τ kann beliebig groß gewählt werden, in Übereinstimmung mit dem Experiment, das zeigt, daß die Periodizität des Interferenzbildes sich mit der Zeit nicht ändert und folglich die Zahl der einzelnen n, die einem Frequenzintervall $\Delta\nu$ entsprechen, beliebig groß genommen werden können; mit anderen Worten, die Summe (7) kann durch ein Integral mit den Grenzen 0 und ∞ ersetzt werden.

Die Periodizität des Interferenzbildes kann man sich am einfachsten klarmachen, wenn man ein einziges periodisches Glied der Summe (7) betrachtet, indem man also annimmt, daß φ eine einfache harmonische Funktion

$$\varphi = a e^{i\left[2\pi\nu\left(t - \frac{r}{c} + \theta\right)\right]} \tag{9}$$

ist. Bekanntlich benutzt man diese Annahme dauernd bei der Behandlung von Interferenzproblemen. Offenbar entspricht jedoch die Annahme (9) nicht dem Falle des realen Lichtbündels, weil in (9) das Element der bei der Superposition der Intensitäten nicht kohärenter Bündel auftretenden Regellosigkeit nicht enthalten ist. Für die ganze Beobachtungszeit τ, für die die Annahme (9) gemacht ist, bleibt φ eine einfache harmonische Funktion, und die Superposition müßte sowohl für kohärente als auch für nicht kohärente Bündel, im Widerspruch zum Experiment, dauernd verletzt werden. *Das ideale monochromatische Bündel* ist deshalb eine Abstraktion, die nur als mathematische Annahme mit Einschränkungen, die späterhin noch erklärt werden, anwendbar ist.

Die Zerlegung (7) kann man so vornehmen, daß sie die Form einer harmonischen Funktion mit veränderlicher komplexer Amplitude erhält. Führen wir die Identität

$$n = n_0 + (n - n_0)$$

ein und wählen wir n_0 so, daß

$$\nu_0 = \frac{n_0}{\tau}$$

so genau wie möglich mit der Frequenz zusammenfällt, die in der monochromatischen Lösung (8) auftritt, welche der Periodizität des gegebenen Interferenzbildes entspricht.

In diesem Falle wird

$$\varphi = e^{i 2\pi \nu_0 \left(t - \frac{r}{c}\right)} \left\{ \sum_{n=1}^{n=\infty} a_n e^{i\left[2\pi \Delta\nu \left(t - \frac{r}{c}\right) + 2\pi \nu_0 \theta_n\right]} \right\}, \tag{10}$$

wo $\Delta\nu$ dem $\Delta n = n - n_0$ entspricht.

Der Ausdruck in den geschweiften Klammern steht für die komplexe Amplitude vor der harmonischen Funktion mit der Frequenz ν_0 und drückt die Phasenänderung aus, die, wie die wirkliche Amplitude, von der Zeit und allen Summanden der Zerlegung (7) abhängt. Für ausgeprägt periodische Interferenzfelder, wie man sie z. B. bei Beleuchtung mit einer Natriumflamme erhält, sind die Amplituden a_n der Formel (10) offensichtlich überall außerordentlich klein, außer in dem engen Frequenzintervall $\Delta\nu$. Ist

$$\nu_0 \gg \Delta\nu, \tag{11}$$

so ändert sich die komplexe Amplitude der Formel (9) regellos, jedoch außerordentlich langsam im Vergleich zu den Schwingungen der harmonischen Grundfunktion $e^{\left[i 2\pi \nu_0 \left(t - \frac{r}{c}\right)\right]}$. Je kleiner das Intervall $\Delta\nu$, innerhalb dessen die a_n merkliche Werte besitzen, desto mehr nähert sich *das reale monochromatische Bündel* dem idealen Fall (9). Die Einengung der Gebiete $\Delta\nu$ geschieht entweder in der Lichtquelle selbst (z. B. in der Natriumflamme) oder in der Empfangsapparatur. Z. B.: Das Auge ist nur in dem Gebiet zwischen dem Infrarot und dem Ultraviolett empfindlich und sieht deshalb die periodischen Newton-Ringe bei der Beleuchtung mit weißem Licht, die für das Thermoelement, das keine Selektivität besitzt, nicht auflösbar sind. Das Streben zur Grenze (9) bei Verkleinerung von $\Delta\nu$ in der Formel (10) drückt sich nicht nur darin aus, daß die Periodizität immer genauer durch die Frequenz ν_0 bestimmt wird, sondern ebenso durch die Verringerung der regellosen Schwankungen der Amplitude und der Phase. Wenn man $\Delta\nu$ in genügendem Maße verkleinern könnte, so müßten die Schwankungen um so viel langsamer werden, daß die Interferenz nicht kohärenter Bündel bemerkbar wird, wobei die Störung der Superposition in beiden Richtungen vor sich geht und sich langsam aber regellos ändert.[1] Bei $\Delta\nu \to 0$ werden die Schwankungen unendlich langsam, und es müßte ein Zusammenfallen mit dem idealen monochromatischen Licht in allen Eigenschaften erreicht werden. Bei den wirklichen Versuchsbedingungen ist es aus verschiedenen Gründen, die mit der Bewegung der Moleküle, ihrer Wechselwirkung und dem Mechanismus der Ausstrahlung zusammenhängen, unmöglich, für $\frac{\Delta\nu}{\nu_0}$ bei der Ausstrahlung einer natürlichen Lichtquelle einen bestimmten endlichen Wert zu unterschreiten. Eine weitere Einengung des Frequenzbereiches $\Delta\nu$ erreicht man mit Hilfe von Spektralapparaten; aber auch hier tritt eine Grenze auf, die durch das Auflösungsvermögen und die nachfolgende Energieverminderung des Bündels entsprechend der Einengung von $\Delta\nu$ bedingt ist. Die Energie eines

[1] In letzter Zeit hat G. S. Gorelik darauf aufmerksam gemacht, daß die heutige Radiotechnik der Mikrowellen, zusammen mit der Verwendung von Photoelementen kleiner Trägheit, Möglichkeiten hierfür bietet.

vollkommen monochromatischen Bündels muß verschwinden, d. h. in einer natürlichen Lichtquelle ist ein ideales monochromatisches Bündel *prinzipiell nicht zu verwirklichen.*

Eine Umformung von (10) erlaubt es, den Begriff der Interferenzfähigkeit kohärenter Bündel, im Vergleich zu den allgemeinen Folgerungen des § 5, etwas zu präzisieren. Die Ausdrücke für die Lichtfunktionen φ_i und φ_k zweier Bündel (gleichgültig, ob sie kohärent oder inkohärent sind) können sich außer durch die Werte von a_n und ϑ_n noch durch eine bestimmte konstante Phase δ unterscheiden. Man kann deshalb ganz allgemein schreiben:

$$\left.\begin{aligned} \varphi_i &= e^{i\omega_0\left(t-\frac{r}{c}\right)}\left\{\sum_{n=1}^{n=\infty} a_n e^{i\left[\Delta\omega\left(t-\frac{r}{c}\right)+\omega\theta_n\right]}\right\};\\ \varphi_k &= e^{i\omega_0\left(t-\frac{r}{c}+\delta\right)}\left\{\sum_{n=1}^{n=\infty} a_n' e^{i\left[\Delta\omega\left(t-\frac{r}{c}\right)+\omega\theta_n'\right]}\right\} e^{i\Delta\omega\delta}, \end{aligned}\right\} \tag{12}$$

wo $\omega = 2\pi\nu$; $\Delta\omega = 2\pi\Delta\nu$. Für kohärente Bündel, die den *gleichen* Veränderungen auf dem Wege von dem leuchtenden Punkte zu dem Ort der Überschneidung ausgesetzt sind, ist offensichtlich

$$\left.\begin{aligned} \delta &= 0,\\ a_n' &= b a_n,\\ \theta_n' &= \theta_n, \end{aligned}\right\} \tag{13}$$

worin b ein bestimmter konstanter Faktor ist. Daraus folgt, daß die Superposition in Übereinstimmung mit der Formel (6) des § 5 (wo $a_k = b$) verletzt wird. Wenn bei dem Zusammentreffen kohärenter Bündel die beiden letzten Bedingungen von (13) erfüllt sind, doch $\delta \neq 0$, so wird das Ergebnis der Überschneidung von dem Grad der Monochromasie $\Delta\omega$ und der Phasendifferenz δ abhängen. Wenn das Produkt

$$\Delta\omega \cdot \delta \ll 1, \tag{14}$$

so fallen die Ausdrücke in den geschweiften Klammern von (12) für φ_i und φ_k praktisch zusammen, und beide Funktionen unterscheiden sich nur durch den konstanten Faktor b und die konstante Phase in der Exponentialfunktion. Bezüglich der Interferenz müssen sich solche Bündel ähnlich wie ideale monochromatische verhalten. Damit wird in der weiteren Behandlung die systematische Anwendung der Vorstellung von dem idealen monochromatischen Licht gerechtfertigt. Wenn die Bedingung (14) nicht erfüllt ist, so wird sich bei Überschneidung die Regellosigkeit in den Bündeln bemerkbar machen, und die Stärke der Interferenzerscheinung wird mit wachsendem $\Delta\omega\delta$ entsprechend abnehmen.

Wenn die Bedingungen (13) irgendwie nicht erfüllt sind, nimmt die Interferenzfähigkeit der kohärenten Bündel ab. Stellt man z. B. in den Weg sich treffender Bündel verschiedenfarbige Lichtfilter und verletzt damit die zweite der Bedingungen (13), so kann man die Interferenz zum Verschwinden bringen; wenn sich die Verhältnisse $\frac{a_n'}{a_n}$ oder $\frac{\vartheta_n'}{\vartheta_n}$ für verschiedene n regellos ändern, so verschwindet die Interferenzfähigkeit kohärenter Bündel vollständig, und die kohärenten Bündel hören auf, sich in ihren Eigenschaften von den inkohärenten zu unterscheiden. Die Möglichkeit der Verwirklichung solcher Bedingungen wurde am Ende des § 5 besprochen. Der einzige empirische Unterschied zwischen solcher Art von kohärenten Bündeln, die keine Interferenzfähigkeit besitzen, und inkohärenten Bündeln besteht darin, daß es *durch Änderung der Versuchsbedingungen* immer möglich ist, solche Bündel zur Interferenz zu bringen, wenn sie nur wirklich kohärente Bündel sind. Z. B. braucht man nur in dem Versuch, der auf S. 64 betrachtet wird, bis zur Zerlegung des Lichtvektors OA in zwei Komponenten eine davon, die dauernd in einer Richtung schwingt, abzuzweigen und danach in zwei kohärente Teilstrahlen zu zerlegen. Das Verhältnis der Teilstrahlen wird unter diesen Umständen konstant sein, und bei der Vereinigung der Vektoren in einer Ebene werden die Bündel interferieren, wenn $\Delta\omega$ genügend klein ist.

§ 7. Interferenz paralleler und antiparallelor Bündel

Benutzen wir die Hilfsvorstellung des idealen monochromatischen Bündels und wenden wir sie auf die Interferenz realer hinreichend monochromatischer Bündel an, so können wir die richtige Beschreibung des Interferenzfeldes für die Fälle und in den Genauigkeitsgrenzen erhalten, wie sie in § 6 betrachtet wurden.

Treffen sich in einem bestimmten Punkt des Raumes zwei kohärente monochromatische Strahlen, die sich in ihrer Amplitude und Phase unterscheiden, jedoch *gleichgerichtete* Lichtfunktionen besitzen, so ist

$$\varphi_1 = A_1 \sin(\omega t - \theta_1); \quad \varphi_2 = A_2 \sin(\omega t - \theta_2).$$

Nach dem Prinzip von der Superposition der Amplituden ist der Wert der Lichtfunktion φ am Orte des Zusammentreffens gegeben durch

$$\varphi = \varphi_1 + \varphi_2 = A \sin(\omega t - \theta),$$

wobei, wie man leicht sieht,

$$A \sin\theta = A_1 \sin\theta_1 + A_2 \sin\theta_2;$$
$$A \cos\theta = A_2 \cos\theta_1 + A_2 \cos\theta_2;$$
$$A^2 = A_1^2 + A_2^2 + 2A_1A_2 \cos(\theta_1 - \theta_2).$$

Als Maß für die Energie am Orte des Zusammentreffens der Strahlen dient $\varphi^2 = A^2 \sin^2(\omega t - \theta)$. Der zeitliche Mittelwert $\overline{\varphi}^2$ beträgt $\frac{A^2}{2}$. Deshalb ist der Mittelwert der Energie am Orte des Zusammentreffens der Strahlen

$$\varepsilon = \frac{1}{2}[A_1^2 + A_2^2 + 2A_1A_2 \cos(\theta_1 - \theta_2)]. \tag{15}$$

Wenn für verschiedene Strahlen, die die sich schneidenden Bündel zusammensetzen, der Wert von $\theta_1 - \theta_2$ an verschiedenen Punkten des Raumgebietes des Zusammentreffens verschieden ist, so wird sich auch die Interferenzerscheinung nach Formel (15) ändern. Diese Formel wird uns als Grundlage für die Betrachtung des allgemeineren und konkreteren Falles der Interferenz dienen.

Wir betrachten nun die Vektoreigenschaft des Lichtes, wobei wir die Lichtfunktion mit der elektrischen Feldstärke identifizieren und bezeichnen die Funktionen φ_1 und φ_2 dementsprechend mit E_1 und E_2. In dem Punkte O (Abb. 23) mögen sich zwei Strahlen treffen, die sich in verschiedenen Richtungen OA und OB in der Zeichenebene ausbreiten. Die Vektoren E_1 und E_2, die auf der Strahlrichtung senkrecht stehen, sollen ebenfalls in der Zeichenebene liegen. Mit den elektrischen Vektoren E_1 und E_2 sind die magnetischen Vektoren M_1 und M_2 verknüpft, die in diesem Fall, für beide Strahlen gleich, senkrecht zur Zeichenebene gerichtet sind. Wir ersetzen, wie früher, die realen Bündel durch ideale monochromatische Bündel und schreiben

$$\left.\begin{aligned} E_1 = M_1 &= A_1 \sin\left[\omega\left(t - \frac{r_1}{c}\right)\right]; \\ E_2 = M_2 &= A_2 \sin\left[\omega\left(t - \frac{r_2}{c}\right) - \delta\right], \end{aligned}\right\} \qquad (16)$$

wo δ eine für einen gegebenen Punkt des Raumes konstante Phasendifferenz bedeutet; r_1 und r_2 sind die Entfernungen längs der Strahlen OA und OB.

Mit Rücksicht auf die Vektoreigenschaft von E_1 und E_2 und die verschiedenen Richtungen von r_1 und r_2 führen wir ein rechtwinkliges Koordinatensystem so ein, daß wir die X-Achse den Winkel 2θ zwischen den beiden Strahlen halbieren lassen und die Y-Achse in die Zeichenebene legen. Aus der Zeichnung ist ersichtlich, daß

$$\left.\begin{aligned} r_1 &= x\cos\theta - y\sin\theta; \\ r_2 &= x\cos\theta + y\sin\theta. \end{aligned}\right\} \qquad (17)$$

Zerlegen wir die Vektoren E_1, E_2 und M_1, M_2, die senkrecht zu den Strahlen liegen, nach den Koordinatenrichtungen und setzen (17) ein, so erhalten wir

$$\left.\begin{aligned} E_{1x} &= A_1 \sin\theta \cdot \sin\left[\omega\left(t - \frac{x\cos\theta - y\sin\theta}{c}\right)\right]; \\ E_{2x} &= A_2 \sin\theta \cdot \sin\left[\omega\left(t - \frac{x\cos\theta + y\sin\theta}{c}\right) + \delta\right]; \end{aligned}\right\} \qquad (18)$$

$$\left.\begin{aligned} E_{1y} &= -A_1 \cos\theta \cdot \sin\left[\omega\left(t - \frac{x\cos\theta - y\sin\theta}{c}\right)\right]; \\ E_{2y} &= A_2 \cos\theta \cdot \sin\left[\omega\left(t - \frac{x\cos\theta + y\sin\theta}{c}\right) + \delta\right]; \end{aligned}\right\} \qquad (19)$$

$$\left.\begin{aligned} M_{1z} &= A_1 \sin\left[\omega\left(t - \frac{x\cos\theta - y\sin\theta}{c}\right)\right]; \\ M_{2z} &= A_2 \sin\left[\omega\left(t - \frac{x\cos\theta + v\sin\theta}{c}\right) + \delta\right]. \end{aligned}\right\} \qquad (20)$$

Die in Richtung der Achsen X, Y, Z liegenden Vektorkomponenten interferieren nicht miteinander, weil sie aufeinander senkrecht stehen. Deshalb genügt es zur Auffindung der über die Zeit gemittelten Energie auf Grund der Superposition der Amplituden, jeden der Ausdrücke (18), (19) und (20) einzeln aufzusummieren und außerdem die

Mittelwerte der Quadrate der erhaltenen Summen auszurechnen. Auf diese Weise erhalten wir unter Benutzung der Formel (15)

$$\left.\begin{aligned} \frac{1}{2}E_x^2 &= \frac{\sin^2\theta}{4}\left[A_1^2 + A_2^2 - 2A_1A_2\cos\left(\frac{2\omega y}{c}\sin\theta - \delta\right)\right]; \\ \frac{1}{2}E_y^2 &= \frac{\cos^2\theta}{4}\left[A_1^2 + A_2^2 + 2A_1A_2\cos\left(\frac{2\omega y}{c}\sin\theta - \delta\right)\right]; \\ \frac{1}{2}M_z^2 &= \frac{1}{4}\left[A_1^2 + A_2^2 + 2A_1A_2\cos\left(\frac{2\omega y}{c}\sin\theta - \delta\right)\right]. \end{aligned}\right\} \quad (21)$$

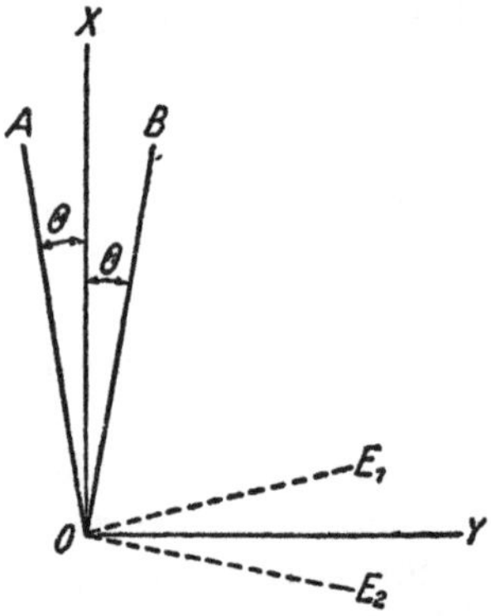

Abb. 23. Interferenz paralleler und antiparalleler Bündel

Die Summe der Ausdrücke (21) gibt auch die Energie im gegebenen Punkte des Interferenzfeldes an. Wenn die Vektoren E_1 und E_2 senkrecht zu der Zeichenebene gerichtet wären, so müßte man E_x und E_y durch M_x und M_y und M_z durch E_z ersetzen. Im allgemeinen Fall der Interferenz von Bündeln mit Vektoren, die eine andere Richtung besitzen, kann man diese Vektoren in dieselben Richtungen X, Y, Z zerlegen und erneut die Ausdrücke (21) benutzen.

Die dargelegte Aufgabenstellung ist äquivalent dem Ersatz der Bündel, die sich unter einem beliebigen Winkel 2θ treffen, durch zwei Paare von Bündeln, die sich *parallel* ($2\theta = 0$) und *antiparallel* ($2\theta = \pi$) ausbreiten. Ein solcher Ersatz, der zunächst ein rein mathematisches Verfahren darstellt, besitzt außerdem wesentliches physikalisches Interesse. Er führt zu zwei sehr verschiedenen Grenzfällen für die Interferenz, auf die alle anderen Fälle zurückgeführt werden können. Betrachten wir sie im einzelnen.

Die Interferenz paralleler Bündel. In diesem Falle ist $\theta = 0$, und die mittlere Energie wird auf Grund von (21):

$$\frac{1}{2}(E_y^2 + M_z^2) = \frac{1}{2}[A_1^2 + A_2^2 + 2A_1A_2\cos\delta]. \quad (22)$$

In diesen Ausdruck gehen die Koordinaten nicht ein, folglich ist das Resultat der Interferenz für das ganze Raumgebiet des Zusammentreffens das gleiche. Ist δ gleich einem ganzzahligen Vielfachen von π, so ist die Störung der Superposition am stärksten; bei geraden Werten von π, $\delta = 2k\pi$, erhält die Energie ihren maximalen Wert $\frac{1}{2}(A_1 + A_2)^2$; für einen ungeraden Wert von π, $\delta = (2k+1)\cdot\pi$ erhält man einen Minimalwert der Energie: $\frac{1}{2}(A_1 - A_2)^2$; ist δ ein ungerades ganzzahliges Vielfaches von $\frac{\pi}{2}$, d.h. $\delta = (2k+1)\frac{\pi}{2}$, so wird die Superposition erfüllt, und die Energie ist gleich $A_1^2 + A_2^2$.

Die Interferenz antiparalleler Bündel. Dabei ist $\theta = \frac{\pi}{2}$, und die Energie des Interferenzfeldes ist gleich

$$\frac{1}{2}(E_x^2 + M_z^2) = \frac{1}{2}[A_1^2 + A_2^2], \quad (23)$$

d.h. sie ist überall konstant und unabhängig von dem Phasenunterschied δ. Spricht man deshalb von der Energie, unabhängig von ihrer Form, so wird im Falle der Interferenz antiparalleler Bündel die Superposition in jedem Punkte des Interferenzfeldes erfüllt. In Wirklichkeit wird die Energie in dem betrachteten Fall transformiert und neu verteilt. Jeder optische Nachweis der Lichtenergie (Fluoreszenz, photochemische Prozesse) spricht gewöhnlich (doch nicht immer) auf die elektrische Energie an, während die magnetische Energie nicht in Erscheinung tritt. Für $\vartheta = \frac{\pi}{2}$ erhalten wir aus der Formel (21):

$$\frac{1}{2} E_z^2 = \frac{1}{4} \left[A_1^2 + A_2^2 - 2 A_1 A_2 \cos\left(\frac{2\omega y}{c} - \delta\right)\right]; \tag{24}$$

$$\frac{1}{2} M_z^2 = \frac{1}{4} \left[A_1^2 + A_2^2 + 2 A_1 A_2 \cos\left(\frac{2\omega y}{c} - \delta\right)\right], \tag{25}$$

d.h. die elektrische und magnetische Energie hängen, abgesehen von der Phase, einzeln von der Koordinate y ab. Die elektrische Energie, die sich in den optischen Versuchen bemerkbar macht, hat ihre maximalen und minimalen Werte für

$$\frac{2\omega y}{c} - \delta = k\pi,$$

d.h. für

$$y = \frac{k\pi - \delta}{2\omega} \cdot c.$$

Die Abstände zwischen aufeinanderfolgenden Maxima und Minima entlang der y-Achse sind unabhängig von δ, gleich

$$\frac{\pi c}{\omega} = \frac{\lambda}{2},$$

wobei den Maxima der elektrischen Energie die Minima der magnetischen entsprechen.

Die Ergebnisse der Wechselwirkung paralleler und antiparalleler Bündel sind deshalb sehr verschieden: Im ersten Fall ist die Energie (sowohl die elektrische als auch die magnetische) über das Interferenzfeld gleichmäßig verteilt, doch ist dabei die Superposition der gesamten Energie gestört; im zweiten bildet sich eine geschichtete Struktur wechselnder Maxima der elektrischen und magnetischen Energie aus, wobei die Superposition der gesamten Energie überall erfüllt ist.

Der Unterschied zwischen der Interferenz paralleler und antiparalleler Bündel zeigt sich ebenso bei der Betrachtung des Energiestromes. Bilden wir für beide Fälle die Vektoren des Energiestromes. Für Bündel, die sich in der x- und y-Richtung ausbreiten, erhalten wir entsprechend

$$\overline{S_x} = c\,\overline{E_y M_z};$$

$$\overline{S_y} = c\,\overline{E_x M_z}.$$

Setzen wir in den Formeln (18), (19) und (20) θ nacheinander gleich 0 und $\frac{\pi}{2}$, bilden wir die Ausdrücke für E_x, E_y, M_z und rechnen wir mit Hilfe der Formel (15) die mittleren Werte $E_y M_z$ und $E_x M_z$ aus, so finden wir

$$\overline{S_x} = \frac{c}{2} \left[A_1^2 + A_2^2 + 2 A_1 A_2 \cos \delta\right]. \tag{26}$$

Wir betrachten nun den Fall, daß die Bündel gleiche Intensität besitzen und setzen $A_1 = A_2$. Der Energiestrom kann für die Interferenz paralleler Bündel zwischen 0 und $A^2 c$ in Abhängigkeit von der Phase δ schwanken, wobei dem Strom Null ein Verschwinden der Energie entspricht, wie aus dem Vergleich mit Formel (22) hervorgeht. Im Falle der Interferenz antiparalleler Bündel ist der Energiestrom bei $A_1 = A_2$ immer gleich Null; die Energie bleibt überall erhalten, doch pflanzt sie sich nicht fort. Wir erhalten stehende Wellen, in denen stehenden elektrischen Knoten magnetische Bäuche entsprechen und umgekehrt. Wenn man für den allgemeinen Fall, $A_1 = A_2$, setzt $A_1 = A_2 + A'$, so kann man sich das Interferenzfeld antiparalleler Bündel als Ergebnis einer Überlagerung stehender Wellen mit einer gewöhnlichen laufenden Welle mit der Amplitude A' zustande gekommen vorstellen, die mit keiner anderen interferiert. Genau die gleiche Überlegung ist natürlich auch auf den Fall der Interferenz paralleler Bündel verschiedener Amplitude anwendbar; das Interferenzfeld kann man als Überlagerung der Interferenz paralleler Wellen gleicher Amplitude und einer laufenden Welle betrachten. Auf diese Weise kann jedes Interferenzbild als eine Kombination stehender Wellen, der Interferenz im engeren Sinne des Wortes (d. h. der Interferenz paralleler Bündel), mit einer laufenden Welle interpretiert werden, die mit keiner anderen interferiert. Von diesem Standpunkt aus dient die Mehrzahl aller Interferenzversuche, in denen wechselnd dunkle und helle Streifen auftreten, als experimenteller Beweis für das Vorhandensein sowohl der Interferenz im engeren Sinne des Wortes als gleichzeitig auch der stehenden Wellen.

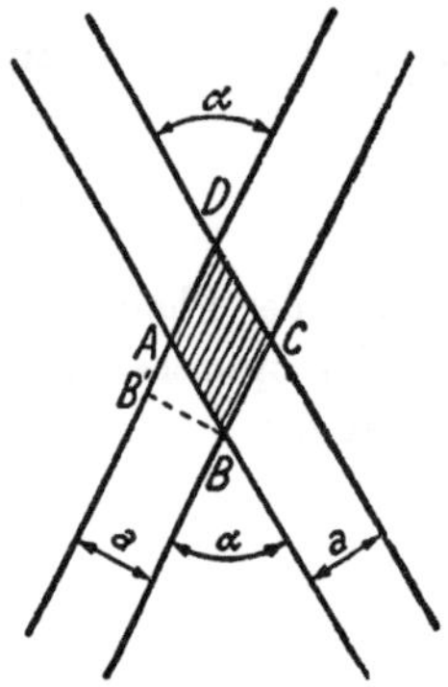

Abb. 24. Die Interferenz und der Energiesatz

Es versteht sich von selbst, daß die Störung der Superposition der Lichtstärken im Interferenzfelde in jedem konkret durchführbaren Versuch dem Energiesatz nicht widerspricht.

Die periodische Struktur des Interferenzfeldes zeigt, daß die Störung der Superposition in einigen Gebieten durch entgegengesetzte Störung in den Nachbargebieten so kompensiert wird, daß das über den ganzen Interferenzraum erstreckte Integral gleich der Summe der Energie jedes einzelnen der in Wechselwirkung stehenden Bündel ist.[1]

[1] Dieser Schluß gilt zweifellos für Bündel, die von *einem* leuchtenden Punkte ausgehen. Mit künstlichen Strahlern (Radiostationen) kann man zwei getrennte Zentren erhalten, von denen kohärente Bündel ausgehen. In diesem Fall kann man nicht behaupten, daß die gesamte abgestrahlte Energie die Summe der Energien jedes einzelnen *Strahlers* ist. Letztere können sich gegenseitig beeinflussen, und die gesamte Energie kann sich als sehr verschieden von der einfachen Summe der Energien erweisen. Außerdem ist es klar, daß, wenn man die von jedem Ausstrahler ausgehenden Bündel nacheinander mit einem Schirm abdeckt und die Energie des nicht abgeschirmten Bündels mißt, sich die Summe dieser Energien immer gleich der gesamten abgestrahlten Energie erweisen wird. In diesem Sinne, der sich auf die Bündel, und nicht auf die Ausstrahler bezieht, muß man diese Schlußfolgerung verstehen. Einen Fall, der bis zu einem gewissen Grade analog zu den zwei Radiostationen ist, die kohärente Wellen aussenden, begegnet uns in der Optik, wenn wir die Ausstrahlung innerhalb eines absorbierenden Mediums betrachten, bei dem zwischen den ausstrahlenden und den benachbarten absorbierenden Molekülen eine Resonanzkopplung besteht. Diese Frage wird im dritten Teil des Buches diskutiert.

Im Endergebnis wird bei der Interferenz die Energie neu verteilt, ohne daß der Energiesatz verletzt wird.

Es muß jedoch bemerkt werden, daß die strenge und konsequente Anwendung des Begriffes *von den geometrisch scharf begrenzten Bündeln* an sich nicht mit dem Energiesatz in Einklang zu bringen ist und zu dem paradoxen Schluß von der Notwendigkeit seiner Verletzung führt. Lassen wir zwei parallele, scharf begrenzte kohärente Bündel der Breite a sich unter einem gewissen sehr kleinen Winkel α schneiden; im Gebiet $ABCD$ (Abb. 24) entsteht Interferenz. Nehmen wir in dem Punkte B und C und folglich auch auf der ganzen Linie BC die Phase der sich treffenden Strahlen als gleich an, so ist bei gleicher Intensität der Bündel die Energie längs der Linie BC doppelt so groß, wie sie nach dem Prinzip von der Superposition sein sollte. Dafür, daß diese Störung der Superposition in dem begrenzten Gebiet $ABCD$ durch eine entgegengesetzte Störung kompensiert werden könnte, ist es notwendig, daß im Punkte A der Gangunterschied zwischen den sich treffenden Strahlen mindestens $\frac{\lambda}{2}$ beträgt. Dieser Unterschied ist gleich

$$BA - B'A = a\left\{\frac{1}{\sin\alpha} - \frac{1}{\operatorname{tg}\alpha}\right\} = \frac{2a\sin^2\frac{\alpha}{2}}{\sin\alpha}.$$

Für $BA - B'A = \frac{\lambda}{2}$ und sehr kleines a folgt daraus

$$\alpha = \frac{\lambda}{a}.$$

Mit anderen Worten ist es für die Erfüllung des Energiesatzes notwendig, daß

$$\alpha > \frac{\lambda}{a}, \tag{27}$$

sonst würde er verletzt werden, und für $\alpha = 0$ würde das ganze Gebiet, in dem sich die Bündel überdecken, zu einem Gebiet werden, in dem Energie verschwindet oder umgekehrt ohne Kompensation entsteht. Die Lösung dieses Paradoxon verbirgt sich natürlich in der fehlerhaften Vorstellung von der scharfen Begrenzung der Lichtbündel und ihrer Richtung. Die Richtung des Strahles in einem „parallelen" Bündel kann physikalisch nicht mit größerer Genauigkeit angegeben werden als (27). Das ideale parallele Bündel ist genau so wie das ideale homozentrische eine Fiktion, die der Wirklichkeit um so näher kommt, je größer der Querschnitt der Bündel a ist. Umgekehrt, je kleiner a, desto unbestimmter muß die Begrenzung der Bündel werden. Wollte man z. B. versuchen, ein Lichtbündel der Breite λ zu erhalten, so muß der Winkel der Unbestimmtheit α größer als 1 sein. Das wird durch die Beugungsversuche bestätigt.

Jede Begrenzung des Lichtbündels, die bei Versuchen unumgänglich ist, trägt zu Fehlern der elementaren Interferenztheorie bei, die in diesem Abschnitt behandelt wird. Diese Fehler sind um so größer, je schmaler die benutzten Bündel sind.

Die angeführte Störung der Energieerhaltung tritt nicht nur in dem angegebenen Fall in Erscheinung, sondern überhaupt bei jedem beliebigen Interferenzversuch an den Grenzen des Interferenzgebietes, wo die örtlichen Störungen der Superposition nicht mehr kompensiert werden können.

Der Energiesatz fordert eine Einschränkung des Begriffes des Lichtbündels, unabhängig von den direkten Beugungsversuchen. Deshalb sind die betrachteten Grenzfälle der Interferenz paralleler und antiparalleler Bündel im einzelnen nur Abstraktionen, in Wirklichkeit haben wir es immer mit einer Kombination beider zu tun.

§ 8. Die Fresnelsche Interferenz

Die Haupterscheinungen der Interferenz kann man in zwei Gruppen einteilen:

I. *Die Interferenz verschiedener Bündel, die von ein und demselben leuchtenden Punkt ausgehen.* Die Erscheinungen dieser Gruppe sind von Fresnel untersucht und erklärt worden. Nennen wir sie *die Fresnelsche Interferenz.*

II. *Die Interferenz zweier Bündel, die man durch Teilung eines Lichtbündels in zwei oder mehrere durch Brechung, Reflexion oder Doppelbrechung erhält.* Diese zweite Art Interferenz wurde zuerst von Newton für einen Spezialfall (Newtonsche Ringe) quantitativ experimentell untersucht. Nennen wir sie *die Newtonsche Interferenz.*

Mit der Fresnelschen Interferenz sind bestimmte wichtige Eigenschaften der Mikrostruktur der Strahlungsquellen verknüpft. Deshalb werden wir im weiteren diese Klasse der Interferenzerscheinungen genauer betrachten.

Man kann einzelne Bündel, die gemeinsamen Ursprung haben, nur dadurch zur Interferenz bringen, daß man ihre Richtung ändert. Das erreicht man durch Reflexion, Brechung, Streuung oder Beugung. Dabei wird angenommen, daß die angeführten Prozesse *die Eigenschaft der Kohärenz entsprechender Bündel nicht ändern*, was auch in den meisten Fällen durch das Experiment bestätigt wird. Die Reflexion, Brechung und Beugung ändert nicht die Kohärenz, sondern die Interferenzfähigkeit der Lichtbündel, indem sie auf die Phase, die Amplitude und die Richtung des elektrischen Vektors der monochromatischen Komponenten des Bündels einwirkt. Bei der Reflexion und Brechung an bewegten Körpern ändert sich auch die Schwingungsfrequenz, doch bleibt die Eigenschaft der Kohärenz des Bündels erhalten.

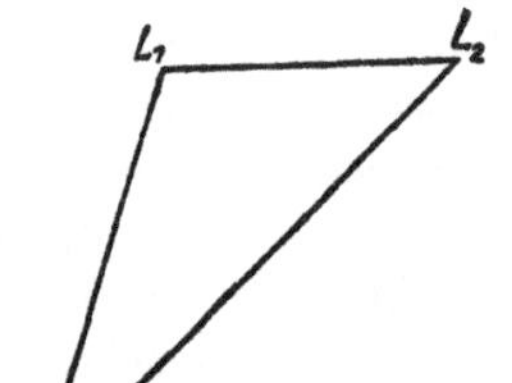

Abb. 25. Schema der Interferenzversuche (Fresnelsche Interferenz)

Alle Fälle der Fresnelschen Interferenz für zwei kohärente Bündel können auf folgendes Schema zurückgeführt werden: Man hat zwei kohärente leuchtende Punkte L_1 und L_2 (Abb. 25), von denen nach allen Richtungen Lichtstrahlen ausgesandt werden. In allen Versuchen mit natürlichem Licht muß zumindest einer der Punkte ein fiktiver Punkt sein (ein virtuelles Bild in Spiegel, Linse, Prisma usw.). Für „monochromatische" Bündel (die in der weiteren Behandlung überall da vorausgesetzt werden, wo es nicht ausdrücklich anders bestimmt wird), wird das Ergebnis des Interferenzvorganges durch den Phasenunterschied δ in dem Punkt der Überschneidung bestimmt. In einem homogenen Medium wird δ durch den Wegunterschied $PL_1 - PL_2$ von den leuchtenden Punkten L_1 und L_2 bis zu dem gegebenen Punkte des Raumes P bestimmt und zwar ist

$$\delta = 2\pi \frac{PL_1 - PL_2}{\lambda}. \tag{28}$$

Der geometrische Ort aller Punkte mit gleichen Werten von δ, d.h. mit gleichen Störungen der Superposition, ist die Fläche, die durch die Gleichung

$$PL_1 - PL_2 = \text{const}, \tag{28 a}$$

d.h. durch ein Rotationshyperboloid mit einer Achse, die die Richtung $L_1 L_2$ besitzt, und mit den fiktiven Strahlungsquellen L_1 und L_2 als Brennpunkten bestimmt wird. Der Raum der FRESNELschen Interferenz muß folglich von abwechselnd dunklen und hellen gleichphasigen Hyperboloiden durchzogen sein, deren Schnitt mit einem ebenen Schirm ein Bild ergibt, das aus dunklen und hellen gekrümmten Streifen besteht. Diese Streifen können in jedem beliebigen Gebiet des Raumes beobachtet werden. Auf der Verbindungslinie $L_1 L_2$ zwischen den Quellen interferieren antiparallele Bündel. Dies ist das Gebiet der stehenden Wellen, die dort Maxima und Minima gleichen Abstandes ergeben. In allen anderen Gebieten der Interferenz treffen sich die Strahlen unter einem bestimmten Winkel, und in dem Interferenzbild überlagern sich die Wechselwirkungen paralleler und antiparalleler Bündel.

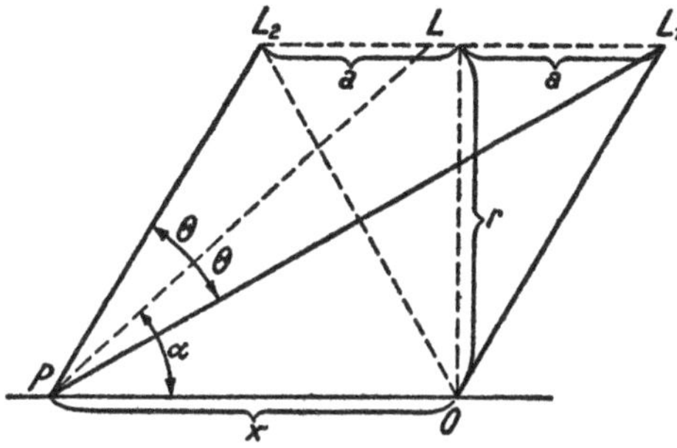

Abb. 26. Schema der Interferenzversuche

Bei den Interferenzversuchen wird der Schirm gewöhnlich parallel der Linie aufgestellt, die die fiktiven Quellen L_1 und L_2 verbindet (Abb. 26). Der Punkt O, der sich der Mitte der Strecke $L_1 L_2$ gegenüber befindet, ist das Zentrum des Interferenzbildes, wenn beide Strahlen OL_1 und OL_2 die Lichtquelle mit gleicher Phase verlassen. Zur Berechnung der Phase δ auf einem bestimmten Punkte P des Schirmes muß man die Wegdifferenz $PL_1 - PL_2$ kennen. Wir zeichnen die Winkelhalbierende PL ein (die im allgemeinen nicht durch die Mitte der Strecke $L_2 L_1 = 2a$ geht) und bezeichnen den Winkel, den sie mit $OP = x$ bildet, mit α sowie die Winkel, die von beiden Strahlen mit der Winkelhalbierenden gebildet werden, mit ϑ. Die Entfernung von der Quelle bis zum Schirm OP bezeichnen wir mit r. Aus der Figur folgt:

$$PL_1 - PL_2 = r\left\{\frac{1}{\sin(\alpha - \theta)} - \frac{1}{\sin(\alpha + \theta)}\right\} = \frac{2r\cos\alpha\sin\theta}{\sin(\alpha - \theta)\sin(\alpha + \theta)}. \tag{29}$$

In den meisten Versuchen mit FRESNELscher Interferenz ist $\alpha \approx \frac{\pi}{2}$, $\theta \approx 0$ und die Entfernung r groß gegen a; infolgedessen ist $PL \approx r$ und

$$PL_1 - PL_2 \approx 2r\cos\alpha\sin\theta \approx \frac{2ax}{r}. \tag{29'}$$

In Versuchen mit Interferenz von Bündeln bei großem Winkel θ, wie sie im dritten Kapitel betrachtet werden, ist $\alpha \approx \frac{\pi}{2}$, aber θ von 0 sehr verschieden. Beschränken wir uns im übrigen auf die gleiche Näherung wie früher, so erhalten wir

$$PL_1 - PL_2 \approx 2r\,\frac{\cos\alpha\,\mathrm{tg}\,\theta}{\cos\theta} \approx \frac{2ax}{r}\,\frac{1}{\cos\theta}. \tag{29''}$$

Wenn a sehr klein ist, d.h. $\theta \approx 0$, und α sich wesentlich von Null unterscheidet, so ist auf Grund von (29) offensichtlich

$$PL_1 - PL_2 \approx \frac{2ax}{\sqrt{r^2+x^2}}. \tag{29'''}$$

Die Maxima der Beleuchtungsstärken erhält man auf dem Schirm dort, wo $\delta = 2k\pi$, die Minima, wo $\delta = (2k+1)\pi$. Für kleine θ und $\alpha \approx \frac{\pi}{2}$ ist die Entfernung Δx zwischen den Mitten der aufeinanderfolgenden dunklen oder hellen Streifen auf Grund von (28) und (29′) gegeben durch

$$\Delta x = \frac{r}{2a}\,\lambda. \tag{30}$$

Um die Interferenzstreifen deutlich zu sehen, d.h. um zwischen ihnen einen erkennbaren Abstand Δx zu erhalten, ist es notwendig, daß die Winkelentfernungen $\frac{a}{r}$ zwischen den kohärenten Punkten genügend klein sind. Zum Beispiel: Dafür, daß $\Delta x = 1$ bei $\lambda = 6 \cdot 10^{-5}$ cm, ist es notwendig, daß $\frac{a}{r} = 3 \cdot 10^{-4}$ ist, d.h. für $r = 1$ m darf a nicht größer werden als 0,3 mm.

In prinzipieller Hinsicht ist es interessant zu bemerken, daß für die Beobachtung der Interferenzerscheinungen *die absoluten Werte* von a eine bestimmte Größe nicht unterschreiten dürfen. Aus Formel (29‴) ist ersichtlich, daß die maximale Phasendifferenz im ganzen Interferenzfeld

$$\delta_m = \frac{4\pi a}{\lambda}.$$

beträgt. Lassen wir $\delta_m < \pi$ sein, d. h.

$$a < \frac{\lambda}{4}. \tag{31}$$

Wenn alle vorhergehenden Folgerungen auch auf diesen Fall anwendbar wären, so würden alle Störungen der Superposition in dem ganzen Interferenzfelde nur in Richtung einer Zunahme verlaufen, zumindest aber würde der Überschuß an Energie an einigen Stellen nicht durch ein Fehlen an anderen Stellen kompensiert werden; mit anderen Worten, es würde der Energiesatz verletzt. Folglich können unsere Schlußfolgerungen, denen die Vorstellung von scharf begrenzten Bündeln zugrunde liegt, angefangen bei Entfernungen von der Größenordnung λ zwischen den kohärenten Strahlungsquellen, nicht richtig sein. Die Verbindung des Energiesatzes mit der Tatsache der Interferenz führt deshalb erneut zu dem Schluß, daß die Vorstellung von den Lichtbündeln nur angenähert richtig sein kann. In der Optik sind kohärente leuchtende Punkte stets fiktive Punkte (oder mindestens einer der Punkte ist fiktiv), deshalb ist die Ungleichung (31) der Einschränkung (27) für den Winkel äquivalent, d. h. der Angabe des minimalen Winkels, bis zu dem die Grenzen eines Lichtbündels noch definiert sind. Wenn die Entfernung zwischen den fiktiven leuchtenden Punkten kleiner als der angegebene Grenzwert ist, so hat man nicht mehr die Möglichkeit zu behaupten, ob man es mit einem oder zwei leuchtenden Bündeln zu tun hat, das Lichtfeld wird genau so aussehen wie das eines einzigen leuchtenden Punktes.

§ 9. Die FRESNELsche Interferenz und die räumliche Ausdehnung der Lichtquelle

Bisher wurde angenommen, daß die Lichtquelle ein Punkt sei. Die gewöhnlichen Interferenzversuche gelingen in jedem Fall nur bei sehr kleinen wirklichen oder Winkelausdehnungen des leuchtenden Körpers. Benutzt man die vereinfachte Interferenzmethode zur Lösung von optischen Problemen und nimmt man an, daß die verschiedenen Punkte des leuchtenden Körpers nicht kohärent sind, so kann man für die einfachsten Fälle leicht den Einfluß der Größe der Lichtquelle auf das Interferenzfeld errechnen.

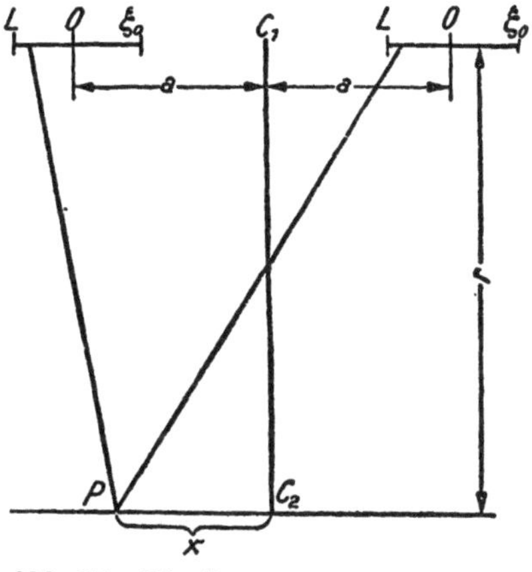

Abb. 27. Die FRESNELsche Interferenz und die Größe der Lichtquelle

Wir beschränken uns auf ein ebenes Problem und nehmen an, daß als Quelle eine leuchtende gerade Linie dient. Dazu betrachten wir ein Schema, das für solche Fälle, wie den Versuch von LLOYD, die FRESNELschen Spiegel, das Biprisma usw. (Abb. 27) vollkommen zutrifft. Der Versuch von YOUNG wird gesondert betrachtet. Die Abbildungen zweier fiktiver Lichtquellen endlicher Größe, z. B. die Abbildung eines leuchtenden Fadens durch die FRESNELschen Spiegel, mögen symmetrisch zu der Mittellinie C_1C_2 liegen; die Länge der beiden leuchtenden Linien betrage $2\xi_0$; die Entfernung ihrer Mitten von der Achse, d. h. C_1O und C_1O' sei gleich a; die Entfernung $C_1C_2 = r$; die Entfernung des Punktes P des Schirmes von der Mitte $C_2P = x$. Zwei entsprechende Punkte L und L' senden Bündel zu dem Punkte P aus, welche dort interferieren. Für die Berechnung des Interferenzergebnisses bilden wir die geometrische Weglängendifferenz $L'P - LP$, indem wir annehmen, daß $r \gg \xi_0$ bzw. $r \gg a$, was den wirklichen Versuchsbedingungen vollkommen entspricht. Aus der Figur entnehmen wir, daß

$$L'P - LP = \sqrt{r^2 + (x + a - \xi)^2} - \sqrt{r^2 + (x - a - \xi)^2} \approx \frac{2a(x - \xi)}{r}, \qquad (32)$$

wo $\xi = OL = O'L'$. Daraus gewinnen wir die Phasendifferenz der betrachteten Strahlen

$$\delta = \frac{4\pi (x - \xi)\, a}{\lambda r} \qquad (33)$$

(das Licht wird als monochromatisch angenommen mit der Wellenlänge λ). Nehmen wir an, daß die Amplituden der interferierenden Bündel gleich sind und den Wert A besitzen, so finden wir nach der Formel (15) für die mittlere Energie im Punkte P, die durch Bündel erzeugt wird, die von dem unendlich kleinen Element $d\xi$ der leuchtenden Linie ausgehen:

$$d\varepsilon = A^2 \left\{1 + \cos \frac{4\pi}{\lambda} \cdot \frac{a}{r} (x - \xi)\right\} d\xi. \tag{34}$$

Im Punkte P treffen sich ebenso die Bündel, die von den übrigen Teilen der leuchtenden Linie ausgehen, wobei diese Teile untereinander nicht kohärent strahlen. Auf Grund der Superposition der Intensitäten inkohärenter Bündel (1) erhalten wir deshalb für die gesamte Energie im Punkte P

$$\begin{aligned} \varepsilon &= A^2 \int_{-\xi_0}^{+\xi_0} \left\{1 + \cos \frac{4\pi}{\lambda} \cdot \frac{a}{r} (x - \xi)\right\} d\xi \\ &= A^2 \left\{2\xi_0 + \frac{\lambda r}{2\pi a} \cos\left(\frac{4\pi a}{\lambda} \cdot \frac{x}{r}\right) \sin\left(\frac{4\pi a \xi_0}{\lambda r}\right)\right\}. \end{aligned} \tag{35}$$

Dabei wurde die Annahme gemacht, daß die Amplitude A für alle Elemente der leuchtenden Linien in bezug auf den Punkt P gleich sei.

Diskutieren wir die Formel (35): Der erste Term in den geschweiften Klammern entspricht offensichtlich der normalen Superposition der Intensitäten, der zweite einer Abweichung davon. Allgemein gesagt muß die Interferenz bei beliebiger räumlicher Ausdehnung von Körpern auftreten, die den gemachten Einschränkungen genügen. Dabei bleibt die Anordnung der Interferenzstreifen die gleiche wie für einen leuchtenden Punkt. Nehmen wir $\xi_0 =$ const an, so sehen wir, daß das zweite Glied der Formel (35) maximale Absolutwerte für $\frac{4\pi a}{\lambda} \cdot \frac{x}{r} = k\pi$ liefert, wobei k eine ganze Zahl und die Entfernung zwischen aufeinanderfolgenden (z. B. hellen) Streifen

$$\Delta x = \frac{r\lambda}{2a} \tag{36}$$

beträgt, in Übereinstimmung mit (30). Die Anwesenheit eines zweiten periodischen Faktors in dem zweiten Term der Formel (35) zeigt, daß die Schärfe der Interferenzstreifen sich periodisch ändert. Bei kontinuierlicher Änderung der Länge $2\xi_0$ der leuchtenden Linien muß die Interferenz vollständig verschwinden für

$$\frac{4\pi a \xi_0}{\lambda r} = k\pi,$$

wo $k = 1, 2, 3 \ldots$

oder für

$$\xi_0 = k \frac{\lambda r}{4a} \tag{37}$$

und maximale Deutlichkeit erhalten für

$$\xi_0 = \frac{2k+1}{8a} \lambda r. \tag{38}$$

Bei kontinuierlicher Änderung der Breite des beleuchteten Spaltes bei einem Versuch mit einem Biprisma oder FRESNELschen Spiegeln könnten wir ein periodisches Verschwinden und Auftreten des Interferenzbildes sehen. Wenn man die Entfernung zwischen den fiktiven Quellen $2a$ ändert und ξ_0 konstant läßt, so wird in gleicher Weise ein Verschwinden und Wiederauftreten der Interferenzstreifen bemerkbar. Wenn man z.B. in ein Flüssigkeitsbiprisma Flüssigkeiten mit kontinuierlich veränderlichem Brechungsindex einfüllt, so müssen die Streifen periodisch verschwinden. Wenn man schließlich λ und r kontinuierlich ändert, d.h. die Entfernung zwischen den fiktiven Lichtquellen und dem Schirm, so werden ebenfalls periodische Veränderungen auftreten, doch sind diese komplizierteren Charakters, wie man aus Formel (35) ersehen kann. Die Flächen gleicher Phase werden für leuchtende Linien endlicher Größe nicht zusammenhängend sein; die Scharen der Hyperboloide, die jedem Paar kohärenter Punkte entsprechen, werden sich im allgemeinen gegenseitig – schwächend oder verstärkend – überschneiden.

Die elementare Theorie der Interferenz kann kein genaues Gesetz der Intensitätsverteilung im Interferenzfeld geben, weil die Erscheinung durch die Beugung kompliziert wird. Jedoch wird ein qualitativ so deutliches Symptom, wie das Verschwinden der Interferenzstreifen, durch diese Theorie richtig und in Übereinstimmung mit dem Experiment wiedergegeben. Die Bedingung (37), unter der die Streifen verschwinden, ergibt eine neue Interferenzbeziehung, welche für Meßzwecke zusammen mit der Hauptbeziehung (30) angewendet werden kann.

Der Maximalwert für den zweiten Term der Formel (35) hat die Größe $A^2 \frac{\lambda r}{2\pi a}$ unabhängig von dem Wert für ξ_0, während das erste Glied $A^2 2\xi_0$, das der Superposition entspricht, dauernd mit der Vergrößerung der räumlichen Ausdehnung der Quelle anwächst. Deshalb ist es klar, daß die Störung von Superposition und Sichtbarkeit der Interferenz, unabhängig von dem periodischen Auftreten und Verschwinden der Interferenz, bei Vergrößerung der Quelle kleiner und kleiner wird. Wir haben im § 5 mit der Formel (4) die Sichtbarkeit der Interferenz als das Verhältnis der absoluten Größe des Gliedes, welches für die Störung der Superposition verantwortlich ist, zu der Größe der Energie, welche der Superposition entspricht, definiert. Anders kann man es so ausdrücken

$$V = \frac{E - e}{E + e}, \tag{39}$$

wo E die maximale und e die minimale Beleuchtungsstärke im Interferenzfeld bedeuten. Für unseren Fall ist

$$V = \frac{\lambda r}{4\pi a \xi_0}, \tag{40}$$

d.h. die Sichtbarkeit nimmt mit dem Anwachsen von ξ_0 ab. Praktisch kann man unter besonders vorteilhaften Bedingungen bei Beobachtung durch das Auge oder ein Gerät einen Unterschied von ungefähr 1% zwischen den Beleuchtungsstärken zweier nebeneinanderliegender Flächen feststellen (photometrische Empfindlichkeit). Deshalb kann bei

$$\xi_0 > \frac{\lambda r}{0{,}04\,\pi a} \tag{41}$$

eine Interferenz nicht beobachtet werden. Für $r = 1\,\mathrm{m}$, $\lambda = 6 \cdot 10^{-5}$ cm nimmt diese Ungleichung die Form an: $a\xi_0 > 5 \cdot 10^{-2}$; a kann im Experiment nicht kleiner als ξ_0 werden, weil sonst die Abbildungen der Quelle sich überschneiden würden; bei besonders vorteilhaften Bedingungen wird folglich $a \approx \xi_0$, woraus man für das betrachtete Beispiel als Grenzwert für die Größe der Quelle $2\xi_0$, bei der die Interferenz verschwindet, ungefähr 4 mm erhält.

Die angeführten Eigentümlichkeiten der Interferenz für Quellen endlicher Größe haben schon lange zu wichtigen Anwendungen auf den Gebieten der Astronomie und Mikroskopie nach Art des YOUNGschen Versuches geführt. Die Bedingungen sind dabei etwas anders als in dem betrachteten Fall. Nehmen wir als Lichtquelle die leuchtende Linie AB an (Abb. 28), die parallel zu der Linie liegt, welche zwei sehr kleine Öffnungen S_1 und S_2 der Blende CD verbindet. Das Interferenzbild erhält man auf einem Schirm EF, der parallel zu AB und CD verläuft. Die Mitte der leuchtenden Linie O_1 liegt in einer Linie mit den Mitten O_2 und O der Blende und des Schirmes. Mit den Bezeichnungen $O_1O_2 = R$, $O_2O_3 = r$, $O_1B = \xi_0$, $O_2S_1 = a$ setzen wir voraus, daß

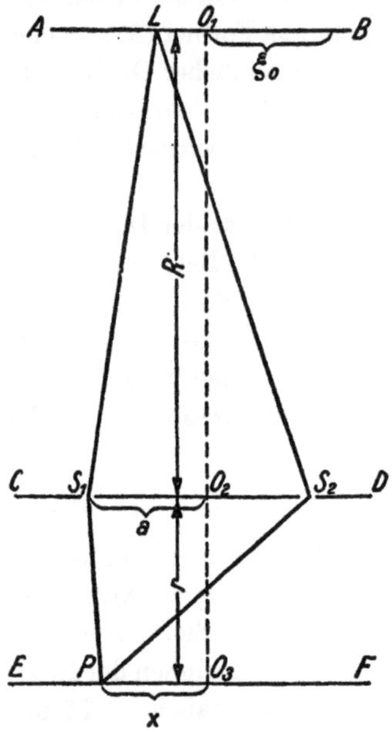

Abb. 28. Das Schema der YOUNGschen Interferenz und die Größe der Quelle

$$\begin{aligned} R &\gg a \quad \text{und} \quad \xi_0, \\ r &\gg a \quad \text{und} \quad x, \end{aligned} \tag{42}$$

was bei astronomischen Beobachtungen vollkommen erfüllt ist. Die von dem Punkt L der linearen Quelle, welche sich im Abstand ξ von O_1 befindet, ausgehenden Lichtbündel werden an den Öffnungen S_1 und S_2 gebeugt und treffen sich im Punkte P des Schirmes, der sich im Abstand x von dem Zentrum O_1 befindet. Der Gangunterschied der Strahlen LS_1P und LS_2P beträgt

$$\sqrt{(a+\xi)^2 + R^2} + \sqrt{(a+x)^2 + r^2} - \sqrt{(a-\xi)^2 + R^2} - \sqrt{(a-x)^2 + r^2}.$$

Entwickeln wir die Wurzeln in eine Reihe und benutzen wir (42), so erhalten wir die Näherung

$$LS_1P - LS_2P = 2a\left\{\frac{\xi}{R} + \frac{x}{r}\right\}.$$

Führen wir weiterhin die gleiche Überlegung wie im vorigen Problem durch, so finden wir für die Energie im Punkte P des Schirmes die Größe

$$\begin{aligned} \bar{\varepsilon} &= A^2 \int_{-\xi_0}^{+\xi_0} \left\{1 + \cos\frac{4\pi}{\lambda}\, a\left(\frac{\xi}{R} + \frac{x}{r}\right)\right\} d\xi \\ &= A^2 \left\{2\xi_0 + \frac{\lambda R}{2\pi a}\cos\left(\frac{4\pi}{\lambda}\cdot\frac{a}{r}\,x\right)\sin\left(\frac{4\pi}{\lambda}\cdot\frac{a}{r}\,\xi_0\right)\right\}. \end{aligned} \tag{43}$$

Der Abstand der Interferenzstreifen voneinander wird, wie früher, durch die Formel (30) bestimmt. Die Bedingung für das Verschwinden der Interferenz ist für den gegebenen Fall

$$\frac{4\pi}{\lambda} \cdot \frac{a}{R} \xi_0 = k\pi, \tag{44}$$

wo $k = 1, 2, 3 \ldots$

Alle Schlußfolgerungen, die bei der Diskussion des ersten Problems gemacht wurden, gelten auch für den YOUNGschen Versuch.

Deshalb kann eine Interferenzanordnung, die nach dem Schema von YOUNG aufgebaut ist, als Interferometer für zweierlei Zwecke benutzt werden: In der RAYLEIGHschen Anordnung dient sie für Relativmessungen von Brechzahlen; in einer Anordnung, die eine kontinuierliche Änderung des Abstandes $2a$ zwischen den Spalten erlaubt, kann das gleiche Schema für die Messung der Größe eines leuchtenden Körpers dienen, wie es aus der Formel (44) klar ersichtlich ist. Aus der gleichen Formel folgt, daß ein solches Interferometer nur bei genügend großer Änderung von a im genannten Sinne arbeitet. Das erste Verschwinden der Streifen kann nur bei $k = 1$ geschehen. Folglich muß die minimale Änderung in a, $\Delta a_{\min}$, die Bedingung

$$2\Delta a_{\min} \geqslant \frac{\lambda R}{2\xi_0}$$

erfüllen. $\frac{2\xi_0}{R}$ entspricht in Übereinstimmung mit (42) der Winkelgröße φ des leuchtenden Körpers. Deshalb kann man für die kleinste mit der Interferenzmethode noch meßbare Ausdehnung einer linearen Quelle folgende Bedingungen hinschreiben:

$$\varphi_{\min} \geqslant \frac{\lambda}{2\Delta a_{\min}}. \tag{45}$$

Man kann $\varphi_{\min}$ als *das Auflösungsvermögen* einer gegebenen Interferenzanordnung bezeichnen, analog dem gleichen Ausdruck in der Beugungstheorie des Teleskops, Mikroskops und anderer optischer Anordnungen. Dabei gibt die Formel (45) für $\varphi_{\min}$ einen Wert an, der um den Faktor 2 kleiner ist als der entsprechende Ausdruck für das Teleskop, d. h. bei der Bestimmung von Abmessungen ist das Interferometer nicht schlechter als das Teleskop.

Die Interferenzmethode zur Bestimmung der Größe leuchtender Körper kann man, wie es sich von selbst versteht, nicht nur auf teleskopische Objekte, sondern auch auf mikroskopische Objekte anwenden, was von SIEDENTOPF durchgeführt wurde. Wenn man die Öffnung eines Mikroskopobjektivs mit einem Diaphragma bedeckt, das zwei kleine Schlitze an den Enden eines Durchmessers besitzt, so verzerrt sich die Abbildung eines kleinen Objektes längs der Geraden, die die Schlitze verbindet. Dieser verzerrte Streifen wird im allgemeinen von Interferenzstreifen durchzogen sein.

Im betrachteten Fall müssen unsere Formeln, die unter der Annahme (42) abgeleitet wurden, verbessert werden. Bei mikroskopischer Beobachtung wird a vergleichbar R und kann sogar größer werden. Deshalb müssen wir (42) durch die Bedingung

$$\left.\begin{aligned} R &\gg \xi_0; \\ a &\gg \xi_0; \\ r &\gg x; \\ a &\gg x \end{aligned}\right\} \tag{46}$$

ersetzen. In einem solchen Falle kann man ebenso leicht wie in den vorher betrachteten Problemen ausrechnen, daß die Bedingung (44) für das Verschwinden der Streifen durch folgende ersetzt werden muß:

$$\frac{4\pi a \xi_0}{\lambda\sqrt{R^2+a^2}} = k\pi. \tag{47}$$

Die genauere Formel für das Auflösungsvermögen unterscheidet sich ebenso von der Näherung (45). Für den minimalen Wert $k = 1$ erhalten wir aus (47)

$$2\xi_0 = \frac{\lambda\sqrt{R^2+a^2}}{2a}. \tag{(47 a)}$$

Führen wir anstatt des früheren Winkels φ den Winkel u ein, der durch eines der interferierenden Bündel mit der Normalen gebildet wird, so ist in diesem Fall $a = \sqrt{R^2 + a^2} \cdot \sin u$. Der Raum zwischen dem Gegenstand und dem Objektiv kann mit verschiedenen Flüssigkeiten angefüllt werden, die die Brechzahl μ besitzen. Dabei wird offensichtlich die Wellenlänge verkürzt und nimmt den Wert $\frac{\lambda}{\mu}$ an. Setzen wir das alles in die Formel für den minimalen Wert $2\xi_0$ ein, so erhalten wir folgenden Ausdruck für das Auflösungsvermögen des Mikroskop-Interferometers:

$$2\xi_0 \geqslant \frac{\lambda}{2\mu \sin u}. \tag{48}$$

Bei $\mu = 1$ und sehr kleinen Werten für u fällt diese Formel mit (45) zusammen; jedoch ist sie dadurch ausgezeichnet, daß sie die Notwendigkeit des Vorhandenseins einer absoluten minimalen Grenze der Auflösung $(2\xi_0)_{\min}$ zeigt. Bei beliebiger Vergrößerung des Interferometerarmes a (was beim Mikroskop mit Hilfe einer Anordnung analog der MICHELSONschen Anordnung beim Fernrohr erreicht wird) kann $\sin u$ nicht größer als 1 werden. Deshalb sind die kleinsten Abstände, die mit dem Interferometer noch unterscheidbar sind,

$$(2\xi_0)_{\min} \geqslant \frac{\lambda}{2\mu}. \tag{49}$$

Mit anderen Worten kann man mit Hilfe des Interferometers Abmessungen eines Gegenstandes, die wesentlich kleiner als λ sind, nicht feststellen. Diese Folgerung erhält man für Lichtquellen, deren leuchtende Punkte nicht kohärent sind. Im § 8 wurde die gleiche Schlußfolgerung für eine fiktive Quelle, die aus kohärenten Punkten besteht (z.B. für einen Gegenstand, der mit einer anderen entfernten Quelle beleuchtet wurde), als Folge davon erhalten, daß bei der Interferenz der Energiesatz gelten sollte. Folglich kann man behaupten, daß man mit Hilfe einer Interferenzanordnung die Details des Aufbaues oder die Größe von Körpern, die bedeutend kleiner als die Wellenlänge sind, nicht erkennen kann, unabhängig davon, ob wir es mit selbstleuchtenden Quellen, die aus nicht kohärenten Punkten bestehen, oder mit beleuchteten Gegenständen zu tun haben, deren Punkte kohärent strahlen können. Zu den gleichen Schlußfolgerungen führen die strenge Theorie der Abbildung im Mikroskop, die von L. I. MANDELSTAM [27] entwickelt wurde, und thermodynamische Überlegungen.

DRITTES KAPITEL

DIE INTERFERENZ UND DIE NATUR DER ELEMENTAREN STRAHLER

§ 10. Die Besonderheiten der Fresnelschen Interferenz bei stark divergierenden kohärenten Bündeln

Bis vor kurzem nahm man in der Interferenztheorie und in vielen ihrer Anwendungen als selbstverständlich an, daß ein Unterschied zwischen Lichtquellen bezüglich ihrer Interferenzfähigkeit bei gleicher Größe und Form sich nur im Spektrum oder in der Polarisation bemerkbar machen könne. Diese Annahme ist jedoch nicht ganz richtig. Sie gilt praktisch nur für spezielle Versuchsbedingungen, insbesondere für die Interferenz Newtonschen Typs, wobei man die kohärenten Bündel durch die Aufspaltung *eines* ursprünglichen Bündels mit Hilfe von Reflexion und Brechung erhält.

Bei der Fresnelschen Interferenz kann diese Annahme nur für kleine Winkel zwischen den Richtungen der aufeinandertreffenden Bündel erfüllt werden. In den klassischen Versuchen von Young, Fresnel, Lloyd und anderen waren diese tatsächlich immer klein. Das liegt an gewissen Bedingungen, die für eine deutliche Auflösbarkeit des Interferenzbildes notwendig sind (siehe drittes Kapitel § 12). Die Schwierigkeit der Versuche mit stärker divergierenden Bündeln besteht darin, daß die Lichtquelle außerordentlich klein sein muß (zumindest in einer Dimension). Aus der Bedingung (41) kann man die entsprechende Ausdehnung bestimmen. Z.B. darf die Ausdehnug $2\xi_0$ der Lichtquelle für die gerade noch mögliche Beobachtung von Interferenzstreifen (Sichtbarkeit 1%) bei einem Winkel von $\frac{\pi}{2}$ zwischen den von der Quelle ausgehenden Strahlen den Wert $\frac{8\lambda}{0{,}04\,\pi^2} \approx 20\,\lambda$ nicht überschreiten. Um deutliche Interferenz zu erhalten, muß man die Ausdehnung der Quelle auf Werte der Größenordnung λ verkleinern.

Trotz dieser Schwierigkeit wurden qualitative Versuche über die Interferenz stark divergierender Bündel vielfach durchgeführt. Bei den Versuchen Siedentopfs dienten als Lichtquelle ultramikroskopische, das Licht streuende Teilchen, die sich in sehr kurzer Entfernung von dem Objektiv des Mikroskopes befanden, das mit einem Schirm mit zwei Öffnungen an den Enden abgedeckt war. Die interferierenden Strahlen bildeten einen sehr großen Winkel. Versuche mit selbstleuchtenden Objekten wurden von P. Selenyi [11] und E. Schrödinger [12] durchgeführt. In der Anordnung von

SELENYI wurde eine dünne Schicht (Dicke kleiner als eine Wellenlänge) einer Fluoreszeinlösung zwischen dem Glas eines Prismas und einem Glimmerplättchen mit dem Licht einer Bogenlampe beleuchtet. Dabei waren die Interferenzstreifen im Fluoreszenzlicht deutlich sichtbar, die durch die Wechselwirkung direkter Fluoreszenzstrahlung mit den durch Reflexion am Glas erzeugten Strahlen entstanden. Der Winkel zwischen diesen Strahlen betrug ungefähr $\frac{\pi}{2}$. SCHRÖDINGER benutzte als Lichtquelle einen sehr dünnen glühenden Wollastondraht, dessen Licht unter einem Winkel von 60° auf zwei Öffnungen fiel. Jedoch wurde die quantitative Seite dieser Versuche und ihre theoretische Diskussion nicht beachtet. Die Besonderheiten der Interferenzerscheinungen bei stärker divergierenden Bündeln wurden von mir und E. BRUMBERG im Jahre 1932 experimentell und theoretisch untersucht [13]. Im Jahre 1937 wurde das gleiche Problem mit einer anderen Methode von O. HALPERN und F. W. DOERMANN [14] behandelt und führte zu den gleichen Ergebnissen, wobei letztere, entgegen den Tatsachen und ohne jeglichen Grund, versuchten, die Priorität der Anordnung und der Lösung dieses Problems sich selbst zuzuschreiben [15].

Abb. 29.
Ebene Diagramme, die die räumliche Ausstrahlung eines elektrischen Dipols und Quadrupols darstellen

Wir haben am Beispiel des Systems der elektrischen Dipole gezeigt, daß der Charakter der FRESNELschen Interferenz hinsichtlich der Intensitätsverteilung und Polarisation im allgemeinen von der Natur des elementaren Strahlers abhängig sein muß, und zwar von der Intensitätsverteilung seiner in die verschiedenen Richtungen des Raumes ausgehenden Strahlung. Die gewöhnliche vereinfachte Vorstellung von einem isotrop leuchtenden Punkte muß man in die Gruppe der vollkommen abstrakten und fehlerhaften Vorstellungen einstufen, weil ihr nicht einer der realen elementaren Ausstrahler entspricht.

Den allgemeinen Fall eines Systems von Ladungen, die sich in einem beliebigen elektrischen Feld bewegen, kann man sich stets als eine Summe von elementaren Strahlern (Multipolen) vorstellen: Dipolen (elektrische und magnetische), Quadrupolen, Oktopolen usw.

Für einen linearen Dipol ist der elektrische (oder magnetische) Vektor proportional zu $\sin\alpha$ (α ist der Winkel zwischen Dipolachse und Beobachtungsrichtung); für den linearen Quadrupol ist die räumliche Verteilung so, daß der elektrische Vektor proportional ist zu $\sin 2\alpha$ usw.

Der Querschnitt der Diagramme, die die räumliche Ausstrahlung für Dipol und Quadrupol darstellen, sind in Abb. 29 gezeichnet. Es muß bemerkt werden, daß für Geschwindigkeiten bei der Bremsbewegung eines Elektrons, die sich der Lichtgeschwindigkeit nähern, die Amplitude der Ausstrahlung zu

$$\frac{\sin\alpha}{1-\beta\cos\alpha}$$

proportional wird (wo β das Verhältnis der Elektronen- zur Lichtgeschwindigkeit ist). Das Diagramm einer solchen Ausstrahlung für eine Geschwindigkeit nahe der Lichtgeschwindigkeit ist in Abb. 30 dargestellt.

Aus den Diagrammen geht deutlich hervor, daß die Amplituden zweier kohärenter Strahlen, die unter einem bestimmten Winkel φ von dem elementaren Strahler ausgehen, im allgemeinen verschieden sind; folglich wird sich die Sichtbarkeit des Interferenzbildes in Abhängigkeit von φ ändern. Ebenso werden im Falle des Quadrupols die Phasen in den interferierenden kohärenten Strahlen unterschiedlich sein.

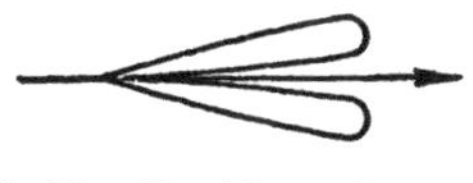

Abb 30. Strahlungsdiagramm eines Elektrons, das sich mit einer Geschwindigkeit nahe der Lichtgeschwindigkeit bewegt

Bevor wir zu der quantitativen statistischen Berechnung übergehen, betrachten wir die Haupteigenschaften der Erscheinung (für den Fall eines Dipols) an einem Gedankenexperiment mit einem einzelnen Strahler. Dazu bringen wir den linearen Dipol O, dessen Länge viel kleiner als die Wellenlänge λ sein soll, in die Mitte zwischen zwei symmetrische Spiegel S_1 und S_2 (Abb. 31). Es sei angenommen, daß das Reflexionsvermögen der Spiegel gleich 1 ist, daß die Spiegel keine Polarisationswirkung ausüben und daß der Phasensprung bei der Reflexion gleich 0 ist. Mit anderen Worten: die Spiegel spielen eine rein geometrische und keine physikalische Rolle, sie ändern nur die Richtung der Vektoren. Um die reflektierten Strahlen zur Interferenz zu bringen, kann man die Neigung der Spiegel zu der Achse S_1S_2 von 45 bis 90° ändern. Die obere Grenze von 90° entspricht stehenden Wellen, die untere von 45° der FRESNELschen Interferenz. Im ersten Fall werden die Strahlen, die von O in entgegengesetzter Richtung ausgehen, von den Spiegeln um nahezu 180° gedreht und interferieren in O', wobei in diesem Punkte das Minimum der Interferenz liegt. Es ist offensichtlich, daß man das gleiche Resultat bei jeder beliebigen Stellung des Dipols erhält, die er senkrecht zu S_1S_2 einnimmt, d.h. bei jeder beliebigen Drehung seiner Lage um die Achse S_1S_2.

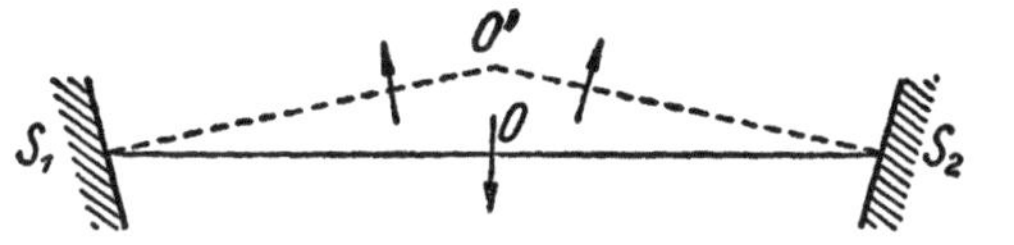

Abb. 31. Ausstrahlende Dipole zwischen Spiegeln, die fast parallel stehen

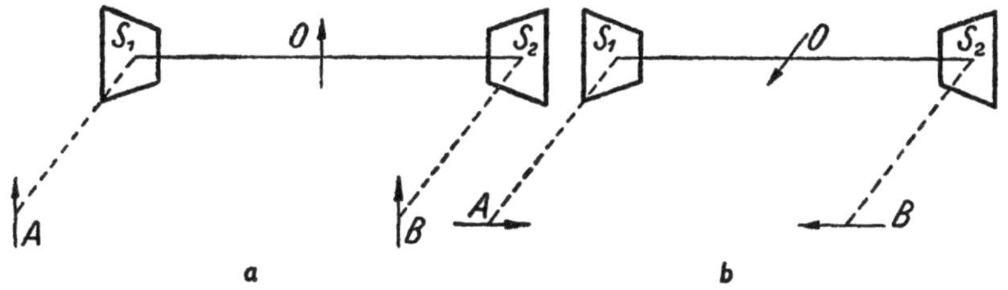

Abb. 32. Ein strahlender Dipol zwischen Spiegeln, die zu der Verbindungsachse um 45° gedreht sind

a der Dipol steht senkrecht zu der Fläche S_1AS_2B; *b* der Dipol steht parallel zu der Fläche S_1AS_2B

Wenn die Spiegel jedoch um 45° zu S_1S_2 gedreht werden (Abb. 32), so wird das Ergebnis der Interferenz im Falle eines Dipols davon abhängen, ob er senkrecht zu der Fläche S_1AS_2B (Abb. 32, *a*) oder parallel zu ihr gerichtet ist (Abb. 32, *b*). Im ersten Fall wird in der Mitte des Interferenzbildes ein Maximum, im zweiten ein Minimum liegen, weil hierbei die Strahlen mit entgegengesetzter Phase aufeinandertreffen. Wenn im Punkte *O* zwei Dipole liegen, die den beiden Fällen gleichzeitig entsprechen (Abb. 33), so verschwindet das Interferenzbild überhaupt. Die in der Interferenzebene liegenden Vektoren X_1 und X_2 sind entgegengesetzt gerichtet und heben sich gegenseitig auf, dagegen verstärken sich die senkrecht zu der Interferenzebene liegenden Vektoren Z_1 und Z_2 gegenseitig. Im allgemeinen wird im Interferenzfeld überall das Superpositionsprinzip für die Intensitäten gelten.

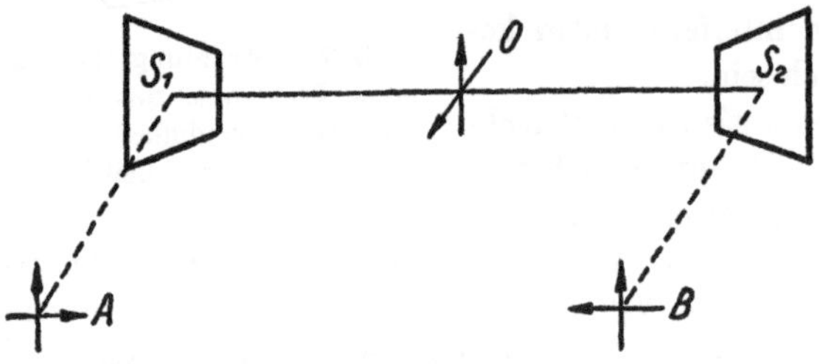

Abb. 33. Zwei aufeinander senkrecht stehende Dipole zwischen Spiegeln

Wenn die beiden interferierenden Strahlen in diesem Falle einen kleinen Winkel miteinander bilden (Abb. 34), so wird die Interferenz in der gewöhnlichen Weise auftreten. Nach den Gesetzen für die Dipolstrahlung (s. Abb. 29) werden die Vektoren *X* in der gegebenen Richtung sehr wenig ausgestrahlt. Praktisch haben nur die *Z*-Vektoren einen merklichen Wert.

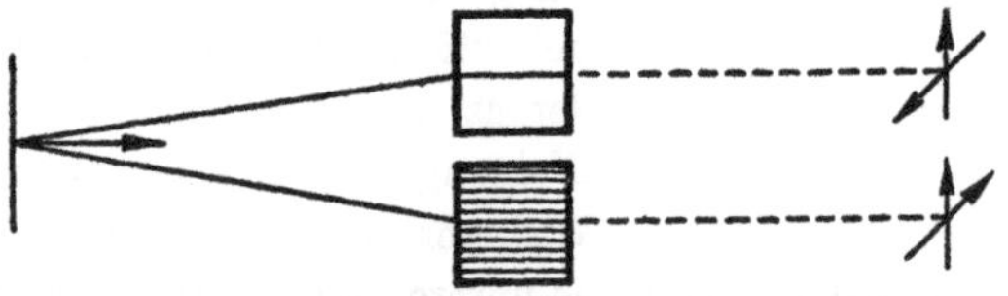

Abb. 34. Zwei aufeinander senkrecht stehende Dipole, deren Strahlen unter einem kleinen Winkel miteinander interferieren

Wenn man deshalb das System zweier aufeinander senkrecht stehender Dipole mit Hilfe der YOUNG-FRESNELschen Anordnung untersucht, so muß die Sichtbarkeit der Interferenzstreifen bei einer Vergrößerung des Winkels von *O* auf 180° zwischen den interferierenden Streifen von 1 auf 0 abnehmen. Dabei sind beide Wellen stets vollkommen kohärent.

Aus Abb. 33 wird weiter klar, daß das in bezug auf die Intensität homogene Interferenzfeld *Polarisationsstreifen* besitzt. In der Mitte des Feldes, an der Stelle der gewöhnlich hellen Mittellinie, schwingt das Licht parallel zu *Z*, an der Stelle des ersten Dunkelstreifens schwingt es parallel zu *X*. Unter diesen Versuchsbedingungen, bei denen sich zwei nicht polarisierte Lichtbündel treffen, wird im Interferenzfeld polarisiertes Licht auftreten. Diese Folgerung hat ein bestimmtes prinzipielles Interesse, insofern als alle bisher bekannten Methoden zur Erzeugung polarisierten Lichtes auf besonderen Eigenschaften der Lichtquellen (ZEEMAN-Effekt, STARK-Effekt, polarisierte Fluoreszenz usw.) oder auf dem Einfluß eines Mediums auf die Lichtausbreitung basieren. Der betrachtete Fall unterscheidet sich dadurch davon, daß dabei weder die Polarisation des Lichtes durch die Lichtquelle noch durch ein Medium eine Rolle spielen.

§ 11. Die Interferenzeigenschaften von Lichtquellen aus Dipolen und Quadrupolen

Betrachten wir eine Lichtquelle, die aus regellos verteilten linearen Dipolen besteht. Wie schon gezeigt wurde, werden lineare Dipole dadurch charakterisiert, daß der elektrische Vektor der Ausstrahlung proportional zu $\sin\alpha$ ist, wo α der Winkel zwischen der Dipolachse und der Beobachtungsrichtung Y ist. Wir wollen nun die Sichtbarkeit V der Interferenzstreifen in Abhängigkeit von dem Winkel φ zwischen den interferierenden Strahlen berechnen.

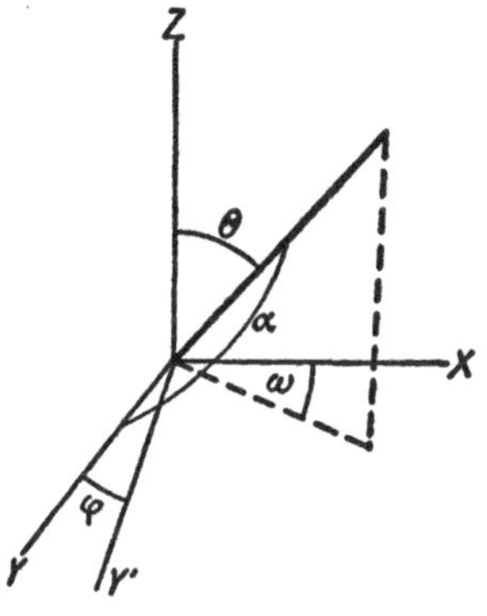

Abb. 35. Schema für die Berechnung linearer elementarer Strahler

Ein bestimmter Dipol, dessen Achse bestimmt ist durch die geographische Breite θ und Länge ω, befinde sich im Ursprung eines gradlinigen Koordinatensystems (X, Y, Z). Die Y-Achse soll mit der Beobachtungsrichtung zusammenfallen (Abb. 35). Der Wert des elektrischen Vektors der Strahlung in Richtung des Beobachters ist nach der Definition eines Dipols

$$E = \sin\alpha = \sqrt{1 - \sin^2\theta\,\sin^2\omega}\,. \tag{50}$$

Das Licht schwingt senkrecht zur Ausbreitungsrichtung des Strahls, deshalb liegt der Vektor E in der X, Z-Ebene. Seine Komponenten sind dann

$$X = \cos\omega\,\sin\theta; \quad Z = \cos\theta\,. \tag{51}$$

Nehmen wir weiter eine andere Beobachtungsrichtung Y' an, die wieder in der Y, Z-Ebene liegt. Sie soll mit der ersten Richtung Y den Winkel φ bilden. Für die Komponenten X' und Z' kann man schreiben

$$X' = \cos(\omega - \varphi)\sin\theta; \quad Z' = \cos\theta\,. \tag{52}$$

Die Sichtbarkeit V kann man nach der Definition (4) als

$$V = \frac{I - i}{I + i}$$

schreiben, wo I und i die maximale und minimale Intensität im Interferenzfeld bedeuten. Die senkrecht aufeinander stehenden Komponenten X und Z und entsprechend X' und Z' interferieren miteinander nicht, deshalb kann man, wenn man eine gleichmäßige ungeordnete räumliche Verteilung der Dipole annimmt, folgendermaßen schreiben:

$$V = \frac{\int\limits_0^{2\pi} d\omega \int\limits_0^{\frac{\pi}{2}} [2(XX' + ZZ')]\sin\theta\,d\theta}{\int\limits_0^{2\pi} d\omega \int\limits_0^{\frac{\pi}{2}} [X^2 + X'^2 + Z^2 + Z'^2]\sin\theta\,d\theta}\,. \tag{53}$$

Setzen wir in (53) die Ausdrücke (51) und (52) ein und integrieren wir, so erhalten wir:

$$V = \frac{1 + \cos\varphi}{2}. \tag{54}$$

In Übereinstimmung mit den qualitativen Betrachtungen im § 10 sehen wir, daß in dem Fall einer solchen natürliches Licht ausstrahlenden Quelle die Interferenzfähigkeit von φ abhängen muß. Für $\varphi = 0$ (FRESNELsche Interferenz) ist $V = 1$. Für $\varphi = \frac{\pi}{2}$ ist $V = 0{,}5$; für $\varphi = \pi$ endlich ist $V = 0$.

Wir gehen nun über zur Berechnung der Polarisation im Interferenzfeld einer Quelle, die aus Dipolen besteht.

Es ist offensichtlich, daß die Strahlung einer Gesamtheit von regellos verteilten Dipolen natürliches, nicht polarisiertes Licht ergibt. Die Ausdrücke I_h und I_v für die Energie, die den horizontalen und vertikalen Komponenten an den Stellen des Maximums und Minimums des Interferenzbildes entsprechen, sind dann:

$$I_h = \int_0^{2\pi} d\omega \int_0^{\frac{\pi}{2}} [X^2 + X'^2 + 2XX'] \sin\theta \, d\theta; \tag{55}$$

$$I_v = \int_0^{2\pi} d\omega \int_0^{\frac{\pi}{2}} [Z^2 + Z'^2 + 2ZZ'] \sin\theta \, d\theta. \tag{56}$$

Setzen wir in (55) und (56) die Werte (51) und (52) ein und führen die Integration aus, so erhalten wir

$$I_h = \frac{4}{3}\pi^2(1 \pm \cos\varphi); \qquad I_v = \frac{4}{3}\pi^2(1 \pm 1). \tag{57}$$

In diesen Formeln entspricht das Zeichen + dem Maximum und das Zeichen – dem Minimum.

Aus (57) finden wir für den Polarisationsgrad im Maximum

$$P_{\max} = \left(\frac{I_v - I_h}{I_v + I_h}\right)_{\max} = \frac{1 - \cos\varphi}{3 + \cos\varphi} \tag{58}$$

und für den Polarisationsgrad im Minimum

$$P_{\min} = \left(\frac{I_v - I_h}{I_v + I_h}\right)_{\min} = -1. \tag{59}$$

Das gefundene Resultat stimmt auch mit dem qualitativen Bild überein, das in § 10 betrachtet wurde. Das durch die Formel (59) ausgedrückte Ergebnis einer vollständigen Polarisation der dunklen Streifen bei jedem beliebigen Winkel φ, sogar für $\varphi = 0$, scheint paradox zu sein. Man darf jedoch nicht vergessen, daß bei $\varphi \to 0$ die Sichtbarkeit $V \to 1$ geht. Deshalb wird die Intensität der Interferenzminima verschwindend klein.

Bisher haben wir lineare Dipole betrachtet. Man kann jedoch auf analoge Art [13] beweisen, daß man die gleichen Ergebnisse in bezug auf Sichtbarkeit und Polarisation des Interferenzbildes auch für *elliptische Dipoloszillatoren* erhält. Ein jeder solcher Oszillator kann durch zwei lineare Amplituden 1 und a ersetzt werden, die senkrecht aufeinanderstehen und mit einem konstanten Phasenunterschied von $\frac{\pi}{2}$ gegeneinander schwingen. Der Zähler in dem Ausdruck für V (53) ist in diesem Fall $\frac{4}{3}\pi^2(1+\cos\varphi)(1+a^2)$ und der Nenner $\frac{8}{3}\pi^2(1+a^2)$. Bei der Zusammensetzung des ganzen Ausdruckes (53) für V heben sich die charakteristischen Faktoren $(1+a^2)$ gegenseitig heraus, und wir erhalten den früheren Ausdruck (54), der dem für den linearen Dipol entspricht. Genau so gehen auch in die Ausdrücke (55) und (56) für I_h und I_v die charakteristischen Faktoren ein

$$I_h = \frac{4}{3}\pi^2(1+a^2)(1\pm\cos\varphi);$$

$$I_v = \frac{4}{3}\pi^2(1+a^2)(1\pm 1).$$

Sie heben sich jedoch in den endgültigen Formeln für die Polarisation (58) und (59) wieder heraus.

Wenn es also auch die Interferenzerscheinungen, wie später gezeigt wird, erlauben, die Dipol- von der Quadrupolstrahlung streng zu unterscheiden, hat man doch nicht die Möglichkeit, mit Hilfe der Interferenz den Grad der Elliptizität der Dipole festzustellen, aus denen der Strahler aufgebaut ist.

Wenn das ausstrahlende System nicht aus elektrischen, sondern aus *magnetischen Dipolen* besteht, so kann man die Berechnung der Interferenz für elektrische Dipole vollständig für diesen Fall wiederholen. Der Unterschied besteht jedoch darin, daß alle erhaltenen Folgerungen für die Maxima und Minima der Energie sich jetzt auf den magnetischen und nicht auf den elektrischen Vektor beziehen. Deshalb wird der mittlere Streifen bei der Anwendung gewöhnlicher Indikatoren, für die der wirksame Lichtvektor der elektrische ist, dunkel sein. Mit anderen Worten, es tritt eine Verschiebung des Interferenzbildes um einen Streifen gegenüber dem des Systems elektrischer Dipole auf. Die amerikanischen Autoren S. FREED und S. WEISSMANN [16] zeigten im Jahre 1941 bei Beobachtung der Interferenz unter großen Winkeln in der Anordnung von SELENYI, daß die Lumineszenz der Salzlösungen von Europium ($\lambda = 610\,\mathrm{m\mu}$) nicht einem elektrischen, sondern einem magnetischen Dipol entspricht. Der Unterschied bestand in der Verschiebung des Interferenzbildes um einen Streifen.

Betrachten wir jetzt die Eigentümlichkeiten der Interferenz für Strahler, die aus regellos verteilten linearen Quadrupolen bestehen [17].

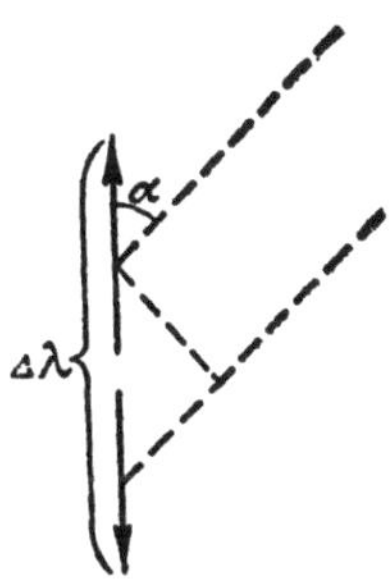

Abb. 36. Die Ausstrahlung eines Quadrupols

Einen Quadrupol als elementaren Strahler, der die Ausstrahlung eines beliebigen Systems elektrischer Ladungen angibt, kann man als eine Kombination zweier linearer Dipole betrachten, die mit entgegengesetzter Phase schwingen und auf einer Achse im Abstand $\Delta\lambda$ voneinander angeordnet sind (Abb. 36), der klein gegenüber der Wellenlänge λ ist. Die

Berechnung mit der einfachen Interferenzmethode gestattet auch im gegebenen Fall leicht die Gesetze für die Emission und Absorption des Quadrupols abzuleiten.

Der Gangunterschied der kohärenten Wellen, die von zwei Dipolen in eine bestimmte Richtung unter dem Winkel α gegen die Achse der Dipole ausgehen, beträgt, wie aus Abb. 36 ersichtlich ist,

$$l = \Delta\lambda \cos\alpha .$$

Addieren wir die Wellen zweier Dipole und beachten, daß die Amplitude der Wellen jedes Dipols proportional zu $\sin\alpha$ ist, so ergibt sich:

$$\sin\alpha \left[\cos\nu t + \cos\nu\left(t + \frac{\frac{\lambda}{2} + \Delta\lambda\cos\alpha}{c}\right)\right]$$

$$= 2\sin\alpha\cos\nu\left[t + \frac{\lambda}{4c} + \frac{\Delta\lambda\cos\alpha}{2c}\right]\cos\nu\left[\frac{\lambda}{4c} + \frac{\Delta\lambda\cos\alpha}{2c}\right]$$

$$= 2\sin\alpha\sin\nu\left[t + \frac{\Delta\lambda\cos\alpha}{2c}\right]\sin\nu\left[\frac{\Delta\lambda\cos\alpha}{2c}\right].$$

Die Amplitude der Schwingung des Systems in Richtung α wird deshalb

$$2\sin\alpha\sin\nu\left[\frac{\Delta\lambda\cos\alpha}{2c}\right];$$

für $\Delta\lambda \ll \lambda$ wird die Amplitude proportional zu

$$\frac{\Delta\lambda}{2c}\nu\sin\alpha\cos\alpha \approx \sin 2\alpha, \qquad (60)$$

worauf im § 10 hingewiesen wurde.

Für die statistische Berechnung des Interferenzbildes eines Strahlers, der aus linearen Quadrupolen besteht, benutzen wir das frühere Schema der Abb. 35. Der Unterschied besteht darin, daß anstatt der gleichmäßig regellos verteilten Dipole jetzt Quadrupole angenommen werden. Die Lage jedes Quadrupols wird im Koordinatensystem X, Y, Z durch die Winkel θ und ω bestimmt. Die Beobachtung erfolgt in Richtung der Y-Achse. Der elektrische Ausstrahlungsvektor ist im Aufpunkt

$$E = \sin 2\alpha = 2\sqrt{1 - \sin^2\theta\sin^2\omega}\cdot\sin\theta\sin\omega .$$

Wegen der Transversalität des Lichtes liegt der Vektor E in der X, Z-Ebene, und seine Komponenten X und Z sind

$$X = 2\sin^2\theta\sin\omega\cos\omega; \quad Z = 2\sin\theta\cos\theta\sin\omega . \qquad (61)$$

Für eine andere Beobachtungsrichtung Y', die in der X, Y-Ebene liegt und mit der ersten den Winkel φ bildet, finden wir dementsprechend

$$X' = 2\sin^2\theta\sin(\omega - \varphi)\cos(\omega - \varphi); \quad Z' = 2\sin\theta\cos\theta\sin(\omega - \varphi). \qquad (62)$$

Setzen wir nach der Formel (53) den Ausdruck für die Sichtbarkeit V zusammen, indem wir die Werte X, Z, X', Z' nach den Formeln (61) und (62) einsetzen und integrieren, so erhalten wir

$$V = \frac{\cos 2\varphi + \cos\varphi}{2} = \frac{1 + \cos\varphi}{2} - \sin^2\varphi . \qquad (63)$$

Nehmen wir andererseits die Ausdrücke für I_h und I_v entsprechend den Formeln (55) und (56) und rechnen analog mit (58) und (59) die Ausdrücke für den Polarisationsgrad des Lichtes an den Stellen der Maxima und Minima des Interferenzfeldes aus, so erhalten wir nach der Integration

$$P_{\max} = \frac{\cos\varphi - \cos 2\varphi}{2 + \cos\varphi + \cos 2\varphi}; \quad (64)$$

$$P_{\min} = -\frac{\cos\varphi - \cos 2\varphi}{2 - \cos\varphi - \cos 2\varphi}. \quad (65)$$

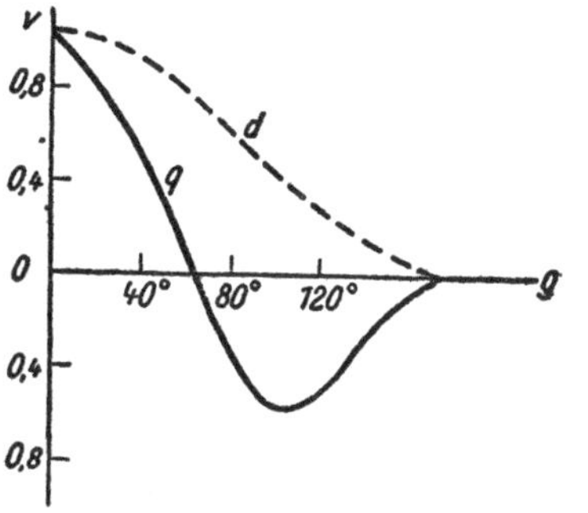

Abb. 37. Vergleich der Sichtbarkeitskurven des Interferenzbildes für Quellen, die aus Dipolen (d) und Quadrupolen (q) bestehen

In der Abb. 37 sind die so erhaltenen Ergebnisse für die Sichtbarkeit des Interferenzbildes von Dipol- und Quadrupolstrahlern graphisch zusammengestellt. Die Kurve (d) zeigt den Verlauf der Sichtbarkeit des Interferenzbildes für einen Dipolstrahler nach Formel (54) und die Kurve (q) für einen Quadrupolstrahler nach Formel (63). Das komplizierte Aussehen der letzten Kurve wird qualitativ verständlich, wenn man sich das Diagramm für die Ausstrahlung des Quadrupols (s. Abb. 29) ins Gedächtnis zurückruft und seine Aufmerksamkeit auf die Phase lenkt, die ihr Vorzeichen in den nebeneinanderliegenden Gebieten des ebenen Diagramms ändert.

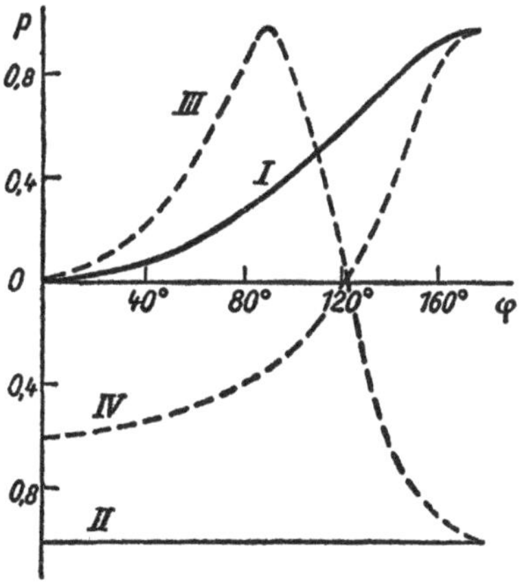

Abb. 38. Vergleich der Polarisationskurven für die Interferenz von Quellen, die aus Dipolen und Quadrupolen bestehen

I und *II*: $P_{\max}$ und $P_{\min}$ für Dipolstrahlung;

III und *IV*: $P_{\max}$ und $P_{\min}$ für Quadrupolstrahlung

In der Abb. 38 entsprechen den ausgezogenen Kurven *I* und *II* die Werte $P_{\max}$ und $P_{\min}$ für den Dipolstrahler nach den Formeln (58) und (59), die punktierten Kurven *III* und *IV* stellen $P_{\max}$ und $P_{\min}$ der Quadrupolstrahler nach den Formeln (64) und (65) dar. Wie man aus der Abbildung sieht, ändert sich für die aus Quadrupolen zusammengesetzte Quelle die Polarisation in den Interferenzstreifen nicht nur dem Betrage, sondern auch ihrem Vorzeichen nach.

Der Vergleich der Kurven der Abbildungen 37 und 38 zeigt, inwieweit sich die Interferenzerscheinungen bei Quellen unterscheiden, die aus verschiedenen elementaren Strahlern bestehen. Es zeigen sich also in den Interferenzeigenschaften der Strahler sehr charakteristische mikrostrukturelle Eigentümlichkeiten, die man nur auf indirektem theoretischem Wege aus den Spektren, und auch hier nur im Falle der einfachsten Linienspektren, erhalten kann.

§ 12. Interferenzversuche bei großen Winkeln

In § 10 wurden schon einige qualitative Versuche über die Interferenz unter großen Winkeln angeführt, aus denen nur die Tatsache hervorging, daß eine solche Interferenz vorhanden ist. Für detaillierte experimentelle Untersuchungen der Interferenz unter großen Winkeln haben wir im Falle eines Dipolstrahlers eine ultramikroskopische Anordnung, analog der Anordnung von Siedentopf, benutzt. Als Lichtquellen dienten kleinste Kristalle von Uranylnitrat, die in einer speziellen aus Quarz bestehenden ultramikroskopischen Kammer von Zeiss in Paraffinöl eingebettet wurden. Das zähe Paraffinöl diente einerseits zur Herstellung eines optischen Kontaktes zwischen dem Kardioidkondensor und den Kristallen, andererseits zur Dämpfung der Brownschen Bewegung. Für die Herstellung der Emulsion wurde das fein gemahlene Pulver von Uranylnitrat mit einer Messerspitze auf den mit Seide trockengeriebenen Boden der Quarzkammer gebracht. Unter dem Einfluß elektrostatischer Kräfte flogen die Teilchen auseinander und bedeckten ziemlich gleichmäßig, ohne Bildung von größeren Anhäufungen, die Quarzplatte. Hierauf wurde Paraffinöl eingegossen. Die so erhaltene Emulsion wurde mit dem Licht einer automatisch geregelten Bogenlampe durch den Kardioidkondensor bestrahlt. Die Wärmestrahlung wurde durch eine mit Wasser gefüllte Glasküvette von 10 cm Dicke abgehalten, zwischen den Lichtbogen und den Kondensor konnten verschiedene Lichtfilter gesetzt werden. Ein anderes „gekreuztes" Lichtfilter war vor dem Okular des Mikroskopes angebracht. Bei entsprechender Auswahl der gekreuzten Lichtfilter konnte man das direkte Licht des Bogens vom Okular fernhalten. Wenn als erstes Filter ein blaues Kobaltglas verwendet wurde und als zweites ein passendes Gelbfilter, so passierte nur das grüne Lumineszenzlicht der Uranylnitratkristalle, die in diesem Falle als selbstleuchtende Quellen dienten, das Okular. Wenn man das Gelbfilter des Okulars entfernte, so wurde das schwache Lumineszenzlicht praktisch vollständig durch das gestreute Licht des Bogens überdeckt, und dieselben Kristalle dienten als streuende sekundäre Lichtquellen.

Um Interferenz zu erhalten, wurde das Objektiv des Mikroskops mit einem mit zwei Öffnungen versehenen Stanniolblättchen abgedeckt. Die Öffnungen dienten als Youngsche Spalte. In den einzelnen Versuchen mit verschiedenen Objektiven entsprach der Abstand zwischen den Spalten einem Winkel φ von 10 bis 130°.

Wenn die Kristalle als streuende Zentren dienten, so war die Interferenz, besonders bei kleinen Aperturen, mit dem bloßen Auge sehr gut zu beobachten. Wenn dieselben Teilchen als Selbstleuchter verwendet wurden, war die Intensität so stark verringert, daß die Interferenz nur photographisch mit langen Expositionszeiten registriert werden konnte. Es gelang auf diese Weise, die Interferenz der selbstleuchtenden Kristalle bei Winkeln von etwa 20° zwischen den interferierenden Bündeln festzustellen. Bei noch größeren Winkeln gelang es nicht, eine photographische Aufnahme zu erhalten, weil dafür mehrstündige Expositionszeiten erforderlich gewesen wären, während derer sich die Teilchen infolge Brownscher Bewegung deutlich verlagerten.

Die Prüfung der Folgerungen, welche für Dipolstrahler im § 10 und 11 angeführt wurden, kann jedoch mit streuenden Teilchen leicht durchgeführt werden. Nach einigem Probieren gelingt es, unter den vielen kleinen Teilchen im Sehfeld auch solche zu finden, die durch die Spalte natürliches unpolarisiertes Licht senden. Dies kann man durch Drehung eines Polarisators vor dem Okular prüfen, wobei die Anordnung dadurch etwas defokussiert wird, daß im Sehfeld zwei getrennte, nicht zusammenfallende Punkte erscheinen. In dieser Hinsicht sind nur wenige Teilchen zu gebrauchen, ihre Zahl hängt von der Form, den Abmessungen und der Anisotropie der Kristalle, sowie hauptsächlich von der Beleuchtungsrichtung ab. Die Apertur muß bei diesen Versuchen möglichst groß sein; um dies zu erreichen, wurde die Mitte des Objektivs so mit einem breiten Stanniolstreifen überklebt, daß nur zwei schmale Segmente am Rande des Objektivs freiblieben, dabei wird infolge der Aberration das Bild etwas verzerrt.

Wenn die Teilchen genügend klein und die Apertur groß ist, sieht man beim Fokussieren und Beobachten mit dem einfachen Auge keine Interferenzen. Wenn jedoch ein zwischen Okular und Auge angebrachter Polarisator gedreht wird, erkennt man, daß die Interferenzstreifen bei zwei Stellungen des Polarisators scharf zu sehen sind. Der Winkel zwischen diesen beiden Stellungen ist ein Rechter. In mittleren Stellungen zwischen diesen Lagen verschwindet die Interferenz fast vollständig.

Diese Versuche bestätigen die theoretischen Ableitungen für den Fall des Dipolstrahlers, eine experimentelle Untersuchung eines Quadrupolstrahlers konnte bisher noch nicht verwirklicht werden.

VIERTES KAPITEL

DER EINFLUSS DES MEDIUMS AUF DIE INTERFERENZERSCHEINUNGEN

Bei den Interferenzversuchen geht das Licht auf dem Wege zum Empfänger durch ein Medium, das auf die beiden Bündel in verschiedener Weise einwirken kann: Phasenunterschied und Wellenlänge hängen von der Brechzahl ab; die Absorption des Mediums verkleinert die Amplitude; die Anisotropie des Mediums beeinflußt den Polarisationszustand der Interferenzstreifen. Diese Wirkungen des Mediums sind den verschiedenen Interferometern zugrunde gelegt.

Außer diesen gut bekannten „Schul"-Folgerungen aus der Lehre von der Interferenz existieren noch andere Erscheinungen, die erst kürzlich entdeckt wurden. Sie erscheinen zwar paradox, doch lassen sie sich tatsächlich, zumindest qualitativ, wieder aus den elementaren Vorstellungen über die Interferenz folgern.

Einige Erscheinungen dieser Art werden im weiteren behandelt.

§ 13. Die Struktur des natürlichen Lichtes und ihre Wirkung auf das Interferenzbild [18]

Das natürliche Licht kann man theoretisch auf unzählige Arten realisieren, wenn man es sich entweder als das Ergebnis einer Überlagerung von Ellipsen eines bestimmten Typs mit regellos verteilten Achsenrichtungen oder als Summe aller möglichen regellos orientierten Ellipsen vorstellt.

Es ist allgemein die Meinung verbreitet, daß die physikalischen Eigenschaften eines natürlichen Lichtbündels, *die dem Experiment und der Beobachtung zugänglich sind*, durch Intensität, Frequenz und Phase vollkommen bestimmt sind, wie auch seine innere Struktur beschaffen sein mag [19]. Von diesem Standpunkt aus ist das natürliche Licht in experimenteller Hinsicht vollständig dadurch charakterisiert, daß die Mittelwerte der Komponenten des Lichtvektors in zwei willkürlichen Richtungen, die zueinander senkrecht und in der Ebene der Welle liegen, einander gleich und untereinander nicht kohärent sind.

Dieser Satz kann jedoch nur für einzelne oder untereinander nicht kohärente Bündel bewiesen werden. Im weiteren wird an zwei Beispielen gezeigt, daß man Erscheinungen mit den Eigenarten verschiedener natürlicher Bündel beobachten kann, wenn man natürliche Bündel interferieren läßt, die unter Beibehaltung der Eigenschaft, natürliches Licht zu enthalten, durch verschiedene Medien gelaufen sind.

Es mögen auf den Wegen zweier paralleler kohärenter quasimonochromatischer Bündel natürlichen Lichtes, die miteinander interferieren, zwei verschiedene Medien angeordnet sein: Das eine soll die Polarisationsebene drehen, das andere optisch inaktiv sein.

Um die Betrachtung zu vereinfachen, nehmen wir an, daß der von den beiden Medien hervorgerufene Gangunterschied gleich ist und das optisch aktive Medium die Polarisationsebene des linear polarisierten Bündels um 90° dreht. Beide Bündel, die durch das aktive bzw. das inaktive Medium gehen, bleiben natürlich, d.h. sie müssen nach dem oben angeführten Satz experimentell voneinander ununterscheidbar bleiben. Tatsächlich aber wird sich bei der Interferenz zeigen, daß sie voneinander verschieden sind. Unter den angeführten Bedingungen werden die Bündel nicht interferieren. Wenn die augenblickliche Stellung des wirklich gewählten Lichtvektors in einem der Bündel durch den Winkel φ bestimmt wird, so beträgt in dem anderen kohärenten Bündel das Azimut des entsprechenden Vektors nach Voraussetzung $\varphi \pm \frac{\pi}{2}$ (Abb. 39), d.h. eine Interferenz ist unmöglich. Wenn das aktive Medium die Polarisationsebene des linear polarisierten Lichtes um 180° dreht, so werden Interferenzstreifen auftreten, doch bilden sich an den Stellen, an denen gewöhnlich Maxima auftraten, Minima aus.

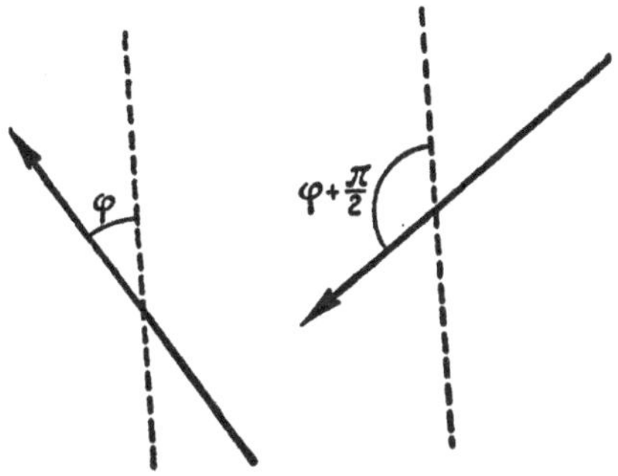

Abb. 39. Drehung der Polarisationsebene im Bündel natürlichen Lichtes

Bei der Drehung um 270° verschwindet die Interferenz erneut, bei der Drehung um 360° tritt sie wieder in normaler Weise auf. Bei dem Experimentieren mit weißem Licht müssen infolge von Rotationsdispersion eigentümliche chromatische Erscheinungen auftreten (z. B. rote Linien auf blauem Grund). Ein solcher Interferenzversuch erlaubt es, Messungen auszuführen, die auf den ersten Blick unmöglich und in sich widersprechend erscheinen, und zwar: die Bestimmung der Drehung der Polarisationsebene von unpolarisiertem Licht; mit anderen Worten: Wir erhalten die Möglichkeit, eine Änderung in der Struktur natürlichen Lichtes festzustellen.

Gehen wir zu einem anderen analogen Versuch über: Wir stellen in den Strahlengang eines der interferierenden natürlichen Bündel ein $\frac{\lambda}{2}$-Plättchen. Das durch dieses Plättchen gehende Bündel bleibt natürlich, wenn es auch eine Änderung der inneren Struktur erfährt, weil die lineare Schwingungsform beim Heraustreten aus dem Plättchen elliptisch wird. Die Interferenz erlaubt wieder, diese strukturelle Änderung des natürlichen Lichtes sichtbar zu machen.

Zur Erklärung zerlegen wir die Schwingungen des natürlichen Lichtes in eine vertikale und eine horizontale Komponente. Ist das $\frac{\lambda}{2}$-Plättchen nicht vorhanden, so entsteht bei der Interferenz natürlichen Lichtes in der Mitte des Interferenzfeldes ein Maximum, weil sowohl die vertikale als auch die horizontale Komponente sich gegenseitig verstärken. Das Dazwischensetzen des Kristallplättchens ist mit einer Drehung einer der Komponenten (z. B. der horizontalen) um 180° begleitet, während die andere ihre frühere Stellung beibehält (Abb. 40). Bei der Interferenz verstärken sich die vertikalen Komponenten gegenseitig in der Mitte des Feldes, die horizontalen heben sich gegenseitig auf, und das Interferenzbild verschwindet, weil die Superposition nirgends gestört ist. Eine Interferenzerscheinung muß sich jedoch zeigen, wenn man das Interferenzfeld durch ein Polarisationsprisma betrachtet. Orientiert man das Prisma in einer bestimmten Weise, so kann man je nach Wunsch die vertikale oder die horizontale Komponente herausnehmen, die je ein normales Interferenzbild, in dem einen Fall mit einem Maximum, im anderen mit einem Minimum in der Mitte des Feldes ergibt.

Abb. 40. Drehung einer der Komponenten um 180° beim Dazwischensetzen eines $\frac{\lambda}{2}$-Plättchens

Der Versuch gelingt gut in jeder Anordnung, die dem Rayleighschen Interferometer analog ist, wenn beide Spalte mit $\frac{\lambda}{2}$-Plättchen bedeckt werden, die um 90° gegeneinander gedreht sind. In diesem Versuch stoßen wir erneut auf ein Ergebnis, welches vom gewohnten Standpunkt aus paradox erscheint, und zwar erhalten wir die Möglichkeit, eine elliptische Polarisation natürlichen Lichtes festzustellen, d. h. eine Änderung seines inneren Aufbaus zu beobachten. Hier, wie auch schon in dem im dritten Kapitel § 12 beschriebenen Versuch mit großen Winkeln, wird das Licht infolge der Interferenz zweier natürlicher Bündel im Gebiet ihres Zusammentreffens polarisiert.

In den betrachteten Beispielen zeigen sich Interferenzerscheinungen neuen Typs, in welchen: 1. kohärente monochromatische natürliche Bündel bei dem Zusammentreffen keine Störung der Superposition zeigen, 2. der Gangunterschied seinen einfachen Sinn verliert und 3. eigentümliche Polarisationserscheinungen auftreten. Wie wir gesehen haben, werden diese Eigentümlichkeiten einfach durch die Berücksichtigung der Änderung im inneren Aufbau natürlichen Lichtes erklärt. Das Durchlaufen eines optisch aktiven Mediums bzw. eines Kristallplättchens bringen in die Unordnung des natürlichen Lichtes einige Gesetzmäßigkeiten, ohne die Isotropie zu ändern. Diese Gesetzmäßigkeiten lassen sich leicht durch Vergleich mit der Interferenzerscheinung bei Benutzung eines anderen kohärenten natürlichen Bündels zeigen, das eine solche Umordnung nicht erfahren hat.

Die angeführten Beispiele führen zu dem Schluß, daß der Begriff des natürlichen Lichtes, seiner „Mikrostruktur“, unbedingt differenziert und vertieft werden muß.

§ 14. Die ČERENKOV-Strahlung und die Interferenz im Medium

Im Jahre 1934 erschien eine Mitteilung von P.A. ČERENKOV [20], in der von einer sichtbaren Lichterscheinung in reinen Flüssigkeiten berichtet wurde, die unter dem Einfluß von γ-Strahlen des Radiums auftrat, und meine Bemerkung [21] aus diesem Anlaß, in der nachgewiesen wurde, daß das beobachtete Leuchten keine Lumineszenz sein kann und nicht unmittelbar von γ-Strahlen erzeugt wird, sondern von Elektronen, die bei der Streuung der γ-Strahlen entstehen. Dabei wurde die Vermutung ausgesprochen, daß die wesentlichen Züge der Erscheinung Ähnlichkeit hätten mit „dem sichtbaren Schwanz" der Strahlung, der die Bremsung von Elektronen im Medium begleitet. Diese letzte Vermutung erwies sich in quantitativer Hinsicht als ungenügend.

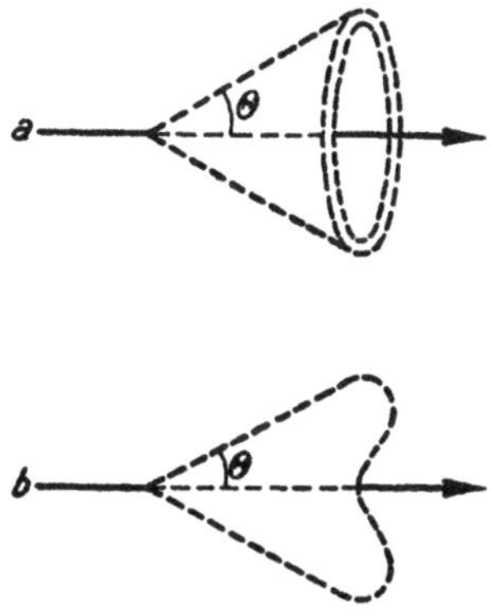

Abb. 41. Die räumliche Verteilung der ČERENKOV-Strahlung
a bei Erregung mit einem parallelen Bündel gleichartiger Elektronen mit Überlichtgeschwindigkeit;
b bei der Erregung mit einem parallelen γ-Strahlbündel

Die angeführten Mitteilungen waren der Beginn von vielen experimentellen und theoretischen Untersuchungen [22], die sich auf mehr als 10 Jahre erstreckten und mit Sicherheit erlaubten, die Natur der ČERENKOV-Strahlung festzustellen. Sie erwies sich als ein sehr eigentümlicher optischer Prozeß, der die Ausbreitung von Elektronen in einem Medium begleitet, die eine höhere Geschwindigkeit als die Phasengeschwindigkeit des Lichtes besitzen. Hier wird keine allgemeine Theorie der neuen Erscheinung gegeben; die ČERENKOV-Strahlung wird hier deshalb betrachtet, weil sie, wenigstens in ihrer elementaren Interpretation, ein sehr interessantes und bedeutendes Beispiel der Anwendung der Interferenzmethode in der Optik darstellt.

Die neue Strahlung ist in ihren Eigenschaften merkwürdig. Bestrahlt man mit einem annähernd parallelen γ-Strahlbündel beliebige durchsichtige Flüssigkeiten oder feste Körper, so kann man ein schwach sichtbares „blaues" Leuchten wahrnehmen, dessen Energie im Spektrum zu kürzeren Wellen hin anwächst. Die Intensität des Leuchtens ist unter gleichen Anregungsbedingungen bei sehr verschiedenartigen Stoffen fast konstant. Die Strahlung ist polarisiert, wobei der elektrische Vektor der Lichtschwingungen parallel der Richtung des anregenden Bündels verläuft. Die unerwartetste Eigenschaft der ČERENKOV-Strahlung jedoch ist ihre Anisotropie: Sie ist nur nach vorn in Form eines Kegels gerichtet (Abb. 41, *b*) mit verringerter Ausstrahlung in Richtung der Achse.

Wie schon gesagt, konnte man nach den allgemeinen Eigenschaften dieser Strahlung nur mit Gewißheit behaupten, daß der beobachtete Effekt in keinem Falle irgendeine Art von Lumineszenz darstellt [20] und eine prinzipiell neue Erscheinung darstellt. Den Schlüssel zu ihrem Verständnis fanden I.E. TAMM und I.M. FRANK [23]. Er bestand darin, daß wir uns hier einem spezifischen Prozeß gegenübersehen, der nur auftreten kann, wenn sich in einem Medium Elektronen mit einer die Phasengeschwindigkeit des Lichtes übersteigenden Geschwindigkeit bewegen.

Betrachten wir ein optisch durchsichtiges Medium, in dem sich ein paralleles Elektronen- oder Lichtbündel ausbreitet. Unter gewöhnlichen Bedingungen sehen wir dabei kein Leuchten. Genauer gesagt (für Lichtstrahlen), beobachtet man in diesem Fall eine schwache molekulare Streuung des Lichtes. Warum sieht man kein Leuchten, oder ist es zu schwach? Man sollte erwarten, daß Elektronen und Lichtstrahlen, die durch ein aus Molekülen aufgebautes Medium gehen, unbedingt ein erzwungenes Leuchten, ähnlich der Lichtstreuung in trüben Medien, erregen müßten. Eine einfache Erklärung läßt sich bei Berücksichtigung der Interferenz kohärenter Strahlen erhalten, die in dem Medium vor sich geht.

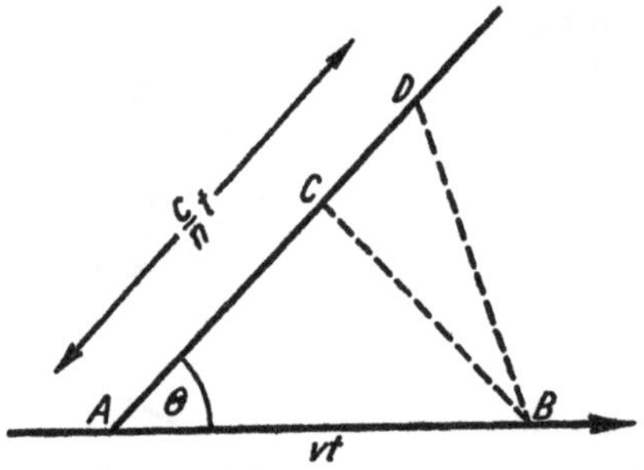

Abb. 42. Strahlung bei der Ausbreitung eines Strahls im Medium

Der erregende Strahl (Elektronen- oder Lichtstrahl) breitet sich in Richtung AB (Abb. 42) aus: Im Punkte A entsteht eine bestimmte elektromagnetische Störung. Ähnliche *erzwungene* Störungen werden folglich in allen Punkten der Strecke AB erzeugt. Die Regelmäßigkeit der Bewegung des Elektrons oder des Photons in Verbindung mit dem erzwungenen Charakter der Emission bestimmen die Kohärenz der Strahlung in allen Punkten der Strecke AB. In dem Zeitintervall t breitet sich die elektromagnetische Störung von A nach allen Seiten aus, insbesondere in einer gewissen willkürlichen Richtung um die Strecke AD. Gleichzeitig wird die Störung im Punkte B noch keine Zeit gefunden haben, sich merklich auszubreiten. Auf Grund der endlichen Geschwindigkeit des Elektrons oder des Lichtstrahles entsteht deshalb ein Gangunterschied für die kohärente Störung, der gleich der Differenz $AD - AC$ ist.

Aus der Abb. 42 ist ersichtlich, daß

$$AD - AC = CD = \frac{c}{n}\,t - v\,t\cos\theta. \tag{66}$$

Nehmen wir an, daß das Medium sich auf Gebiete erstreckt, die bedeutend größer sind als die Wellenlänge des sichtbaren Lichtes. Diese Bedingung ist eine Voraussetzung dafür, daß die Erscheinung die im Experiment beobachteten Eigenschaften besitzt. Auf Grund dieser Bedingung kann man in der Richtung AB stets solche Paare von Punkten finden, von denen Lichtwellen mit einem gegenseitigen Gangunterschied von einer halben Wellenlänge ausgehen. Infolgedessen löschen sich alle Strahlen gegenseitig aus, und es erfolgt keine seitliche Ausstrahlung. Die der Streuung entsprechende Energie verbleibt beim Photon oder entsprechend beim Elektron oder wird an das Medium abgegeben, mit anderen Worten: In einem genügend ausgedehnten und vollkommen homogenen Medium kann, falls jegliche Verletzung der Regularität vermieden wird, bei der Ausbreitung von Elektronen und Photonen keine Streuung der Energie in Form von Lichtwellen auftreten.

Betrachten wir den Fall der Lichtausbreitung im homogenen Medium, wenn in der Formel (66)

$$v = \frac{c}{n}.$$

Der Gangunterschied beträgt dabei nach Formel (66)

$$CD = \frac{c}{n} t (1 - \cos \theta).$$

Offensichtlich ist für $\cos \theta = 1$, d.h. in Richtung der Ausbreitung des Lichtbündels, $CD = 0$; nach allen anderen Richtungen aber kann sich Licht, der angeführten Gründe wegen, nicht ausbreiten. Es wird also keine Streuung auftreten.

Zuerst wurde dies im Jahre 1907 von L.I. MANDELSTAM [24] vermerkt, der darauf hinwies, daß man keine Schwächung des Lichtes infolge Streuung erwarten könnte, wenn das Medium optisch homogen wäre. Eine Streuung kann nur bei Existenz räumlicher oder zeitlicher Inhomogenitäten im Medium auftreten. Dieser Gedanke war der Ausgangspunkt der Schwankungstheorie der molekularen Lichtstreuung, die von SMOLUCHOWSKI und EINSTEIN entwickelt wurde.

Die angeführte Betrachtung ist in gleicher Weise sowohl für Licht als auch für Elektronen richtig, die sich in einem Medium ausbreiten. Die Photonen und Elektronen müssen eine elektromagnetische Störung hervorrufen, die sich in der Materie, die aus elektrisch geladenen Teilchen aufgebaut ist, fortpflanzt.

Den Elektronen haften jedoch zwei wichtige Besonderheiten an, die sie prinzipiell von den Photonen unterscheiden. Erstens sind Elektronen im Gegensatz zu Photonen nicht durch irgendeine konstante Frequenz und entsprechende Wellenlänge ausgezeichnet und erzeugen beim Durchgang durch ein Medium, das sie zu erzwungenen Schwingungen anregen, ein kontinuierliches Spektrum der Lichtausstrahlung. Zweitens können sich Elektronen, im Gegensatz zu Photonen, in einem Medium mit einer Geschwindigkeit fortbewegen, die größer als die Phasengeschwindigkeit $\frac{c}{n}$ des Lichtes ist, wobei c die Lichtgeschwindigkeit im Vakuum und n die Brechzahl bedeuten. Diese beiden Eigenschaften der Elektronen führen zu der eigentümlichen Erscheinung, die P.A. ČERENKOV entdeckt hat.

In den ersten Versuchen von P.A. ČERENKOV mit harten γ-Strahlen wurden die γ-Photonen im Medium an Elektronen gestreut. Infolgedessen entstanden COMPTON-Elektronen, deren Geschwindigkeit zum Teil die Phasengeschwindigkeit des sichtbaren Lichtes im Medium übertraf. Dieser Umstand deckte neue, früher in der Optik nicht vorhergesehene Möglichkeiten auf.

Beim Auftreten von Elektronen mit Überlichtgeschwindigkeit im Medium sind die früheren Bedingungen, daß sich für jeden Strahl unter allen Umständen ein Partner mit einem Phasenunterschied von einer halben Wellenlänge fand, nicht erfüllt. Wenn $v > \frac{c}{n}$ ist, kann man einen Winkel θ so auswählen (Abb. 42), daß

$$\frac{c}{n} t - v t \cos \theta = 0. \tag{67}$$

Dabei gilt dies offensichtlich für jedes beliebige Zeitintervall t. In diesem Fall verstärken sich die Strahlen gegenseitig, und in Richtung θ entsteht eine Ausstrahlung. Diese Richtung läßt bestimmt sich aus (67) zu:

$$\cos\theta = \frac{c}{nv}. \tag{68}$$

Ist $v = \frac{c}{n}$, so wird, genau so wie bei der Ausbreitung der Photonen, das Licht nur in Richtung der Elektronenbewegung ausgestrahlt.

Deshalb muß ein schmales paralleles Elektronenbündel, das sich mit Überlichtgeschwindigkeit in einem Medium bewegt, von einer Lichtausstrahlung innerhalb eines Kegels begleitet sein (Abb. 41, *a*). In den wirklichen Versuchen, besonders mit γ-Strahlen, haben wir es mit sehr verschiedenen Geschwindigkeiten sowohl dem Betrage als auch der Richtung nach zu tun. Infolgedessen erhält man einen mit Strahlung erfüllten, an der Achse eingedrückten Kegel (Abb. 41, *b*).

Die dargelegten elementaren Interferenzvorstellungen gestatten es, viele Grundzüge der betrachteten Erscheinung zu verstehen. Zugleich versteht es sich, daß sie nicht imstande sind, etwas über das Spektrum und die Energie der Čerenkov-Strahlung auszusagen. Das wird erst durch die vollständige Theorie von I. E. Tamm und I. M. Frank erreicht.

Die Interferenzdeutung der Čerenkov-Strahlung führt zu gewissen Schlußfolgerungen, die durch das Experiment noch nicht verifiziert sind. In Medien, deren Dicke kleiner als die Wellenlänge ist (z. B. in sehr dünnen kolloidalen oder ähnlichen Schichten), muß auch ein sichtbares Leuchten beim Durchgang von Elektronen auftreten, die eine kleinere Geschwindigkeit als die des Lichtes besitzen. Man kann z. B. damit rechnen, ein solches Leuchten bei der Bestrahlung dünnster durchsichtiger Schichten mit Röntgenstrahlen infolge der Comptonschen Streuelektronen zu erhalten. In dikkeren Schichten muß ein solches Leuchten fehlen.

Andererseits müssen beim Durchgang durch ein disperses Medium mit Teilchen, die kleiner als λ sind und sich in Abständen $\gg \lambda$ voneinander befinden, die typischen Merkmale der Čerenkov-Strahlung, ihreeigentümliche räumliche Verteilung, verletzt werden.

Die elementare Theorie der Čerenkov-Strahlung, und zwar die Korrelation (68), kann man, wie W. A. Ginsburg [25] gezeigt hat, aus der Vorstellung von den Lichtquanten und aus dem Impulserhaltungssatz erhalten. In einer stark vereinfachten Form sieht die dementsprechende Betrachtung so aus: Die Impulsänderung des Elektrons Δp, die mit der Ausstrahlung des Quants $h\nu$ verbunden ist, muß gleich der Projektion der Bewegungsgröße des Lichtquants (wenn die Richtung der Geschwindigkeit des Elektrons dabei praktisch unverändert bleibt), das unter einem Winkel θ ausgestrahlt wird, auf die Richtung der Geschwindigkeit des Elektrons sein, d. h.

$$\frac{n}{c} h\nu \cos\theta = \Delta p.$$

Andererseits ist es nicht schwer zu beweisen, daß

$$\Delta p = \frac{h\nu}{v},$$

wo v die Elektronengeschwindigkeit darstellt. Kombiniert man beide Gleichungen, so erhält man wie früher

$$\cos\theta = \frac{c}{nv}.$$

Man sieht leicht ein, daß die Vorstellung von den Lichtquanten dabei nur nötig ist, um die einseitige Richtung der Ausstrahlung richtig zu erhalten. Wie wir früher gesehen haben, erreicht die Interferenzdeutung dasselbe auf einem ganz anderen, typisch wellenmäßigen Wege. Hierbei tritt keine unnötige doppelte Erklärung auf: beide Deutungen fließen in eine zusammen, entsprechend der doppelten Natur des Lichtes als Welle und Korpuskel.

FÜNFTES KAPITEL

DIE STATISTISCHE STRUKTUR DES INTERFERENZFELDES

§ 15. Visuelle Beobachtungen der Schwankungen im Interferenzfeld [26]

Die experimentelle Anordnung der üblichen Interferenzversuche ist so, daß die statistische Mikrostruktur nur gemittelt erscheint und im einzelnen verborgen bleibt. Bei der Beobachtung mit dem Auge werden recht intensive Lichtbündel verwendet, und bei Arbeiten mit sehr schwachen Intensitäten erhält man ein Interferenzbild durch Photographie mit sehr langen Expositionszeiten. In beiden Fällen erhält man als Folge dieser Mitteilung einen regulären Aufbau des Interferenzfeldes.

Die im Teil I beschriebene Methode der visuellen Messung der quantenhaften Schwankungen erlaubt es, die Mikrostruktur des Interferenzfeldes zu untersuchen.

Die dafür verwendete Anordnung gleicht vollständig der in Teil I beschriebenen. Das Licht einer mit einem Akkumulator gespeisten Glühlampe durchsetzt ein Grünfilter ($\approx 550\,m\mu$) und fällt auf einen Spalt. Um den ausgleichenden Einfluß der Dauer eines Sehreizes auf die zu beobachtende Schwankung auszuschalten, wurde das Licht, wie es ausführlich im Teil I beschrieben ist, periodisch 0,1 sec lang durchgelassen; 0,9 sec lang blieb es unterbrochen. In den Strahlengang wurde ein Doppelspalt nach Young so aufgestellt, daß auf der Netzhaut des Auges, vor das eine Linse gesetzt war, Interferenzstreifen auftraten. Zwischen den Doppelspalt und die Linse wurde ein Diaphragma mit zwei runden Öffnungen gestellt. Diese Öffnungen sollten nach Möglichkeit genau in der Mitte eines hellen und des daneben liegenden dunklen Streifens liegen. Der Durchmesser jeder Öffnung betrug ungefähr 0,37 der Breite eines ganzen Streifens (hellen oder dunklen Streifens). Für das Auge des Beobachters betrugen die Winkelgrößen der Öffnungen 20′. Das Diaphragma schnitt aus dem Interferenzbild zwei Punkte heraus, die übereinander angeordnet waren und der Mitte eines hellen und eines dunklen Streifens entsprachen. Der obere Teil des Youngschen Doppelspaltes konnte sehr schnell durch die Schneide einer Rasierklinge mit Hilfe einer einfachen Vorrichtung so verdeckt werden, daß nur der untere Spalt völlig offen blieb. Im allgemeinen Fall befanden sich im Sehfeld des Auges zwei übereinanderliegende grüne Punkte und daneben ein dauernd leuchtender roter Fixpunkt in einer Winkelentfernung von annähernd 3,5° (s. Teil I, S. 37).

Bei genügend intensivem Licht und bei zwei offenen Youngschen Spalten ist bei jedem Durchgang der Öffnung der rotierenden Scheibe ein Lichtblitz im oberen Punkt zu sehen, der untere bleibt dunkel. Wenn der obere Teil des Doppelspaltes bedeckt war, leuchteten beide Punkte in gleicher Stärke bei jedem Durchgang der Öffnung der Scheibe auf.

Nachdem völlige Dunkeladaptation des Auges erreicht und die Intensität des Lichtes bis zu Werten nahe der Reizschwelle herabgesetzt war, verschwand die Regelmäßigkeit des Vorganges. Wenn beide Spalte geöffnet waren, blieb die untere Öffnung wie vorher dauernd dunkel, während zu gleicher Zeit in der oberen Öffnung Schwankungen beobachtet wurden, d.h. bei jedem Durchgang der Öffnung der Scheibe traten die Lichtblitze unregelmäßig auf. Manchmal blieben bei ihrem Durchgang beide Öffnungen dunkel. Das Interferenzbild konnte folglich bis zu einem gewissen Grade seine Regelmäßigkeit bewahren, und es wechselte unter diesen Bedingungen, obwohl die dunklen Stellen stets dunkel blieben, die Intensität der hellen Streifen unregelmäßig. Wenn der obere Spalt bedeckt wurde, so blitzten beide Öffnungen unregelmäßig auf, die Schwankungen erfolgten in ihnen unabhängig voneinander.

§ 16. Quantitative Messungen der Schwankungen im Interferenzfeld

Die beschriebenen Beobachtungen zeigen den Zustand der Unordnung im Gebiet der hellen Interferenzstreifen und stimmen mit der quantentheoretischen Interpretation der Erscheinung überein. Auf Grund der Methode, die in dem Teil I ausführlich besprochen ist, wurden quantitative Messungen der Schwankungen durchgeführt. Die Lichtblitze und der Durchgang der Öffnung der Scheibe wurden auf dem Papierstreifen des Chronographen registriert und hierauf einer statistischen Analyse unterzogen.

Durch das Einschieben von Glasplatten oder Neutralfiltern in den Strahlengang kann man die Wahrscheinlichkeit der Lichtblitze verändern. Die mittlere Zahl der Photonen n_0, die der Reizschwelle des Auges entspricht, kann man nach der Formel (s. S.10)

$$p = \frac{1}{2} - \frac{1}{2}\sqrt{\frac{n_0}{2}}\,\frac{(1-x)}{\sqrt{x}}$$

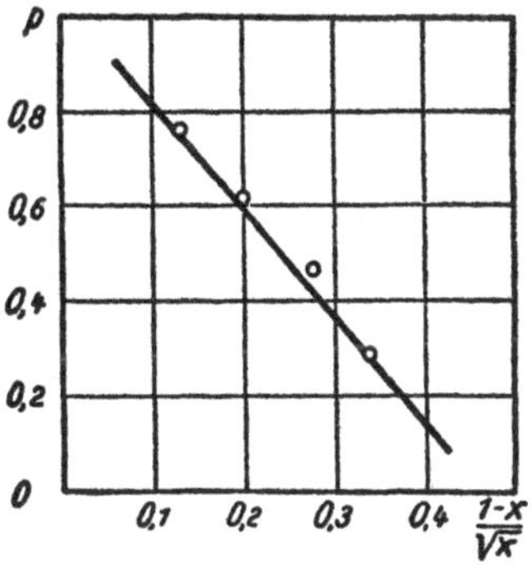

Abb. 43. Messung der Schwankungen im Interferenzfeld

bestimmen. In der Abb.43 sind die Ergebnisse einer Serie von Beobachtungen von E.M. Brumberg [26] dargestellt. Auf der Abzissenachse sind die Werte $\frac{(1-x)}{\sqrt{x}}$ aufgetragen, wo x das Verhältnis der Zahl n der Photonen zu dem Schwellenwert n_0 bedeutet. Auf der Ordinatenachse sind die Wahrscheinlichkeiten p aufgetragen. Aus der Neigung der Geraden in der Abb.43 erhält man $n_0 = 54$.

Nach Beendigung dieser Messungen wurde der obere Teil des Doppelspaltes geöffnet, so daß Interferenz auftreten konnte. Nach der Theorie der Interferenz von Wellen verteilt sich die Energie einer monochromatischen Strahlung innerhalb eines Interferenzstreifens nach dem Gesetz

$$a^2(1+\cos\varphi),$$

wo a die Amplitude der interferierenden Wellen und φ ihre relative Phase bedeuten. In dem beschriebenen Versuch waren die Öffnungen in dem Diaphragma rund, so daß sich das Verhältnis r der Energie im Falle zweier bzw. eines Spaltes im Mittel so ausdrücken läßt:

$$r = \frac{a^2 \int\limits_0^{\psi_0} \int\limits_0^{2\pi} \psi\,[1+\cos(\psi\cos\alpha)]\,d\alpha\,d\psi}{\frac{a^2}{2} \int\limits_0^{\psi_0} \int\limits_0^{2\pi} \psi\,d\alpha\,d\psi},$$

wo ψ und α die Polarkoordinaten;

ψ_0 der Radius des Kreises im Winkelmaß;

α das Azimut sind.

Offenbar ist $\varphi = \psi\cos\alpha$. In unserem Falle ist $\psi_0 = 2\pi \cdot 0{,}185$ nicht sehr groß, deshalb erhalten wir näherungsweise

$$r = 4 - \frac{\psi_0^2}{4} = 3{,}66.$$

In Übereinstimmung mit den Ergebnissen des photographischen Versuches bei kleinen Intensitäten muß man erwarten, daß die mittlere Zahl der Photonen an der Stelle des hellen Streifens bei Zusammenwirken beider Spalte auf Grund der angeführten Rechnung um den Faktor 3,66 zunimmt.

Wie man aus Abb. 43 entnimmt, ist die Wahrscheinlichkeit für die Lichtblitze mit $\frac{(1-x)}{\sqrt{x}} = 0{,}13$ gleich 0,77. Beim Öffnen des zweiten Spaltes stieg die Wahrscheinlichkeit sofort auf 1. Durch das Einschieben eines neutralen Filters in den Strahlengang, das das Licht um den Faktor 3,5 schwächt, verminderte sich die Wahrscheinlichkeit für die Lichtblitze erneut auf 0,43. Der graphischen Darstellung der Versuchsergebnisse in Abb. 1 kann man leicht entnehmen, daß zur Erreichung der anfänglichen Wahrscheinlichkeit 0,77 das Licht noch um das 1,145fache geschwächt werden muß. Die Gesamtschwächung muß gleich $3{,}15 \cdot 1{,}145 = 3{,}60$ sein, in befriedigender Übereinstimmung mit der oben errechneten Zahl. Diesmal erhält man jedoch das gleiche Ergebnis nicht durch Messung der Energie, sondern auf Grund der statistischen Schwankungen des Lichtes.

Die beschriebenen Versuche beweisen qualitativ und quantitativ, daß das gewohnte Interferenzbild in Wirklichkeit nur den Mittelwert der statistischen Regellosigkeit darstellt. Wie schon bemerkt, zeigt sich jedoch gleichzeitig deutlich im Versuch, daß neben solcher statistischen Regellosigkeit in dem Mikrobild des Interferenzprozesses auch Regelmäßigkeiten auftreten, die sich daran erkennen lassen, daß die dunklen Stellen des Bildes stets dunkel bleiben, die Statistik wirkt sich nur an den hellen

Streifen aus. Dem Beobachter zeigt sich in diesem Versuch mit besonderer Anschaulichkeit die Korpuskel-Wellen-Dualität des Lichtes.

Dazu kann man bemerken, daß die Schwankung der Energie in den hellen Interferenzstreifen an und für sich auch auf Grund der klassischen Vorstellungen erklärt werden können, wenn man das Vorhandensein von merklichen „klassischen" Schwankungen in dem Lichtstrom annimmt (s. S. 3). Diese Annahme wird jedoch vollständig durch die früher bewiesene Tatsache (S. 37) widerlegt, daß die Schwankungen in den kohärenten Lichtbündeln unabhängig sind. Die „klassischen" Schwankungen müssen in den kohärenten Bündeln unbedingt sehr eng miteinander verknüpft sein.

LITERATUR

1. L. Euler, Nova Theoria lucis et colorum (L. Euleri Opuscula varii argumenti, S. 169), 1746.
2. М. В. Ломоносов, „Слово о происхождении света".
   M. W. Lomonossow, „Ein Wort zur Entstehung des Lichtes".
3. С. И. Вавилов, ЖРФХО, часть физ.
   S. I. Wawilow, Journ. russ. phys. chem. Ges. Phys. Tl. **60**, 555, 1928, Phys. Rev. **36**, 1590.
4. С. И. Вавилов, Изв. физ. ин-та при Московском научном институте.
   S. I. Wawilow, Nachr. phys. Inst. d. Mosk. wiss. Inst. 1920, Tl. I. H. III, S. 93, 96, 99.
5. П. Бугер, Оптический трактат о градации света, перев. Н. А. Толстого и П. В. Феофилова под ред. А. А. Гершуна.
   P. Bouguer, Optisches Traktat von der Gradation des Lichtes, übersetzt von N. A. Tolstoi und P. W. Theofilow, Red. A. A. Gerschun, 1950.
6. R. Bunsen und Roscoe, Pogg. Ann., 1857, **101**, 235.
7. F. Kaempf, Phys. Z., 1911, **12**, 761.
8. M. Planck, Wärmestrahlung, 2. Aufl., 1913.
9. S. I. Wawilow und W. L. Lewschin, Z. Phys., 1926, **35**, 932.
10. С. И. Вавилов, „Природа".
    S. I. Wawilow, „Natur", 1945, Nr. 4, S. 9.
11. P. Selenyi, Ann. Phys., 1911, **35**, 444.
12. E. Schrödinger, Ann. Phys., 1920, **61**, 69.
13. S. I. Wawilow, und E. Brumberg, Phys. Z. der Sowjetunion, 1933, **3**, 103.
14. O. Halpern and F. W. Doermann, Phys. Rev. 1937, **52**, 937; F. W. Doermann, Phys. Rev., 1938, **53**, 420; O. Halpern and F. W. Doermann, Phys. Rev. 1939, **55**, 486.
15. С. И. Вавилов, ЖЗТФ.
    S. I Wawilow, Zs. f. exp. u. theor. Phys., 1940, **10**, 1363; siehe auch Journ. Phys., 1940, **3**, 433.
16. S. Freed a S. I. Weissmann, Phys. Rev., 1941, **60**, 440.
17. С. И. Вавилов, ДАН СССР.
    S. I. Wawilow, Ber. Akad. Wiss. UdSSR, 1939, **17**, 459.
18. С. И. Вавилов, Изв. АН СССР (ОМЗН).
    S. I. Wawilow, Nachr. Akad. Wiss. UdSSR (Omen) 1932, S. 1451.
19. P. Soleillet, Ann. Phys., 1929, **12**, 29.
20. П. А. Черенков, ДАН СССР.
    P. A. Čerenkov, Ber. Akad. Wiss. UdSSR, 1934, **2**, 451.

21. С. И. Вавилов, ДАН СССР.
S. I. Wawilow, Ber. Akad. Wiss. UdSSR, 1934, 2, 457.
22. Ср. П. А. Черенков, Труды физ. ин.-та им. П. А. Лебедева.
Vgl. P. A. Čerenkov, Arb. phys. Inst. P. A. Lebedew, 1944, 2, 3.
23. И. Е. Тамм и И. М. Франк, ДАН СССР.
I. E. Tamm und I. M. Frank, Ber. Akad. Wiss. UdSSR, 1937, 14, 107.
24. Л. И. Мандельштам, Собр. соч., т. I.
L. I. Mandelstam, Ges. Werke. Bd. 1, S. 109. AK.-Verlag 1928.
25. В. А. Гинзбург, ЖЭТФ.
W. A. Ginsburg, Zs. f. exp. und theor. Phys., 1940, 10, 589.
26. Е. М. Брумберг и С. И. Вавилов, ДАН СССР.
E. M. Brumberg und S. I. Wawilow, Ber. Akad. Wiss. UdSSR, 1934, 3, 1.
27. Л. И. Мандельштам, Собр. соч. т. I.
L. I. Mandelstam, Ges. Werke. Bd. I, S. 211. AK.-Verlag 1928.

DRITTER TEIL

EIGENSCHAFTEN DES VON EINEM ABSORBIERENDEN MEDIUM AUSGESTRAHLTEN LICHTES

ERSTES KAPITEL

EMISSION UND ABSORPTION DES LICHTES BEI INDUKTIVER KOPPLUNG ZWISCHEN DEN MOLEKÜLEN

§ 1. Bedingungen für die Anwendbarkeit der verschiedenen Begriffe „Lichtquelle" und „Medium"

Die Optik ist fast in ihrem ganzen Umfang auf der stillschweigenden Annahme aufgebaut, daß die Eigenschaften des Lichtes und seine innere Struktur durch die Eigenarten der Lichtquelle und des Mediums vollständig bestimmt sind, die durch unterschiedliche konstante quantitative Merkmale charakterisiert sind. Wenn die Lichtquelle in bezug auf ihre „Stärke", ihr Spektrum und ihre Polarisation bestimmt ist und das Medium durch die entsprechenden Koeffizienten der Absorption, der Brechung und der optischen Aktivität, so wird angenommen, daß man alle Angaben für die Berechnung optischer Probleme besitzt.

Diese Annahme ist jedoch nur angenähert richtig, und es gibt viele und für die Praxis wichtige Fälle, bei denen man auf sie verzichten und zu der allgemeineren Vorstellung von der Lichtquelle und dem Medium als eines Ganzen, organisch Verbundenen übergehen muß. Der Betrachtung solcher Fälle (theoretisch und experimentell) ist dieser Teil des Buches gewidmet.

Die erwähnte Voraussetzung für die Lösung optischer Probleme, die die Möglichkeit enthält, die Lichtquelle und das Medium verschieden zu interpretieren, ist praktisch gleichbedeutend mit der Annahme, daß die Entfernung r zwischen den ausstrahlenden Teilchen des Stoffes und den absorbierenden bzw. das Licht streuenden Teilchen wesentlich größer ist als die Wellenlänge λ des Lichtes:

$$r \gg \lambda . \tag{1}$$

Diese Annahme ist fast immer streng erfüllt, wenn man solche Prozesse von der Betrachtung ausschließt, die in der Lichtquelle selbst vor sich gehen, und annimmt, daß das Medium, in dem sich das Licht ausbreitet, kein Licht ausstrahlt. Ein einziger Fall einer Lösung des optischen Problems unter Berücksichtigung dieser beiden Bedingungen und unter Berücksichtigung der Annahme

$$r \leqslant \lambda \tag{2}$$

liegt in der Arbeit von L. I. MANDELSTAM [1] vor, die dem Problem der Ausbreitung des Lichtes von einer nahe der Trennfläche zweier Medien, im Abstand kleiner als λ, gelegenen Lichtquelle gewidmet ist. L. I. MANDELSTAM zeigt theoretisch und experimentell, daß unter diesen Bedingungen die Gesetze der Totalreflexion nicht mehr erfüllt sind.

Die Einschränkung (1) ist jedoch nicht nur für diesen unter gewöhnlichen optischen Bedingungen seltenen Fall unzulässig. Man kann sie in aller Strenge niemals für den großen Kreis von alltäglichen und wichtigen Fällen benutzen, bei denen ein Medium gleichzeitig leuchtet und Licht absorbiert. Diese Medien sind vor allem die Lichtquellen selbst (glühende Körper, Gaslicht- und Leuchtstofflampen) und außerdem lichtstreuende und lumineszierende Medien.

Eine große Anzahl von Molekülen, die sich (unter gewöhnlichen Versuchsbedingungen) in dem Wege des Lichtes befinden, das von irgendeinem Teilchen ausgeht, hat vom ausstrahlenden Zentrum eine Entfernung, die viele Wellenlängen beträgt. Auf den ersten Blick scheint es daher, daß der Einfluß dieser Moleküle die spezifische Wirkung der wenigen Moleküle, die sich in der Nähe, in einer Entfernung (2) vom ausstrahlenden Zentrum befinden, praktisch vollständig unterdrücken muß. Eine solche Folgerung ist jedoch falsch. Dabei wird die *aktive* Rolle der Nachbarmoleküle übersehen, die das Licht absorbieren können. Infolge der Resonanz werden solche Teilchen auf das leuchtende Zentrum einwirken und den Charakter seiner Strahlung verändern (vor allem schwächen), während entferntere Moleküle nur *passiv* das Licht absorbieren können. Außerdem bestimmen die benachbarten Moleküle den anfänglichen, wesentlichen Teil des Prozesses der Wanderung (Migration) der Anregungsenergie im Medium. Eine solche Wanderung kann, wie aus dem Weiteren klar hervorgehen wird, einen großen Einfluß auf die Eigenschaften des aus dem Medium austretenden Lichtes ausüben. Dabei spielen entferntere Moleküle in dem Migrationsprozeß eine unbedeutende Rolle.

Die einfachsten und klarsten Bedingungen für die Untersuchung optischer Erscheinungen hat man bei Verzicht auf die Einschränkung (1) in flüssigen und festen lumineszierenden Medien vor sich, die mit Licht angeregt werden. Die kondensierte Phase der Materie gibt, im Gegensatz zu der gasförmigen, den in Wechselwirkung stehenden Nachbarmolekülen keine Möglichkeit, sich in der kurzen Zeit des angeregten Zustandes weit voneinander zu entfernen; infolgedessen können sich Resonanzerscheinungen in vollem Maße ausbilden. Andererseits ist der Vorgang der Anregung mit Licht besonders einfach und kann mit genügender Vollständigkeit theoretisch berechnet werden. Die nachfolgenden Ableitungen und Versuche beziehen sich daher hauptsächlich auf die Photolumineszenz flüssiger und fester Körper.

Der Verzicht auf die Einschränkung (1) und damit die Berücksichtigung besonderer Bedingungen, die auftreten, wenn sich Moleküle in der Nähe der Strahler befinden, die absorbieren bzw. leuchten können, gibt uns die Möglichkeit, einige Gesetzmäßigkeiten der Lumineszenz rein optisch zu erklären, zu deren Deutung man bis vor kurzem spezielle physikochemische Hypothesen einführen mußte. Gleichzeitig führt der Verzicht auf die Einschränkung (1) zu neuen optischen Folgerungen von prinzipieller Bedeutung, die einer experimentellen Prüfung zugänglich sind.

Man muß bemerken, daß die Prozesse der Emission und Absorption des Lichtes sich bei weiterer Annäherung der in Wechselwirkung stehenden Moleküle noch mehr komplizieren müssen, wenn ihr Abstand vergleichbar mit der Größe (dem effektiven Radius σ) der Moleküle wird:

$$r \approx \sigma. \tag{3}$$

Im Gegensatz zu den Erscheinungen, die unter den Bedingungen (1) und (2) vor sich gehen und optischen Charakter besitzen, wird man im Gebiet (3) eine bedeutende Abhängigkeit von der Struktur der in Wechselwirkung stehenden Moleküle erwarten müssen. Übrigens kann man in diesem Fall, wenn man annimmt, daß der Ausstrahler sich „chemisch", d.h. stetig ändert, wieder zu dem getrennten Schema von Quelle und Medium übergehen.

§ 2. Die zu erwartenden optischen Folgen bei einer Kopplung benachbarter Teilchen

In dem Gesetz von Bouguer, das für ein paralleles Lichtbündel gewöhnlich in der Form

$$I = I_0 e^{-kd},$$

geschrieben wird, wird k als unabhängig von I_0 und d angenommen. Im zweiten Teil des Buches wurden Fälle betrachtet, bei denen diese Annahme in bezug auf I_0 nicht mehr erfüllt war. Bei sehr hohen Intensitäten muß k allmählich kleiner werden. Als Ergänzung dazu kann man jetzt auf die Notwendigkeit einer Verletzung der Konstanz von k auch in Abhängigkeit von der Schichtdicke d hinweisen, wenn das Licht von dem absorbierenden Medium selbst ausgestrahlt, also mit anderenWorten, die Einschränkung (1) fallen gelassen wird.

In Entfernungen zwischen den ausstrahlenden und den absorbierenden Molekülen, die nahe gleich oder kleiner als λ sind, muß sich vor allem eine komplizierte geometrische Struktur des elektromagnetischen Wellenfeldes bemerkbar machen, die durch die Natur des elementaren Ausstrahlers bestimmt wird (Dipol, Quadrupol usw.). Aus diesem Grunde kann sich der Absorptionskoeffizient mit Annäherung an das leuchtende Molekül ändern. Es ist wesentlich, zu bemerken, daß sich eine solche Änderung unabhängig davon zeigen muß, ob das leuchtende Molekül erzwungene oder eigene Schwingungen ausführt, d.h. ob das Molekül Licht streut oder selbst luminesziert.

Eine zweite Ursache für Abweichungen von dem Bouguerschen Gesetz und überhaupt für auffällige Änderungen im Emissions- und Absorptionsprozeß kann nur bei selbstleuchtenden, lumineszierenden Molekülen auftreten, die eigene Schwingungen ausführen.

Dieser Grund besteht darin, daß bei kleinen, der Bedingung (2) entsprechenden Entfernungen zwischen dem ausstrahlenden und dem absorbierenden Molekül (wenn man die Erscheinung „klassisch" betrachtet) unumgänglich eine wechselseitige induktive Resonanzeinwirkung („Rückkopplung") auftreten muß, die bei Abständen, die wesentlich größer als λ sind, praktisch vollständig verschwindet. Infolgedessen kann der Absorptionskoeffizient bei dem Übergang zu kleinen Entfernungen (2) nicht konstant bleiben. Die Änderung muß jedoch sehr kompliziert sein, weil sich gleichzeitig mit der Absorption in dem zweiten Molekül notwendig auch die Ausstrahlung der Quelle selbst ändern muß. Dabei wirkt sich die Änderung im Charakter der Ausstrahlung offenbar in gleichem Maße auf alle Moleküle aus, unabhängig von ihrer Entfernung, soweit sie an der Absorption teilnehmen.

Wenn die Ausstrahlung nicht monochromatisch ist, sondern mit einem komplizierten Spektrum erfolgt, muß sich sogar bei monochromatischer Absorption durch ein Nachbarmolekül im Falle einer Rückkopplung im allgemeinen das ganze Spektrum der Ausstrahlung irgendwie ändern. Eine solche Änderung des ganzen Spektrums ist bei komplizierten Molekülen mit einer raschen Umordnung der Energie in den Rotations-Schwingungs-Termen verbunden.

Für sehr komplizierte Moleküle ist die Tatsache gut bekannt, daß das Emissionsspektrum bei Anregung in dem breiten Gebiet der Absorption konstant bleibt. Ohne auf die Diskussion der Gründe dieser Erscheinung einzugehen, ist jedenfalls natürlich, wenn auch rein empirisch, zu erwarten, daß bei dem Vorhandensein einer Rückkopplung zwischen einem solchen emittierenden und einem anderen, in gewissen engen Gebieten des Spektrums absorbierenden Molekül sich die Änderung des Emissionsspektrums in einer Gesamtschwächung seiner Energie auswirken wird, wobei die vorhergehende Energieverteilung im Spektrum gewahrt bleibt. Bei großen Entfernungen zwischen den Molekülen, d. h. wenn keine Kopplung vorhanden ist, muß die Schwächung des Lichtes der Quelle normalerweise selektiv sein. Andererseits kann bei sehr kleinen Entfernungen, d. h. unter der Bedingung (2), wie wir eben sagten, die Schwächung des Lichtes (die infolge der Rückwirkung des absorbierenden Systems auf den Strahler eintritt) ihre Selektivität vollständig verlieren, wenn der Versuch nur mit ausstrahlenden Molekülen durchgeführt wird, deren Spektrum unabhängig von dem der Erregung ist.

Im Endergebnis muß das aus einem Gefäß austretende Licht der Photolumineszenz 1. im gesamten Spektrum gleichmäßig geschwächt werden infolge des induktiven Einflusses der „nahen" Moleküle (allgemeine „Löschung" des Lumineszenzlichtes) und gleichzeitig 2. eine selektive Schwächung in den verschiedenen Teilen des Spektrums als Ergebnis der normalen Selbstabsorption des Lichtes durch das lumineszierende Medium infolge der Wirkung „entfernter" Moleküle zeigen.

Hiermit sind jedoch die zu erwartenden Änderungen nicht erschöpft. Wie schon bemerkt, ändert sich bei Anwesenheit einer Kopplung zwischen den Molekülen nicht nur die Ausstrahlung eines leuchtenden Moleküls, sondern auch die Absorption der Teilchen, die mit ihm gekoppelt sind.

Diese Änderung kann man im Versuch nicht nachweisen, wenn man mit lumineszierenden Schichten experimentiert, deren Dicke wesentlich größer als λ ist. Die anomale Absorption der dem Molekül nächstgelegenen Schicht wird praktisch vollständig durch die normale Absorption in der Vielzahl entfernterer Schichten überdeckt. Die Änderung der Absorption muß sich jedoch bemerkbar machen, wenn man die Absorption des Lumineszenzlichtes in Schichten mißt, deren Dicke kleiner als die Wellenlänge ist. Das Bouguersche Gesetz wird in bezug auf die Dicke d um so weniger erfüllt sein, je kleiner d in den Grenzen (2) ist.

Somit wird man, wenn man sich auf die Notwendigkeit des Vorhandenseins einer induktiven Resonanzwechselwirkung zwischen nahe benachbarten emittierenden und absorbierenden Molekülen stützt, drei Absorptionsprozesse erwarten:

1. Eine gewöhnliche selektive Absorption des Lumineszenzlichtes entsprechend seiner Ausbreitung im Medium; es ist klar, daß diese Absorption von einer sekundären Ausstrahlung begleitet sein kann und um so beträchtlicher sein wird, je größer die Tiefe des Gefäßes ist;

2. eine nichtselektive gleichmäßige Schwächung des ganzen Lumineszenzspektrums (Löschung), die unabhängig von der Tiefe des Gefäßes ist;

3. eine anomale Absorption des Lumineszenzlichtes durch nahegelegene Schichten, die bei der Beobachtung sehr dünner Schichten bemerkbar wird.

Auf diese Erscheinungen ist jedoch der Einfluß der Resonanzkopplung zwischen lumineszierenden und absorbierenden Teilchen auf die Eigenschaften des austretenden Lichtes nicht beschränkt. Die Anregungsenergie des Moleküls kann noch im Falle einer Kopplung vor ihrer Ausstrahlung auf ein Nachbarmolekül übergehen, ebenso wie die Energie gekoppelt schwingender Pendel abwechselnd von einem zum anderen Pendel übergeht. Auf diese Weise wandert die Anregung bei Vorhandensein einer Rückkopplung von einem Molekül zum anderen. Diese Wanderung muß von eigentümlichen Erscheinungen einer Depolarisation der Ausstrahlung begleitet sein, welche weiter unten betrachtet werden. Außerdem muß sich die Wanderung ebenso auch auf die unselektive Schwächung der Lumineszenz (Löschung) auswirken, wovon schon gesprochen wurde.

Alle die aufgezählten neuen Erscheinungen können nur dann beobachtet werden, wenn im Medium eine genügende Anzahl von Molekülen vorhanden ist, die sich voneinander in sehr kleinen Abständen befinden (etwa kleiner als λ). Daher müssen sich diese Erscheinungen mit zunehmender Molekülkonzentration verstärken. Die Eigenschaften des Lichtes, das aus dem leuchtenden und zugleich absorbierenden Medium austritt, müssen folglich bei hohen Konzentrationen ganz andere sein als bei niedrigen.

Der experimentelle Beweis der dargelegten Folgerungen kann in zweierlei Arten von Versuchen ausgeführt werden.

I. Durch Untersuchung der Emission und Absorption des Lichtes bei hohen Konzentrationen in einem Medium, dessen Ausdehnung in allen drei Dimensionen viel größer als λ ist. Zu den Versuchen dieser Art gehören die Messungen der Depolarisation, die im zweiten Kapitel dargelegt sind, die Messungen der Konzentrationsauslöschung — im dritten Kapitel — und ebenso auch die Messungen der mittleren Lebensdauer von angeregten Zuständen.

II. Durch Versuche mit der Emission und Absorption in einem Medium, dessen Abmessungen in einer oder in zwei Dimensionen mit λ vergleichbar oder kleiner als λ sind. Diese Versuche sind im vierten Kapitel beschrieben.

Bei den Versuchen der ersten Gruppe dient als Grundlage ein leuchtendes lumineszierendes Volumen, z.B. eine Küvette mit einer Lösung, deren Leuchten durch eine außerhalb gelegene Lichtquelle erregt wird. Erhöht man die Konzentration des gelösten Stoffes und ändert damit den mittleren Abstand zwischen den leuchtenden und absorbierenden Molekülen, so kann man die Eigenschaften der Ausstrahlung untersuchen, die nach außen tritt: ihre Polarisation, ihre Dauer und ihre der Ausbeute proportionale Energie. Versuche solcher Art wurden wiederholt durchgeführt mit dem Ziel, die Eigenschaften der Lumineszenz zu studieren. Doch können, wie wir zeigen werden, ihre Ergebnisse vollständig für den Nachweis der oben gemachten allgemeinen Folgerungen für Systeme gekoppelter absorbierender Moleküle verwendet werden.

Die Versuche der zweiten Gruppe können in dünnen Kapillaren durchgeführt werden, deren Durchmesser viel kleiner als λ sind, und in Anordnungen, die analog dem System sind, welches für die Beobachtung NEWTONscher Ringe verwendet wird. Dies wird im vierten Kapitel beschrieben.

ZWEITES KAPITEL

DIE WANDERUNG DER ABSORBIERTEN ENERGIE INFOLGE RESONANZ UND DIE DEPOLARISATION DER FLUORESZENZ

§ 3. „Triviale" und „nicht-triviale" Veränderungen des Lichtes in lumineszierenden Lösungen

Alle im folgenden beschriebenen Versuche wurden mit Lösungen organischer Farbstoffe durchgeführt und nur in einigen Fällen Lösungen von Uranylsalzen benutzt. Wie aus den im vorigen Kapitel formulierten Problemen klar hervorgeht, dürften sich strukturelle Eigenheiten der emittierenden und absorbierenden Moleküle bei den zu vermutenden Erscheinungen nicht wesentlich bemerkbar machen. Nur beim Übergang zu der Bedingung (3), wenn der Abstand zwischen den emittierenden und absorbierenden Molekülen der Größe der Moleküledimensionen selbst nahe kommt, kann man einen Einfluß struktureller Eigenarten erwarten.

Das Leuchten von Lösungen (wie jeder Leuchtvorgang überhaupt bei der gewöhnlichen optischen Behandlung) kann durch vier Eigenschaften charakterisiert werden: die Spektren für Emission und Absorption, die Ausbeute, die Polarisation und die Leuchtdauer. Der Versuch zeigt, daß alle diese Eigenschaften bei bedeutender Erhöhung der Konzentration der Lösungen Änderungen erfahren können: die Spektren ändern sich, die Ausbeute geht zurück, die Polarisation nimmt ebenfalls ab, und auch die Dauer des Leuchtens wird verkürzt.

Bei diesen Prozessen muß man zuerst den „trivialen" Teil abtrennen, der zur gewöhnlichen Optik gehört, bei der der Abstand zwischen den emittierenden und absorbierenden Zentren viel größer als λ ist. Wenn die Spektren für Absorption und Emission der Lösung sich teilweise überdecken, so wird die im Inneren der beleuchteten Schicht erzeugte Lumineszenz in der Lösung selbst absorbiert. Dabei entsteht Lumineszenz zweiter, dritter und höherer Ordnung. Ein solcher Prozeß wiederholter Absorption und Emission muß infolge des Stokesschen Gesetzes von einer Veränderung im Spektrum der nach außen gelangenden Strahlung begleitet sein (Verschiebung seines Schwerpunktes nach langen Wellen hin). Die Ausbeute wird entsprechend kleiner. Die Polarisation wird bei Reabsorption und erneuter Emission notwendigerweise ebenso abnehmen. Die Dauer der Lumineszenz muß umgekehrt infolge des mehrmaligen Verweilens der Energie in den angeregten Molekülen zunehmen.

Es ist offensichtlich, daß alle aufgezählten Erscheinungen, die von der gewöhnlichen Reabsorption in großen (gegen λ) Abständen vom Strahler abhängen, um so weniger in Erscheinung treten, je dünner die emittierende und absorbierende Schicht ist. Durch genügende Verringerung der Schichtdicke der Lösung kann man alle diese Erscheinungen praktisch zum Verschwinden bringen. Bei der Erhöhung der Schichtdicke können sie umgekehrt sogar bei sehr verdünnten Lösungen erhalten werden. Darin besteht die „Trivialität" der angeführten Erscheinungen. Ein wesentlicher Erfolg wurde bei der experimentellen Untersuchung der Konzentrationseffekte, die mit den induktiven Resonanzwechselwirkungen der Moleküle zusammenhängen, nur auf Grund der Ausarbeitung von Methoden erzielt, die es erlaubten, den Einfluß der Reabsorption und der erneuten Emission auszuschalten [2, 3, 4].

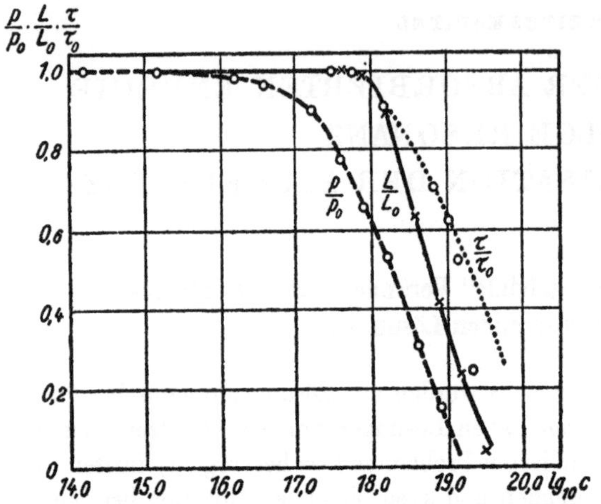

Abb. 44. Die Änderung des Polarisationsgrades $\frac{p}{p_0}$, der Ausbeute $\frac{L}{L_0}$ und der mittleren Lebensdauer $\frac{\tau}{\tau_0}$ des angeregten Zustandes einer Lösung von Fluoreszein in Glyzerin bei Zimmertemperatur

Durch Einhalten dieser Bedingung ist es gelungen, neue spezifische Einwirkungen der Konzentrationserhöhung auf Fluoreszenzeigenschaften von Farbstofflösungen getrennt zu studieren. Ein Beispiel solcher besonderen „nicht-trivialen" Einwirkungen ist in Abb. 44 für Lösungen von Fluoreszein in Glyzerin dargestellt. Auf der Abzissenachse ist der dekadische Logarithmus der Konzentration aufgetragen, die durch die Zahl der im cm^3 gelösten Fluoreszeinmoleküle ausgedrückt ist. Auf der Ordinate sind der relative Polarisationsgrad $\frac{p}{p_0}$, die relative Ausbeute $\frac{L}{L_0}$ und die relative mittlere Lebensdauer $\frac{\tau}{\tau_0}$ aufgetragen. Wichtig ist dabei, daß sich innerhalb des in der Abb. 44 aufgetragenen Konzentrationsbereiches die Absorptions- und Emissionsspektren praktisch nicht ändern. Das beweist, daß keine chemische Veränderung an den Molekülen vor sich geht. Wenn man in die gleiche Abbildung den gewöhnlichen Absorptionskoeffizienten eintragen würde, bezogen auf die Konzentrationseinheit, so würde sich eine parallel zur Abszissenachse verlaufende Gerade ergeben. Einen ganz anderen Kurvenverlauf zeigen Ausbeute, Polarisation und Leuchtdauer. Wie aus der Zeichnung ersichtlich, bleiben sie in einem gewissen Konzentrationsbereich konstant, um dann rasch abzufallen. Weiterhin gehen aus der Abbildung sowohl gewisse gemeinsame Züge der drei Prozesse klar hervor als auch ihre charakteristischen Unterschiede.

Ebenso wie auch die „trivialen" optischen Erscheinungen (für $r \gg d$), die mit wiederholter Absorption und Emission verbunden sind, beobachtet man die „nicht trivialen"

Prozesse nur, wenn sich das Emissions- und Absorptionsspektrum überdecken. In der Abb. 45 ist nach Messungen von F. M. PEKERMAN [5] die gegenseitige Lage des Absorptions- und Emissionsspektrums für einige Lösungen aufgezeichnet; rechts sind die Kurven der Konzentrationslöschung für dieselben Lösungen angeführt. Aus der Abbildung ist ersichtlich, daß, je weniger sich die Spektren überlappen, desto schwächer die Konzentrationslöschung auftritt. Das gleiche beobachtet man auch hinsichtlich der Polarisation der Ausstrahlung. Stoffe, bei denen sich die Spektren sehr wenig überlappen, zeigen entweder nur geringe Konzentrationsdepolarisation, oder sie fehlt völlig. Zu dieser Gruppe von Lösungen gehören insbesondere, wie der Versuch zeigt, fast alle Stoffe, die blaue oder violette Fluoreszenz besitzen (Äskulin, Chininbisulfat, salizylsaures Natrium u.a.).

Die beschriebenen Wirkungen der Konzentration unterscheiden sich grundsätzlich von der trivialen Reabsorption und erneuten Emission. Man kann sie (in quantitativer Hinsicht) nicht durch Vergrößerung der Schichtdicke der beleuchteten Lösung nachahmen. Andererseits bleiben sie in vollem Maße bei solchen Dicken erhalten, bei denen die gewöhnliche wiederholte Absorption und Emission überhaupt nicht auftreten können.

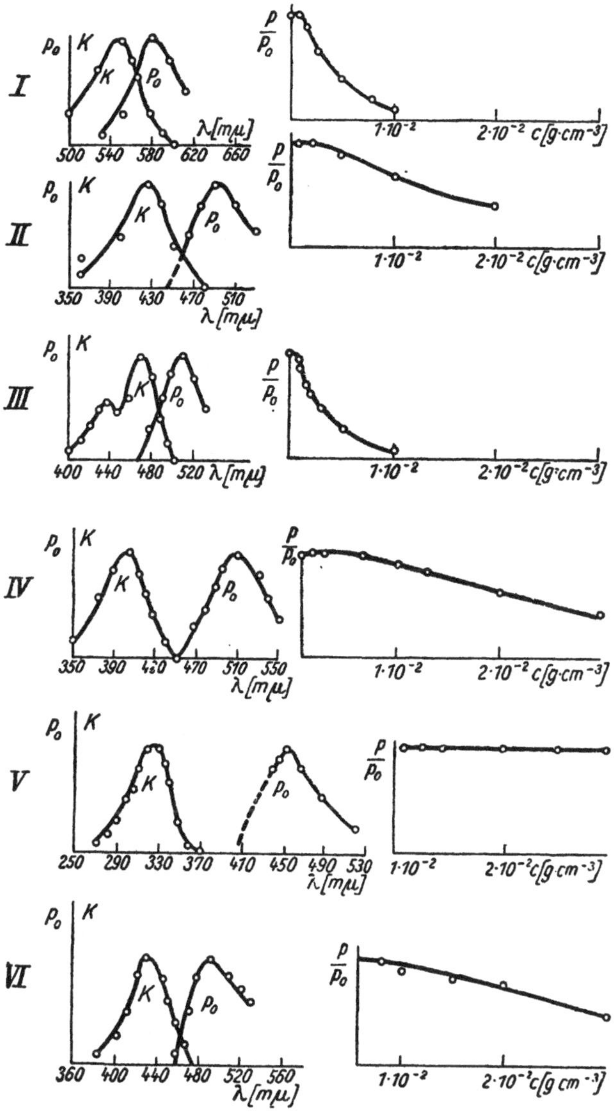

Abb. 45. Gegenseitige Lage der Absorptions- und Emissionsspektren (*a*) und Kurven der Konzentrationslöschung (*b*) für einige Lösungen von:

I Rhodamin B; *II* Rhodulingelb; *III* Natriumsalz der Perilentetrakarbonsäure; *IV* Trioxyphthalimid; *V* zersetztem Trioxyphthalimid; *VI* Fluoreszein in Schwefelsäure

§ 4. Die Wahrscheinlichkeit der Übertragung der Anregungsenergie auf Nachbarmoleküle als Funktion von Zeit und Konzentration

Die Kopplung zwischen den Molekülen zeigt sich am deutlichsten bei den Prozessen der Depolarisation der Lumineszenz in Abhängigkeit von der Konzentration und der Zeit, die nach dem Beginn der Erregung vergeht.

Die Konzentrationsdepolarisation der Photolumineszenz von Farbstofflösungen wurde im Jahre 1924 gleichzeitig in der UdSSR und im Ausland entdeckt [5, 6]. Nicht lange danach wurde die Konzentrationsdepolarisation der Resonanzstrahlung von Natriumdampf gefunden [7]. Heute steht fest, daß der Charakter der Erscheinung in beiden Fällen der gleiche ist. In den Farbstofflösungen und den Metalldämpfen haben wir es mit der Erscheinung der induzierten Resonanz zu tun.

Den quantitativen Zusammenhang zwischen Depolarisation, Konzentration und mittlerer Lebensdauer eines angeregten Zustandes τ festzustellen gelang erst, nachdem man eine Methode zur Trennung der Konzentrationsdepolarisation von der Depolarisation gefunden hatte, die als Folge der wiederholten Absorptions- und Emissionsprozesse in weiten Entfernungen auftraten. B. J. Sweschnikow und P. P. Theofilow [4] fanden für einige von ihnen untersuchte Stoffe folgende einfache Beziehung:

$$\frac{1}{p} = \frac{1}{p_0} + Ac\tau, \tag{4}$$

wo p der Polarisationsgrad für eine gegebene Konzentration c und τ;
p_0 der Polarisationsgrad für $c \to 0$;
A eine Konstante ist.

Die Vorstellung von der Resonanzwanderung der Anregungsenergie (in quantenmechanischer Form) wurde zuerst von Kallmann und F. London [8] zur Erklärung der Konzentrationsdepolarisation der Resonanzstrahlung von Natriumdämpfen benutzt. Der Versuch, die gleiche Vorstellung auf die Erklärung der Depolarisation fluoreszierender Farbstofflösungen anzuwenden, wurde von F. Perrin [9] gemacht. Er berechnete quantenmechanisch auf Grund vieler willkürlicher Vereinfachungen die Wahrscheinlichkeit der Übertragung der Anregungsenergie von einem angeregten zu einem nichtangeregten Molekül. Die Theorie von F. Perrin berücksichtigt die Verbreiterung der Spektren nicht und geht im Gegensatz zu den experimentellen Tatsachen von der Annahme einer vollständigen Überdeckung der Absorptions- und Emissionsspektren aus. Sie läßt die gleichzeitige Wechselwirkung vieler Moleküle außer acht und benutzt außerdem noch andere Vereinfachungen, so daß sie zu einem Schluß führt, der mit dem Experiment nicht übereinstimmt, daß nämlich die Wahrscheinlichkeit der Übertragung der Anregungsenergie von der Konzentration quadratisch abhängt. Ungefähr um das Zehnfache weicht auch der quantitative Wert der kritischen Konzentration, bei der eine merkliche Depolarisation aufzutreten beginnt von den experimentellen Ergebnissen ab.

In den letzten Jahren vervollständigte T. Förster die Theorie von F. Perrin, indem er die gegenseitige Lage der Absorptions- und Emissionsspektren zueinander,

d. h. ihre teilweise Überdeckung, berücksichtigte. Damit gelingt es, die experimentelle Größe der kritischen Konzentration zu erklären, die dem Beginn der Depolarisation entspricht. Außerdem aber führt die Theorie von FÖRSTER, ebenso wie die Theorie von F. PERRIN, zu der falschen quadratischen Abhängigkeit der Wahrscheinlichkeit der Energieübertragung von der Konzentration bei kleinen Konzentrationswerten.

Es ist lehrreich zu erwähnen, daß man den Gedanken von den nachfolgenden Übergängen der Anregungsenergie von einem Teilchen zu anderen mit Hilfe der „Resonanzrückkopplung" und nicht nur durch Strahlung („Abschnürung der Kraftlinien") erst in der Quantenepoche der Physik anzuwenden begann. Sie wurde zum Verstehen der Depolarisation der Resonanzstrahlung, der sensibilisierten Fluoreszenz und ihrer Löschung benutzt. Man fing deshalb an, die Resonanzübergänge als die Wirkung von „Austauschkräften" und „quantenmechanischer Resonanz" zu deuten.

Es ist jedoch offensichtlich, daß man den Resonanzübergängen induktiven Typs zwischen den Molekülen im Medium unbedingt auch in dem rein klassischen Bild der Erscheinung [11] einen Platz einräumen muß, wie bereits im ersten Kapitel auseinandergesetzt wurde. Es ist dabei wesentlich, nochmals zu betonen, daß in den Lösungen komplizierter Moleküle die induktiven Resonanzübergänge deshalb häufiger vorkommen müssen, weil die Zähigkeit des Mediums ein Entfernen der in Wechselwirkung stehenden Moleküle voneinander während der Lebensdauer eines Anregungszustandes erschwert. Infolgedessen kann sich die Resonanz in vollem Maße sogar bei nicht genügend „scharfer Abstimmung" ausbilden.

Im Gegensatz zu den erwähnten theoretischen Arbeiten [9, 10], die auf der tatsächlichen Durchrechnung der Wechselwirkung eines willkürlich schematisierten Molekülpaares basieren, hat die im folgenden dargelegte Theorie, die sich ebenfalls auf die Vorstellung von der induktiven Resonanz stützt, einen sehr allgemeinen phänomenologischen Charakter und läßt das Gesetz der Wechselwirkung außer Betracht.

Der Versuch zeigt (s. Abb. 44), daß in einem fluoreszierenden flüssigen Medium die Wahrscheinlichkeit für die Auslöschung des Leuchtens bedeutend kleiner als die Wahrscheinlichkeit für Depolarisation ist. Wir nehmen für das Folgende an, daß sowohl der eine als auch der andere Prozeß mit der Resonanzwanderung der Anregungsenergie zwischen den Molekülen zusammenhängt, und setzen voraus, daß im Medium zweierlei verschiedene Arten von Molekülen existieren. Der Übergang der Anregungsenergie auf ein Molekül der ersten Art kann nicht von Auslöschung begleitet sein, d. h. von einer Umwandlung der Energie in Wärme. Wir bezeichnen die Wahrscheinlichkeit für solche Übergänge mit $q(c, t)$, wo c die Konzentration und t die Zeit, die nach der Anregung vergangen ist, bedeuten. Umgekehrt kann ein Übergang von Anregungsenergie auf ein Molekül zweiter Art von Auslöschung begleitet sein. Die Wahrscheinlichkeit solcher Übergänge wird im folgenden mit $r(c, t)$ bezeichnet. Die Aufteilung der Moleküle in zwei Arten hat, wie schon gesagt, rein formalen Charakter. Die Moleküle der zweiten Art können sich z. B. von den Molekülen der ersten Art durch ihren Wärmezustand oder ihre Orientierung unterscheiden. Zweifellos können sich auf jeden Fall die Moleküle erster Art in Moleküle zweiter Art und umgekehrt ohne chemische Veränderung verwandeln.

Gehen wir zu der statistischen Berechnung von $q(c, t)$ über. Die Wahrscheinlichkeit $q(c, t)$ entspricht in der klassischen Deutung dem Vorhandensein einer Resonanzkopplung zwischen zwei dicht nebeneinandergelegenen Molekülen. Infolge der Brownschen Bewegung der Teilchen und der Unabhängigkeit ihres Wärmezustandes kann sich die Funktion $q(c, t)$ nur im Laufe sehr kurzer Zeiten Δt monoton ändern. Bei jeder plötzlichen Störung muß die Stetigkeit der Resonanzkopplung unterbrochen werden und die Anregungsenergie im ganzen (infolge des quantenhaften Charakters des Prozesses) bei einem der in Wechselwirkung stehenden Moleküle verbleiben. Bei plötzlichen Störungen der Resonanz durch Schwankungserscheinungen wird deshalb die Wahrscheinlichkeit q entweder ihren Anfangswert wiedererhalten, oder es geht eine Energieübertragung auf ein anderes Teilchen vor sich.

Wir entwickeln $q(c, \Delta t_i)$ in eine Reihe und beschränken uns auf die ersten Glieder, weil Δt_i klein ist:

$$q(c, \Delta t_i) = q(c, 0) + \Delta t_i \, q'(c, 0). \tag{5}$$

Im allgemeinen kann man annehmen, daß

$$q(c, 0) \leqslant 1. \tag{6}$$

Die Bedingung $q(c, 0) < 1$ bedeutet, daß schon im Moment der Anregung einige Moleküle, die gerade den entsprechenden Bedingungen genügen, ihre Energie sofort wieder an andere abgeben. Nach dem, was über die Rückkehr der Funktion q zu ihrem Anfangswert $q(c, 0)$ nach einer plötzlichen Störung der Resonanzkopplung durch Schwankungserscheinungen gesagt wurde, kann man nach dem Produktsatz der Wahrscheinlichkeiten die gesuchte Wahrscheinlichkeit $q(c, t)$ als Produkt der Wahrscheinlichkeiten

$$q(c, t) = q(c, 0) \, q(c, \Delta t_2) \ldots q(c, \Delta t_n) \tag{7}$$

schreiben.

Der erste Faktor in diesem Produkt entspricht der Tatsache, daß im allgemeinen, wie üblich, im Moment der Anregung die Wahrscheinlichkeit für das Ausbleiben eines Überganges der Anregungsenergie kleiner als 1 ist. Benutzen wir (5), so können wir (7) folgendermaßen schreiben

$$q(c, t) = q(c, 0) \prod_1^n \left[q(c, 0) \left\{ 1 + \frac{\Delta t_i}{p(c, 0)} q'(c, 0) \right\} \right] = e^{\log q(c, 0)} \prod_1^n e^{\chi_i}, \tag{8}$$

wo

$$\chi_i = \log q(c, 0) + \frac{\Delta t_i}{q(c, 0)} q'(c, 0);$$

weil Δt_i sehr klein ist. Daraus erhalten wir

$$q(c, t) = e^{(n+1) \log q(c, 0)} \, e^{\frac{q'(c, 0)}{q(c, 0)} \sum_1^n \Delta t_i} = e^{\log q(c, 0)} \, e^{n \log q(c, 0)} \, e^{\frac{q'(c, 0)}{q(c, 0)} t}; \tag{9}$$

n ist gleich der Anzahl der Intervalle Δt_i in der Zeit t, d.h. im Mittel

$$n = \frac{t}{\Delta t},$$

wo Δt der Mittelwert des Intervalles Δt_i ist. Deshalb wird

$$q(c, t) = e^{\log q(c, 0)}\, e^{\frac{t}{\Delta t} \log q(c, 0)}\, e^{\frac{q'(c, 0)}{q(c, 0)} t}. \tag{10}$$

Wir bestimmen nun die Gestalt der Funktion $q(c, 0)$ in Abhängigkeit von c, wenn sie von 1 verschieden ist. Die Wahrscheinlichkeit für das Ausbleiben eines Überganges der Energie wird bei einer Entfernung r zwischen den gekoppelten Molekülen offensichtlich eine gewisse Funktion $\varphi(r, t)$ von r und t sein. Es sei c die Anzahl der Moleküle, die in 1 cm^3 gelöst sind. Die Wahrscheinlichkeit, ein Molekül in einer Kugelschale mit dem Radius r und der Dicke dr anzutreffen, ist gleich $c 4\pi r^2 dr$, dann ist die Wahrscheinlichkeit, das Molekül in eben dieser Schicht nicht anzutreffen, gegeben durch $(1 - c 4\pi r^2 dr)$. Die Wahrscheinlichkeit dafür, daß die Anregung von einem gegebenen Molekül in der Zeit t nicht in die angeführte Kugelschale übergeht, setzt sich aus zwei Teilen zusammen:

$$\varphi(r, t) c\, 4\pi r^2 dr + 1\,(1 - c\, 4\pi r^2 dr).$$

(Die 1 vor dem zweiten Gliede weist auf die Gewißheit des Ausbleibens eines Überganges der Anregung in die leere Schale hin.)

Die Gesamtwahrscheinlichkeit des Ausbleibens eines Überganges in eine beliebige, das angeregte Molekül umgebende Kugelschale, d.h. $q(c, t)$ wird durch das Produkt

$$q(c, t) = \prod_{2\sigma}^{\infty} [1 - c 4\pi r^2 \{1 - \varphi(r, t)\}]\, dr = e^{\sum_{2\sigma}^{\infty} \log [1 - c 4\pi r^2 \{1 - \varphi(r, t)\}]\, dr}$$

ausgedrückt (wo σ der Molekülradius ist), oder durch

$$q(c, t) = e^{-c \int_{2\sigma}^{\infty} 4\pi r^2 [1 - \varphi(r, t)]\, dr} = e^{-\lambda c}, \tag{11}$$

wo

$$\lambda = \int_{2\sigma}^{\infty} 4\pi r^2 [1 - \varphi(r, t)]\, dr. \tag{12}$$

Die Konstante λ hängt nicht von c ab und hat die physikalische Bedeutung einer „Wirkungssphäre“, innerhalb derer ein Resonanzübergang (in einer gegebenen Zeit t) unbedingt vor sich gehen muß; andererseits ändert sich λ mit der Zeit. Für das vorliegende Problem sind nur sehr kurze Zeitintervalle wesentlich, weil nur $q(c, 0)$ und $q'(c, 0)$ berechnet zu werden brauchen. Wir können uns also auf die Entwicklung

$$\lambda = \lambda_0 + \lambda_0' \Delta t \tag{13}$$

beschränken.

Auf Grund von (11) finden wir deshalb

$$q(c, 0) = e^{-\lambda_0 c};$$
$$q'(c, 0) = -\lambda_0' c\, e^{-\lambda_0 c}.$$

Setzen wir diese Werte in (10) ein, so erhalten wir

$$q(c, t) = e^{-\lambda_0 c} \, e^{-t\left(\frac{\lambda_0}{\Delta t} + \lambda_0'\right) c}. \tag{14}$$

Bezeichnen wir die konstante Größe

$$\left(\frac{\lambda_0}{\Delta t} + \lambda_0'\right) = \frac{1}{k_2}, \tag{15}$$

so finden wir schließlich

$$q(c, t) = e^{-\lambda_0 c} \, e^{-\frac{ct}{k_2}} \tag{16}$$

Die Formel (16) haben wir unter sehr allgemeinen Voraussetzungen, die das Problem in keiner Weise spezialisieren, abgeleitet. Die von der Struktur der Moleküle und des Lösungsmittels abhängenden Eigenschaften werden durch zwei Konstante λ_0 und k_2 ausgedrückt, deren theoretische Berechnung zur Zeit noch auf Schwierigkeiten stößt.

Die Konstante λ_0 hat, wie schon gesagt, die Bedeutung einer „Wirkungssphäre", in deren Gebiet der Übergang der Energie bei der Anregung augenblicklich vor sich gehen muß. Der Versuch zeigt, daß bei fast allen untersuchten Fällen

$$\lambda_0 = 0, \quad \text{d. h.} \quad q(c, 0) = 1. \tag{17}$$

Die Konstante $\frac{1}{k_2}$ hat, wie aus Formel (15) folgt, wenn (17) erfüllt ist, die Bedeutung einer Gescnwindigkeit für das Anwachsen der Wirkungssphäre nach Beginn der Resonanzkopplung.

Wir bestimmen nun den Ausdruck für die Wahrscheinlichkeit $r(c, t)$, die einem Ausbleiben der Übergänge von Anregungsenergie in Molekülen zweiter Art entspricht. Definitionsgemäß können diese Übergänge von einer Auslöschung begleitet sein. Überlegungen, wie wir sie oben bei der Ableitung von Formel (16) angestellt haben, können wir vollständig auch für $r(c, t)$ übernehmen. Dabei brauchen wir an diesen Überlegungen nichts zu ändern, außer daß die Bedeutung der auftretenden Konstanten eine andere ist. Wir können deshalb sofort schreiben

$$r(c, t) = e^{-\omega_0 c} \, e^{-\frac{ct}{k_1}}. \tag{18}$$

Die Konstante ω_0 hat hier die Bedeutung einer Wirkungssphäre für „momentane" Löschung:

$$\frac{1}{k_1} = \frac{\omega_0}{\Delta t} + \omega_0'. \tag{19}$$

Bisher haben wir angenommen, daß die Auslöschung ausschließlich Konzentrationscharakter besitzt, d. h. sie muß bei $c \to 0$ verschwinden. Tatsächlich aber ist bekannt, daß eine Auslöschung in vielen Fällen lumineszierender Medien sogar bei außerordentlich kleinen Konzentrationen eintritt, wo eine Wechselwirkung zwischen den Teilchen ausgeschlossen ist. Das bedeutet, daß eine innere Auslöschung existiert, die momentan vor sich geht und von t und c nicht abhängt. Um die Gesamtwahrscheinlichkeit für das Ausbleiben des Energieaustausches zu erhalten, muß man diese Auslöschung unbedingt berücksichtigen [15].

Bezeichnen wir mit g die Wahrscheinlichkeit des Ausbleibens der inneren Auslöschung bei unmittelbarer Absorption des Lichtes durch das Molekül. Nach dem STOKESschen Gesetz wird die Anregungsenergie im allgemeinen kleiner sein als die unmittelbar absorbierte Energie. Deshalb ist die Wahrscheinlichkeit des Ausbleibens einer inneren Auslöschung bei nachfolgendem Übergang der Anregungsenergie infolge der induktiven Resonanz f im allgemeinen von g verschieden. Weil g und f in der elementaren Rechnung von c nicht abhängen, können wir (18) in einer neuen allgemeineren Form schreiben

$$r'(c, t) = f \cdot e^{-\omega_0 c} \cdot e^{-\frac{ct}{k_1}} \tag{20}$$

$$r'(c, t) = g \cdot e^{-\omega_0 c} \cdot e^{-\frac{ct}{k_1}} . \tag{20'}$$

Die Formel (20') bezieht sich auf den unmittelbaren Prozeß einer Absorption des erregenden Lichtes.

Die Gesamtwahrscheinlichkeit des Ausbleibens irgendwelcher Übergänge der Erregungsenergie im Medium läßt sich durch das Produkt $f(c, t)$ und $r'(c, t)$ darstellen, d.h. auf Grund von (16) und (20) durch

$$W(c, t) = f(c, t) \cdot r'(c, t) = f \cdot e^{-(\omega_0+\lambda_0) c} \cdot e^{-ct\left(\frac{1}{k_1} + \frac{1}{k_2}\right)} . \tag{21}$$

§ 5. Konzentrationsdepolarisation der Photolumineszenz

Die Formel (21) bildet die Grundlage für die Berechnung der Konzentrationsdepolarisation des Lichtes, wenn die Art des elementaren ausstrahlenden und absorbierenden Systems, das den gelösten Molekülen entspricht, gegeben ist. Die folgenden Berechnungen beziehen sich auf einen elektrischen Dipol, als eines Systems, das experimentell sehr oft verwirklicht ist.

Betrachten wir den einfachsten und außerdem sehr verbreiteten Fall der polarisierten Fluoreszenz, wenn als absorbierender und emittierender Oszillator ein „starrer" Dipol dient, d.h. ein Dipol mit unveränderlicher Richtung. Weiter nehmen wir an, daß sich die Dipolmoleküle in einem genügend zähen Medium befinden. Es soll so zäh sein, daß sich der Dipol während der mittleren Lebensdauer des angeregten Zustandes (gewöhnlich 10^{-8} — 10^{-9} sec) infolge der BROWNschen Bewegung nicht merklich drehen kann. Die Frage nach dem Einfluß der Zähigkeit des Mediums auf die Polarisation der Fluoreszenz in Lösungen ist schon eingehend betrachtet und geklärt worden [12]. Sie bringt nichts prinzipiell Neues für das Problem der Konzentrationsdepolarisation. Deshalb ist es naheliegend, für die allgemeine Betrachtung der Konzentrationsdepolarisation eine sehr große Zähigkeit vorauszusetzen und damit eine Rotation der Dipole während der Lebensdauer des angeregten Zustandes auszuschließen [13].

Betrachten wir zuerst den Fall, daß praktisch keine Kopplung und keine Konzentrationsdepolarisation vorhanden ist.

Auf ein sehr zähes lumineszierendes Medium, das aus ungeordnet verteilten „starren“ linearen Dipolen besteht, falle in Richtung x (Abb. 46) eine ebene Welle linear polarisierten Lichtes. Die y- und z-Achse wählen wir so, daß die Beobachtungsrichtung parallel zu y verläuft und der elektrische Vektor der Welle in z-Richtung schwingt. Die Achse irgendeines bestimmten Dipols bilde mit der z-Achse den Winkel γ. Den Winkel zwischen der x-Achse und der Projektion der Dipolachse auf die x, y-Ebene bezeichnen wir mit ω.

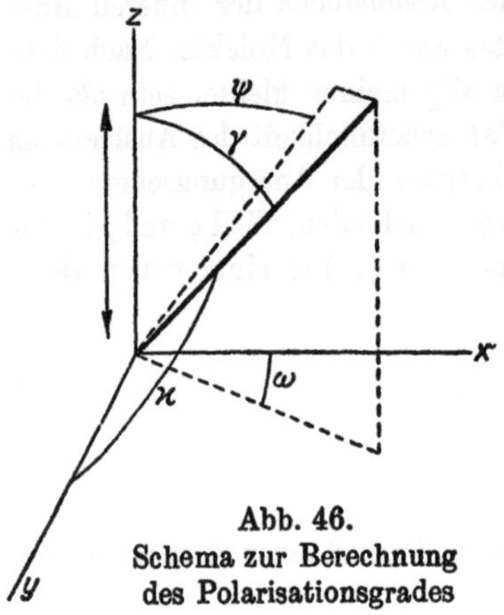

Abb. 46.
Schema zur Berechnung des Polarisationsgrades

Unter dem Einfluß einer Welle mit vertikaler Schwingungsrichtung entstehen im Dipol Schwingungen, deren Amplitude proportional zu $\cos\gamma$ ist. Die Dipolachse hat nach Voraussetzung bei der Emission die gleiche Lage wie bei der Absorption. Entsprechend den Eigenschaften eines Dipols hängt die Ausstrahlungsamplitude von seiner Richtung ab. Sie ist proportional zu $\sin\varkappa$ ($\varkappa$ ist der Winkel zwischen Dipolachse und Beobachtungsrichtung). Aus Abb. 46 folgt

$$\sin\varkappa = \sqrt{1 - \sin^2\gamma\,\sin^2\omega}\,. \tag{22}$$

Deshalb ist die Ausstrahlungsamplitude gleich

$$\cos\gamma = \sqrt{1 - \sin^2\gamma\,\sin^2\omega}\,. \tag{23}$$

Für die ausgewählte Beobachtungsrichtung gibt (23) den vollständigen Wert für die Amplitude der Ausstrahlung des Dipols an. Weil die Lichtwellen transversal sind, kann der elektrische Vektor in der Beobachtungsrichtung keine Komponente haben. Deshalb liegt der ganze Vektor (23) in der y,z-Ebene. Seine Richtung in dieser Ebene erhält man aus der Projektion der Dipolachse auf die y,z-Ebene. Wir bezeichnen den Winkel, den diese Projektion mit der z-Achse bildet, mit ψ. Aus Abb. 46 folgt, daß

$$\cos\psi = \frac{\cos\gamma}{\sqrt{1-\sin^2\gamma\,\sin^2\omega}}\,; \quad \sin\psi = \frac{\sin\gamma\cos\omega}{\sqrt{1-\sin^2\gamma\,\sin^2\omega}}\,; \tag{24}$$

woraus man als Komponenten des Ausstrahlungsvektors erhält:

$$z = \cos\gamma\,\sin\varkappa\,\cos\psi = \cos^2\gamma\,; \tag{25}$$

$$y = \cos\gamma\,\sin\varkappa\,\sin\psi = \cos\gamma\,\sin\gamma\,\cos\omega\,. \tag{26}$$

Die Schwingungsenergie, die der vertikalen und horizontalen Komponente entspricht, ist durch das Quadrat von (25) und (26) gegeben.

Das Medium sei weiter isotrop und die Achsen der Oszillatoren im Medium isotrop verteilt. Für die Berechnung der Gesamtenergie für beide Komponenten der Ausstrahlung führen wir die Integration über alle möglichen Dipolrichtungen von 0 bis

$\frac{\pi}{2}$ für γ und von 0 bis 2π für ω durch. Zur Integration über die Kugel multiplizieren wir jedes Oberflächenelement mit $\sin\gamma\, d\gamma$. Wir erhalten:

$$\overline{z^2} = \int_0^{\frac{\pi}{2}} \int_0^{2\pi} z^2 \sin\gamma\, d\gamma\, d\omega = \frac{6\pi}{15}; \tag{27}$$

$$\overline{y^2} = \int_0^{\frac{\pi}{2}} \int_0^{2\pi} y^2 \sin\gamma\, d\gamma\, d\omega = \frac{2\pi}{15}. \tag{28}$$

Der Polarisationsgrad p wird durch die Gleichung

$$p = \frac{\overline{z^2} - \overline{y^2}}{\overline{z^2} + \overline{y^2}} \tag{29}$$

bestimmt. Setzen wir hier (23) und (24) ein, so finden wir schließlich

$$p = \frac{1}{2}. \tag{30}$$

Der Grenzwert des Polarisationsgrades der Fluoreszenz beträgt tatsächlich bei zähen Farbstofflösungen in vielen Fällen nahezu 50%. Die Grenzpolarisation kann jedoch im allgemeinen sogar bei sehr großer Zähigkeit des Mediums und so niedriger Konzentration, daß die Konzentrationsdepolarisation ausgeschlossen ist, bedeutend kleiner als 50% sein. Als Hauptgrund hierfür sieht man formal den Richtungsunterschied des absorbierenden und des emittierenden Dipols im Molekül an [13]. Dabei hängt der Unterschied von der Wellenlänge des erregenden Spektrums ab und führt zu der eigentümlichen Erscheinung der Polarisationsspektren [12]. Diese Erscheinungen gehen über die Grenzen des betrachteten Problems der Konzentrationsdepolarisation hinaus. Wir können uns, ohne Verzicht auf die Allgemeingültigkeit der Schlußweise, auf die Annahme des Grenzfalles (30) beschränken.

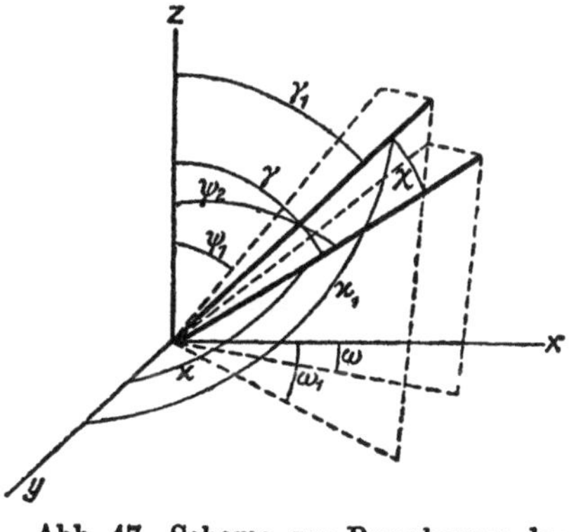

Abb. 47. Schema zur Berechnung der Depolarisation bei Resonanzaustausch

Berechnen wir nun den Polarisationsgrad der Fluoreszenz für den Fall, daß die Ausstrahlung nach der induktiven Übertragung der Anregungsenergie von einem Molekül, das primär Licht aus einem von außen kommenden erregenden Bündel absorbiert, auf ein anderes Teilchen vor sich geht, dessen Achse mit der Achse des ersten einen Winkel χ bildet. Die Richtung des ersten Dipols ist, wie früher, durch die Winkel γ und ω bestimmt. Die Stellung des zweiten Dipols wird entsprechend durch die Winkel γ_1 und ω_1 charakterisiert (Abb. 47). Die Wahrscheinlichkeit für die Absorption des Lichtes aus einem von außen kommenden Bündel ist, wie früher, proportional zu $\cos\gamma$.

Wenn sich der zweite Dipol vom ersten in einer Entfernung befindet, die die Größe der Dipole wesentlich übertrifft, so kann man annehmen, daß die Wahrscheinlichkeit der Übertragung der Anregungsenergie des ersten zum zweiten Dipol proportional ist dem Kosinus des Winkels zwischen der Richtung des elektrischen Feldes, das durch den ersten Dipol an dem Orte des zweiten erzeugt wird, und der Achse des letzteren. Berücksichtigt man die Abhängigkeit des elektrischen Feldes des Dipols von der Richtung, so ergibt sich für die Wahrscheinlichkeit der Übertragung der Anregungsenergie von dem ersten Dipol auf den zweiten im Mittel

$$f(\chi) = \sqrt{\frac{3}{5} + \frac{1}{5}\cos^2\chi}\,.^{1}$$

Die Amplitude der Ausstrahlung des zweiten Dipols in Richtung y (Abb. 47) ist proportional zu $\sin \varkappa$, wo $\varkappa_1$ der Winkel ist, den die Achse des zweiten Dipols mit der Achse y' bildet. Deshalb ist die Amplitude der Ausstrahlung vom zweiten Dipol in Richtung y proportional zu

$$\cos\gamma \cdot f(\chi) \cdot \sin\varkappa. \tag{31}$$

Der Vektor der Ausstrahlung kann in Richtung y keine Komponente besitzen, daher liegt er in der x, z-Ebene. Seine Projektionen auf die Achsen z und x sind also gleich

$$\left.\begin{aligned} z_1 &= \cos\gamma \cdot f(\chi) \cdot \sin\varkappa_1 \cdot \cos\psi; \\ x_1 &= \cos\gamma \cdot f(\chi) \cdot \sin\varkappa_1 \cdot \sin\psi. \end{aligned}\right\} \tag{32}$$

Aus Abb. 47 folgt, daß

$$\sin\varkappa_1 = \sqrt{1 - \sin^2\gamma_1 \sin^2\omega_1};$$

$$\cos\psi = \frac{\cos\gamma_1}{\sqrt{1 - \sin^2\gamma_1 \cdot \sin^2\omega_1}};$$

$$\sin\psi = \frac{\sin\gamma_1 \cos\omega_1}{\sqrt{1 - \sin^2\gamma_1 \cdot \sin^2\omega_1}}.$$

Weiterhin ist

$$\cos\chi = \sin\gamma \sin\gamma_1 \cos\omega \cos\omega_1 + \sin\gamma \sin\gamma_1 \sin\omega \sin\omega_1 + \cos\gamma \cdot \cos\gamma_1 .$$

Wir setzen diese Werte in (32) ein und berechnen z^2 und x^2. Um die Komponenten der von allen Dipolen ausgestrahlten Energie zu erhalten, muß man die Integrale

$$Z'^2 = \int_0^{\frac{\pi}{2}} \int_0^{\frac{\pi}{2}} \int_0^{2\pi} \int_0^{2\pi} z^2 \sin\gamma \sin\gamma_1 \, d\gamma \, d\gamma_1 \, d\omega \, d\omega_1; \tag{33}$$

$$X'^2 = \int_0^{\frac{\pi}{2}} \int_0^{\frac{\pi}{2}} \int_0^{2\pi} \int_0^{2\pi} x^2 \sin\gamma \sin\gamma_1 \, d\gamma \, d\gamma_1 \, d\omega \, d\omega_1 \tag{34}$$

---

[1] In meinen früher veröffentlichten Berechnungen [14] wurde angenommen, daß die Wahrscheinlichkeit der Übertragung proportional zu $\cos\chi$ sei. Auf die Notwendigkeit der Berichtigung dieser Annahme wurde von M. D Galanin [16] hingewiesen. Weil sich die Werte für den Polarisationsgrad, die man sowohl bei der einen als auch bei der anderen Annahme erhält, in den weiteren Formeln als klein und praktisch gegen Null gehend erwiesen, blieben die Endresultate unverändert.

berechnen. Nach einer elementaren, jedoch sehr langwierigen Integration finden wir

$$Z'^2 = \frac{86}{1125}; \quad X'^2 = \frac{82}{1125}. \tag{35}$$

Hieraus erhalten wir für den Polarisationsgrad der Fluoreszenz, die von Molekülen nach einem einzigen Übertragungsprozeß der Energie ausgestrahlt wird,

$$p_1 = \frac{1}{42}. \tag{36}$$

In der gleichen Art kann man p_2, p_3 usw. berechnen. Aus Vergleich von (30) mit (36) geht klar hervor, daß die Ausstrahlung infolge aufeinanderfolgender Übertragungen außerordentlich schnell depolarisiert wird.

Die beobachtete Gesamtpolarisation p der Fluoreszenz setzt sich aus den partiellen Polarisationen zusammen, die den einzelnen Etappen des Wanderungsprozesses der Anregungsenergie entsprechen. Wir bezeichnen mit I_n die Stärke der Lichtstrahlung in einer gegebenen Richtung, die der n-ten Etappe der Übertragung entspricht; es ist

$$I_n = Z_n^2 + X_n^2; \quad p_n I_n = Z_n^2 - X_n^2, \tag{37}$$

daraus folgt

$$p = \frac{p_0 I_0 + p_1 I_1 + p_2 I_2 + \cdots}{I_0 + I_1 + I_2 + \cdots}, \tag{38}$$

oder

$$p = \frac{p_0 + p_1 \frac{I_1}{I_0} + \cdots}{1 + \frac{I_1}{I_0} + \frac{I_2}{I_0} + \cdots} \tag{39}$$

I_0, I_1, $I_2 \ldots$ sind den Wahrscheinlichkeiten S_0, S_1, S_2 der einzelnen Etappen der Wanderung der Anregungsenergie proportional. Es ist jedoch notwendig, noch eine Korrektur anzubringen, die mit der Anisotropie der Ausstrahlung [17] zusammenhängt. Die Wahrscheinlichkeiten S_n beziehen sich auf die gemeinsame Ausstrahlung einer gegebenen Molekülgruppe nach allen Richtungen, während die I_n der Ausstrahlung in einer bestimmten Richtung entsprechen.

Die Messung der Ausbeute der Fluoreszenz wird immer auf die Messung der Helligkeit zurückgeführt, die sie auf einer bestimmten Fläche erzeugt. Diese Fläche entspricht dem Querschnitt eines zweiachsigen Ellipsoids, das die Anisotropie der Fluoreszenz charakterisiert. Diese Helligkeit kann durch eine Größe dargestellt werden, die der Summe der Energien zweier senkrecht zueinanderstehender Vektoren, z.B. des vertikalen und horizontalen Vektors $Z^2 + X^2$, proportional ist. Wenn das Leuchten polarisiert ist, ist die photometrisch gemessene Größe $Z^2 + X^2$ der Ausbeute nicht proportional. Für die vollständige Berechnung der Ausbeute ist es notwendig, auch die dritte Komponente (Y^2) zu berücksichtigen, die im Hinblick auf die Symmetrie (die Existenz eines zweiachsigen Ellipsoides, welches die Polarisation charakterisiert) gleich Z^2 oder X^2 wird. Im ersten Fall ist die Ausbeute nicht zu $Z^2 + X^2$ proportional, sondern zu $2Z^2 + X^2$; im zweiten zu $Z^2 + 2X^2$, und um die Ausbeute zu erhalten, müssen die photometrischen Messungen (in unserem Fall) im Verhältnis

$$r = \frac{2Z^2 + X^2}{Z^2 + X^2} = \frac{3 - p_n}{2} \tag{40}$$

reduziert werden. Deshalb erhalten wir

$$I_n = \frac{2}{3 - p_n} S_n. \tag{41}$$

Wir bestimmen nun S_n, d.h. die Wahrscheinlichkeit der Ausstrahlung nach der n-ten Übertragung, die auf den früher abgeleiteten Ausdruck (21) zurückgeht.

Wir beginnen dazu mit der Bestimmung von S_0. Die Wahrscheinlichkeit dafür, daß nach der Anregung während der Zeit t kein Übergang stattfindet, ist nach (21) gleich

$$g \cdot e^{-(\omega_0 + \lambda_0) c} \cdot e^{-c\left(\frac{1}{k_1} + \frac{1}{k_2}\right) t}. \tag{42}$$

In dieser Formel ist an Stelle von f auf Grund von (20′) g eingesetzt, weil die unmittelbare Absorption des Lichtes betrachtet wird.

Andererseits ist die Wahrscheinlichkeit, daß die Ausstrahlung in dem Zeitabschnitt von t bis $t + dt$ stattfindet, gegeben durch

$$\frac{1}{\tau} e^{-\frac{t}{\tau_0}} dt. \tag{43}$$

Im ganzen erhalten wir

$$S_0(t) = \frac{g}{\tau_0} \cdot e^{-\Omega c} \cdot e^{-wt} dt, \tag{44}$$

wo

$$\Omega = \omega_0 + \lambda_0; \tag{45}$$

$$w = \left(\frac{1}{\tau_0} + \frac{c}{k_1} + \frac{c}{k_2}\right) \cdot \tag{46}$$

Gehen wir zur Bestimmung von S_1 über. Die Wahrscheinlichkeit für den ersten Übergang in einer bestimmten Zeit von ϑ_1 bis $\vartheta_1 + d\vartheta_1$ ist gleich

$$g e^{-\Omega c} f \frac{c}{k_2} e^{-\Omega c} e^{-c\left(\frac{1}{k_1} + \frac{1}{k_2}\right)\vartheta_1} d\vartheta_1. \tag{47}$$

Die Wahrscheinlichkeit des Ausbleibens nachfolgender Übergänge von t an und die Ausstrahlung in dem Zeitabschnitt von t bis $t + dt$ beträgt

$$\frac{1}{\tau_0} e^{-c\left(\frac{1}{k_1} + \frac{1}{k_2}\right)(t - \vartheta_1)} e^{-\frac{t}{\tau_0}} dt. \tag{48}$$

Hier geht der Faktor $f \cdot e^{-\Omega c}$ nicht ein, weil er schon in (47) berücksichtigt ist. Im ganzen erhalten wir für alle möglichen Werte ϑ_1 von 0 bis t

$$S_1(t) = \frac{g}{\tau_0} e^{-\Omega c} f e^{-\Omega c} \frac{c}{k_2} \left(\int_0^t d\vartheta_1\right) e^{-wt} = \frac{g}{\tau_0} f e^{-\Omega c} \frac{c}{k_2} t e^{-wt} dt. \tag{49}$$

Auf die gleiche Art findet man durch die Einführung von Hilfsvariablen $\vartheta_2, \vartheta_3, \ldots$ nacheinander

$$S_n(t) = \frac{g e^{-\Omega c}}{\tau_0} \left(f e^{-\Omega c} \cdot \frac{c}{k_2} \right)^n \left(\int_0^t e^{-c\vartheta_1} e^{-c(t_1-\vartheta_1)} \ldots e^{-c(t_n-\vartheta_n)} \, d\vartheta_1 \ldots d\vartheta_n \right) e^{-wt} dt$$

$$= \frac{g e^{-\Omega c}}{\tau_0} \left(f e^{-\Omega c} \cdot \frac{c}{k_2} \right)^n \frac{t^n}{n!} e^{-wt} dt. \tag{50}$$

Bei dauernder Erregung der Photolumineszenz durchläuft t alle Werte von 0 bis ∞. Deshalb ist

$$S_n = \frac{g e^{-\Omega c}}{\tau_0} \left(f e^{-\Omega c} \cdot \frac{c}{k_2} \right)^n \frac{1}{n!} \int_0^\infty t^n e^{-wt} dt \, \frac{q (f e^{-\Omega c})^n}{\tau_0 w} \left(\frac{\frac{c}{k_2}}{w} \right)^n. \tag{51}$$

Auf Grund von (41) ist

$$I_n = \frac{2}{3 - p_n} g e^{-\Omega c} \frac{(f e^{-\Omega c})^n}{f \tau_0 w} \left(\frac{\frac{c}{k_2}}{w} \right)^n, \tag{52}$$

woraus man

$$I_0 = \frac{2}{3 - p_0} \frac{q}{\tau_0 w} e^{-\Omega c} \tag{53}$$

erhält. Folglich findet man, wenn man (39) benutzt,

$$p = \frac{p_0 + p_1 \frac{3 - p_0}{3 - p_1} \cdot \frac{\frac{c}{k_2}}{w} (f e^{-\Omega c}) + \cdots}{1 + \frac{3 - p_0}{3 - p_1} \cdot \frac{\frac{c}{k_2} (f e^{-\Omega c})}{w} + \cdots} \tag{54}$$

Wir müssen berücksichtigen, daß in allen realen Fällen

$$\frac{\frac{c}{k_2}}{w} < 1$$

$$p_0 \leqslant \frac{1}{2};$$

$$p_0 \gg p_1 \gg p_2 \cdots \tag{55}$$

Außerdem ist mit genügender, den experimentellen Gegebenheiten entsprechender Genauigkeit

$$p = \frac{p_0}{1 + \frac{3 - p_0}{3} \sum_0^\infty \left(\frac{\frac{c}{k_2} f e^{-\Omega c}}{w} \right)^n}. \tag{55'}$$

Führen wir die Summation durch, und setzen wir den Wert für W aus (46) ein, so erhalten wir

$$\frac{1}{p} = \frac{1}{p_0} + \frac{1}{p_0}\,\frac{3-p_0}{3}\cdot\frac{c\tau_0}{k_2} f e^{-\Omega c}\left(\frac{1}{1+\frac{c\tau_0}{k_1}+\frac{c\tau_0}{k_2}(1-fe^{-\Omega c})}\right). \tag{56}$$

Das ist aber gerade die Lösung des gestellten Problems von dem Gesetz der Depolarisation der Photolumineszenz für den allgemeinen Fall, daß zugleich mit der Depolarisation auch Auslöschung auftritt.

Die experimentellen Daten über die Depolarisation beziehen sich bei den meisten Messungen auf den Fall sehr kleiner Werte von c, bei denen man die Auslöschung vernachlässigen kann unter der Annahme, daß $\frac{c\tau_0}{k_1} \approx 0$; $e^{-\Omega c} \approx 1$; $f \approx 1$. Unter diesen Bedingungen nimmt (56) eine sehr einfache lineare Form an:

$$\frac{1}{p} = \frac{1}{p_0} + \frac{1}{p_0}\,\frac{3-p_0}{3}\cdot\frac{c\tau_0}{k_2}. \tag{57}$$

Diese Formel stimmt mit dem empirischen Gesetz (4) überein, das von B. J. Sweschnikow und P. P. Theofilow [4] für die Depolarisation bei geringen Konzentrationen gefunden wurde.

§ 6. Die Depolarisation der Photolumineszenz beim Abklingvorgang

Mit der Depolarisation des Leuchtens bei Vergrößerung der Konzentration ist dem Wesen nach ein anderer Polarisationseffekt eng verbunden, der für die Vorstellung von der Wanderung der Anregungsenergie im Medium einen besonderen Wert seiner unmittelbaren Überzeugungskraft wegen gewinnt. Die Erscheinung besteht in einer Depolarisation der Lumineszenz in dem Maße, wie sie nach Unterbrechung der Erregung abklingt.

Die Depolarisation beim Abklingvorgang, die in der Theorie der Wanderung [18] vorausgesagt war, wurde zuerst experimentell von A. N. Sewtschenko [19] gefunden. Er beobachtete sie im Falle des Abklingens des polarisierten Leuchtens einiger Sorten von Uranglas. Für die fluoreszierenden Lösungen organischer Farbstoffe wurde diese neue Erscheinung von M. D. Galanin [20, 16] gefunden und mit Hilfe des Ultraschall-Fluorometers untersucht.

Die phosphoroskopische Untersuchung der Lumineszenz nach Unterbrechung der Erregung gibt die Möglichkeit, den Zustand der Moleküle zu beobachten, die das Licht zu verschiedenen Zeitmomenten nach der Anregung ausstrahlen. Je mehr Zeit zwischen der Erregung und der Ausstrahlung vergeht, desto größer wird die Wahrscheinlichkeit für eine induktive Übertragung der Anregungsenergie von einem Molekül auf ein anderes. Infolgedessen müssen bei Existenz einer Wanderung der Anregungsenergie die späteren Stadien des Abklingvorgangs einen im Verhältnis größeren Teil von Licht enthalten, das von Molekülen ausgestrahlt wird, die die Anregungsenergie nicht unmittelbar, sondern durch induktive Übertragung erhalten haben. Es wird umgekehrt in den Anfangsstadien des Abklingvorgangs ein unbedeutender Teil solchen Lichtes vorhanden sein. Wir wissen andererseits auf Grund des in § 5 Dargelegten, daß unter den Bedingungen einer ungeordneten Verteilung der Moleküle die Polarisation des ausgestrahlten Lichtes bei Wanderungsprozessen stark abnehmen muß. Folglich muß das Lumineszenzlicht in dem Maße, wie es abklingt, depolarisiert werden.

Das quantitative Gesetz der Abnahme des Polarisationsgrades während des Abklingvorganges kann man auf Grund der Formel erhalten, die im § 5 für die Wahrscheinlichkeit des Ausbleibens der Übergänge $S_n(t)$ als Funktion der Zeit abgeleitet wurde. Benutzen wir diese Formel, so können wir analog zu (52) und (53) sofort schreiben

$$I_n(t) = \frac{2}{3 - p_n} \cdot \frac{g e^{-\Omega c}}{\tau_0} \left(f e^{-\Omega c} \cdot \frac{c}{k_2}\right)^n \cdot \frac{t^n}{n!} e^{wt}; \tag{58}$$

$$I_0(t) = \frac{2}{3 - p_0} \frac{g e^{-\Omega c}}{\tau_0} e^{-wt}. \tag{59}$$

Setzen wir diese Werte $I_n(t)$ und $I_0(t)$ in die Formel für die Polarisation (39) ein und berücksichtigen die Zeitabhängigkeit der Polarisation, so finden wir unter den Bedingungen (55)

$$p(t) = \frac{p_0}{1 + \frac{3 - p_0}{3} \sum_1^\infty \frac{\left(f e^{-\Omega c} \frac{c}{k_2} t\right)^n}{n!}} = \frac{p_0}{1 + \frac{3 - p_0}{3}\left(e^{f e^{-\Omega c} \cdot \frac{c}{k_2} t} - 1\right)}. \tag{60}$$

p_0 ist in den meisten Fällen $\leqslant \frac{1}{2}$; für Urangläser beträgt p_0 ungefähr 0,2. Deshalb können wir die Formel (60), ohne einen großen Fehler zu machen, in die einfache Form

$$p(t) = p e_0^{-f e^{-\Omega c} \cdot \frac{c}{k_2} t} \tag{61}$$

umschreiben.

Die Formel (61) bezieht sich auf den Fall der praktisch momentanen Erregung. Wenn die Anregung bis zu ihrer Unterbrechung sehr lange andauerte, so muß man (61) in Form eines Integrals schreiben:

$$p(t) = p_0 \int_0^\infty e^{-f e^{-\Omega c} \cdot \frac{c}{k_2}(t + \vartheta)} d\vartheta = \frac{p_0}{f e^{-\Omega c} \cdot \frac{c}{k_2}} e^{-f e^{-\Omega c} \cdot \frac{c}{k_2} t}. \tag{62}$$

Hier ist ϑ die Anregungszeit bis zu dem Moment der Unterbrechung der Erregung.

Wir wenden nun die dargelegte Theorie der Depolarisation beim Abklingvorgang auf die Messungen von A. N. Sewtschenko an Urangläsern an. Die Ergebnisse der Versuche, die mit verschiedenen Konzentrationen UO_2 im Glase (1, 2, 4, 6, 8 Gewichtsprozent UO_2) durchgeführt wurden, sind in Abb. 48 dargestellt.

Dieselben Ergebnisse sind auch logarithmisch in der Abb. 49 aufgetragen, wo auf der Abzissenachse die Abklingzeit und auf der Ordinatenachse $\log_{10} p(t)$ aufgetragen ist.

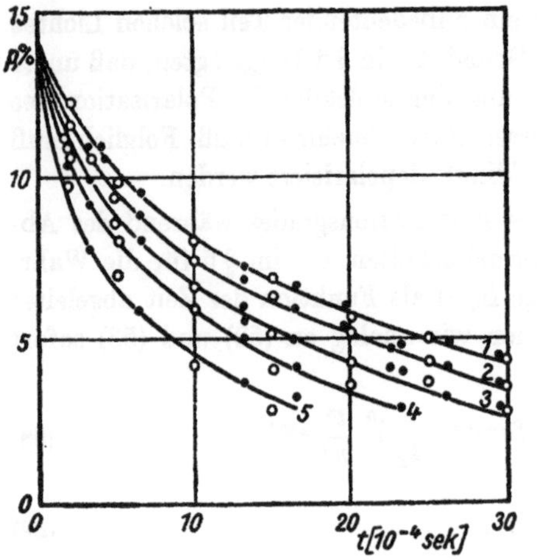

Abb. 48. Depolarisation beim Abklingvorgang in Borosilikatgläsern mit verschiedenen Konzentrationen von UO_2 nach Messungen von A. N. SEWTSCHENKO
1: 1% UO_2; *2*: 2% UO_2; *3*: 4% UO_2; *4*: 6% UO_2; *5*: 8% UO_2

Wie aus Abb. 49 ersichtlich ist, verläuft die Depolarisation in einem großen Bereich nach einem Exponentialgesetz in Übereinstimmung mit Formel (61) [38]. Die Gründe für die Abweichung im Beginn der Kurven sind noch nicht klar. Man kann annehmen, daß sie dadurch hervorgerufen werden, das im Glase zwei verschiedene Leuchtprozesse mit verschiedenen Konstanten des Abklingens und der Depolarisation vorkommen. Die Überlagerung einiger solcher Prozesse wurde schon früher [22] an Urangläsern beobachtet. Außerdem können die Abweichungen auf technische Ursachen zurückgeführt werden, und zwar: auf das Vorhandensein eines geringen, von dem erregenden polarisierten Licht der Quelle erzeugten Aufleuchtens in den Anfangsstadien.

Die Uranylsalze erwiesen sich in vielen Hinsicht als äußerst günstige Objekte für die Beobachtung der Depolarisation bei dem Abklingvorgang des Leuchtens.

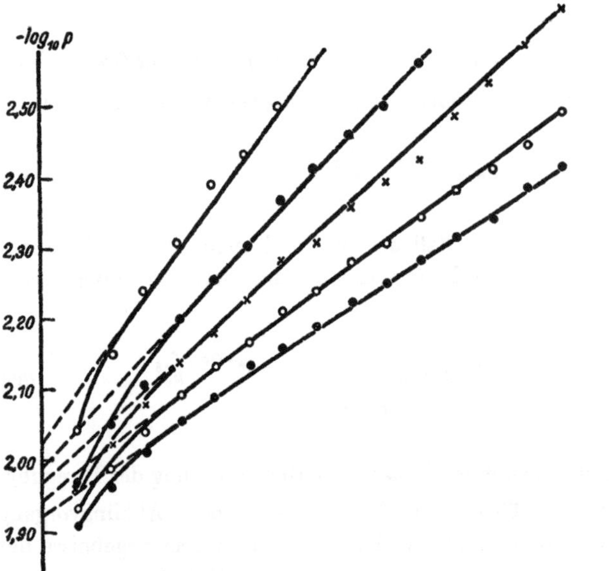

Abb. 49. Logarithmische Darstellung der Messungen von A. N. SEWTSCHENKO von Abb. 48

Die Leuchtdauer ist in dem gegebenen Fall verhältnismäßig groß. τ lag in der Größenordnung von 10^{-4} sec. Deshalb kann man für die Beobachtung ein einfaches Phosphoroskop nach BECQUEREL benutzen. Außerdem ist dieses längere Leuchten zweifellos ein „spontanes", d. h. es entspricht einer unabhängigen Rückkehr des Moleküls in den Grundzustand ohne äußere Faktoren, die eine Rückkehr erzwingen. Es ist eine große Anzahl lumineszierender Objekte mit langen Nachleuchtdauern bekannt. Die Gründe einer solchen langen Nachleuchtdauer liegen jedoch entweder in dem Rekombinationscharakter des Leuchtens, wie in den Kristallphosphoren oder in der Existenz metastabiler Anregungszustände. Im Falle des Rekombinationsleuchtens, das einer ungeordneten Rückkehr der Elektronen zum geladenen Zentrum entspricht, ist das Leuchten unpolarisiert, und es ist überhaupt kein Grund vorhanden, das Schema einer induktiven Wechselwirkung und eine Wanderung der Anregungsenergie zu benutzen. Dieses Schema kann man ebenso nicht auf die *metastabilen* Zustände angeregter Moleküle anwenden. Ein Molekül kann in einen metastabilen Zustand nur erzwungen übergehen, z.B. mit Hilfe von Stößen der Nachbarteilchen infolge der Wärmebewegung. Aus dem metastabilen Zustand kann das Molekül auch nur erzwungen wieder zurückkehren. Eine Ausstrahlung erfolgt in diesem Falle nur nach einem erzwungenen Übergang in einen normalen angeregten Zustand. Solange sich das Molekül in einem metastabilen Zustand befindet, dessen Lebensdauer die meßbare Dauer der Ausstrahlung bestimmt, können weder Resonanz noch Energiewanderung auftreten. Das polarisierte lange Nachleuchten organischer Farbstoffe, das in sehr zähen Lösungsmitteln (z. B. in kristallisiertem Zucker) beobachtet wird und sich manchmal über einige Sekunden hinzieht, zeigt, nach Versuchen von P. P. Theofilow, keine merkliche Depolarisation beim Abklingvorgang. Das beweist den metastabilen Charakter der Ausstrahlung im gegebenen Fall. Umgekehrt beweist die Tatsache der Depolarisation des Leuchtens von Uranylsalzen beim Abklingvorgang, daß es spontan erfolgt [11].

Weiter oben wurde schon angemerkt, daß eine andere notwendige Bedingung für die Depolarisation in der *regellosen* Verteilung der Moleküle im Medium besteht. Diese Bedingung ist im Uranglas ohne Zweifel erfüllt. Gleichzeitig geben die Uranylsalze, die das Leuchten im Uranglas bestimmen, im kristallierten Zustand die Möglichkeit, sich experimentell davon zu überzeugen, daß bei einer regulären Anordnung der Teilchen dieser Effekt verschwindet. A. N. Sewtschenko [23] zeigte experimentell, daß das polarisierte Leuchten von Uranylsalz-Einkristallen beim Abklingvorgang überhaupt nicht depolarisiert wird.

Die Depolarisation beim Abklingvorgang kann noch durch zwei andere Ursachen hervorgerufen werden, die von der induktiven Resonanz unabhängig sind. Die erste von ihnen besteht in der ungeordneten Brownschen Rotationsbewegung der Moleküle während der Dauer der Erregung. Die infolgedessen auftretende Depolarisation wurde von A. Jablonski und W. Szymanowski [24] beobachtet. Eine solche Depolarisation kann man durch eine bedeutende Erhöhung der Zähigkeit des Mediums, in dem sich die leuchtenden Moleküle befinden, unterdrücken. Das Uranglas befriedigt in dieser Hinsicht vollkommen. Die außerordentlich hohe Zähigkeit des Glases bei Zimmertemperatur schließt praktisch eine Brownsche Rotation der Moleküle aus, und der Experimentator hat es nur mit der reinen Depolarisation zu tun, die durch die induktive Resonanz erzeugt wird.

Die zweite Ursache, die auf die Depolarisation während des Abklingens einwirken kann, hängt mit der teilweisen Überlappung der Absorptions- und Emissionsspektren zusammen, d.h. mit dem „trivialen" Resonanzeffekt, von dem im zweiten Kapitel (§ 1) die Rede war. Bei vorliegender Überlappung der Spektren wird streng genommen das Abklinggesetz selbst etwas modifiziert werden, weil die Ausstrahlung infolge wiederholter Absorptions- und Emissionsprozesse in die Länge gezogen wird. Die Polarisation muß dabei notwendig verringert werden. Die Berücksichtigung dieses Effektes ist eine der wesentlichsten experimentellen Schwierigkeiten, die bei der Beobachtung der induktiven Depolarisation beim Abklingvorgang auftritt. Das Uranglas ist auch in dieser Hinsicht ein sehr geeignetes Objekt, weil sich in ihm die Spektren bei kleiner Dicke des Glases und kleiner Konzentration sehr wenig überlappen.

Die phosphoroskopischen Versuche mit Urangläsern, die die Existenz einer Wanderungsdepolarisation grundsätzlich beweisen und die exponentielle Abhängigkeit des Polarisationsgrades von der Zeit, wie sie von der Theorie [Formel (61)] gefordert wird, unterstreichen, lösen das Problem noch nicht vollständig, weil die Abklingkonstante nur rein empirischen Charakter besitzt. Um die Behandlung des Problems abzuschließen, muß noch der Vergleich dieser Konstanten mit der Konstanten der Formel (57) für die Konzentrationsdepolarisation von Urangläsern gefordert werden. Nach den Messungen von A. N. Sewtschenko [21, 23] nimmt der Polarisationsgrad der Lumineszenz der Gläser bei Änderung der Konzentration um das Achtfache (von 1 bis 8 Gewichtsanteile UO_2 im Glas) nur sehr wenig ab (in einer Meßserie von 0,105 bis 0,09). Gleichzeitig ändert sich, wie aus Abb. 49 klar ersichtlich ist, die Neigung der logarithmischen Geraden der Depolarisation beim Abklingvorgang in dem gleichen Konzentrationsintervall um mehr als das Doppelte. Dieser scheinbare Widerspruch wird gelöst, wenn wir uns den quantitativen Angaben zuwenden, die die Versuchsbedingungen charakterisieren. In der Tabelle 1 sind, nach den Angaben von A. N. Sewtschenko [23] und der graphischen Darstellung der Abb. 49, zusammengestellt: Die Konzentration c, die durch die Anzahl der Moleküle UO_2 pro cm^3 gegeben ist; die mittlere Lebensdauer τ; der Winkelkoeffizient a, der theoretisch gleich $f \cdot \frac{c}{k_2} e^{-\Omega c}$ ist; das Produkt $a\tau$ und die Grenzpolarisation p_0, die aus der graphischen Darstellung entnommen ist.

Tabelle 1

$c \cdot 10^{19}$ (Anzahl der Moleküle UC_2 in 1 cm^3)	6,7	13,4	26,8	40,2	53.6
$\tau \cdot 10^4$	4,4	4,0	3,3	2,7	2,2
$a \cdot 10^{-2}$	3,6	4,1	5,2	5,9	7,3
$a\tau$	0,16	0,16	0,17	0,16	0,17
p_0	0,118	0,113	0,110	0,102	0,093

Für einen näherungsweisen Vergleich nehmen wir an, daß für Urangläser sich $e^{-\Omega c}$ und f wenig von 1 unterscheiden. In diesem Falle kann man (57) und (61) in der einfachsten Form

$$\frac{1}{p} = \frac{1}{p_0} + \frac{1}{p_0} \cdot \frac{3 - p_0}{3} \cdot \frac{c\tau}{k_0};$$

$$p(t) = p_0 e^{-\frac{c}{k_2} t}$$

vergleichen. $a\tau$ ist in der Tabelle 1 unter solcher Vereinfachung gleich $\frac{c\tau}{k_2}$. Aus der

Tabelle entnimmt man, daß das Produkt $a\tau = \frac{c\tau}{k_2}$ im gegebenen Konzentrationsintervall konstant ist. Da sich auch p_0 sehr wenig ändert, so erklärt sich damit der oben angeführte scheinbare Widerspruch: die Konstanz von p bei Änderung von a um den Faktor 2. Man kann deshalb sagen, daß sich die Versuche mit der Konzentrationsdepolarisation einerseits und der Depolarisation beim Abklingvorgang andererseits gegenseitig nicht widersprechen. Leider hat man in Anbetracht der außerordentlich geringen Änderung von p im gegebenen Konzentrationsintervall bisher keine Möglichkeit, die Werte der Konstanten zu vergleichen, die man getrennt aus zwei Erscheinungen erhält. Es muß außerdem bemerkt werden, daß die Versuche mit der Konzentrationsdepolarisation bei Uransalzen anscheinend durch rein chemische Prozesse kompliziert werden. Nach den Messungen von A.N. Sewtschenko bleibt das Verhältnis der Ausbeute der Lumineszenz zur mittleren Dauer des Leuchtens in einem weiten Gebiet der Konzentration c von $6{,}7 \cdot 10^{18}$ bis $13{,}4 \cdot 10^{19}$ konstant, um dann plötzlich in dem Gebiet der Konzentration c von $13{,}4 \cdot 10^{19}$ bis $53{,}6 \cdot 10^{19}$ um den Faktor 5 abzunehmen. Ein solches Abweichen von der Konstanz zeugt vom Auftreten wesentlicher physikalisch-chemischer Veränderungen.[1]

Einen Gesamtvergleich der Erscheinungen der Konzentrationsdepolarisation und der Depolarisation beim Abklingvorgang konnte M.D. Galanin bei der fluorometrischen Untersuchung der Fluoreszenz zäher organischer Farbstofflösungen erzielen [20, 10].

Das Fluorometer des Physikalischen Instituts der Akademie der Wissenschaften der UdSSR, dem das Prinzip der Ultraschallmodulation [16] zugrunde liegt, erlaubt es, schnell verlaufende Prozesse des Fluoreszenzabklingvorgangs, die eine Dauer von 10^{-9} sec besitzen, zeitlich aufzulösen und gleichzeitig die Änderung ihrer Polarisation zu verfolgen. Jedoch sind die Arbeitsbedingungen am Fluorometer viel komplizierter als bei einem gewöhnlichen Phosphoroskop, nicht nur wegen der komplizierten Apparatur und Messung, sondern auch der Schwierigkeiten bei der Diskussion der erhaltenen Ergebnisse. Deshalb wurden für die Prüfung der Folgerungen aus der Theorie der induktiven Resonanz mit dem Fluorometer von M.D. Galanin spezielle Methoden entwickelt [16], welche hier nicht angeführt werden. Wir bemerken dazu nur folgendes:

Es ist offensichtlich, daß die Komponenten der Intensität der polarisierten Fluoreszenz bei der Beobachtung parallel und senkrecht zu dem anregenden elektrischen Vektor verschieden sein müssen. Jede beliebige Methode der Messung der Polarisation des Leuchtens wird stets auf irgendeine Weise auf den Vergleich dieser beiden Intensitäten zurückgeführt. Bezeichnen wir sie entsprechend mit I und $I_{\perp}$. Wenn sich der Polarisationsgrad mit der Zeit (beim Abklingvorgang) ändert, so muß sich dies offensichtlich in $I\,(t)$ und $I_{\perp}\,(t)$ verschieden äußern.

Außerdem muß der Abklingvorgang jeder der Komponenten einzeln nach einem Gesetz erfolgen, das sich etwas von dem streng exponentiellen Abfall unterscheidet.

---

[1] Deshalb muß man die Änderung von τ in der Tab. 1 nicht als Ergebnis einer Konzentrationsauslöschung ansehen, sondern als Ergebnis einer Änderung der Anfangsgröße τ_0. Aus diesem Grunde muß man in die Formel für die Depolarisation den veränderlichen Wert τ einsetzen.

Bei den Komponenten entspricht ihre eigene mittlere Zeit der Leuchtdauer. Die hauptsächliche Aufgabe des Fluorometers besteht gerade in der Messung der mittleren Leuchtdauer. Deshalb kann man für die Prüfung der Wanderungstheorie für die Depolarisation bei dem Abklingen der Fluoreszenz den Wert von τ für beide Komponenten bei verschiedenen Konzentrationen messen. Die Ergebnisse, die M. D. Galanin für die Lösung von Fluoreszein in Glyzerin und in Zuckersirup erhielt, sind nach Anbringung der Korrekturen, die durch die wiederholte Fluoreszenz bedingt sind, in Abb. 50 dargestellt. Diese wiederholte Fluoreszenz tritt auf, wenn sich die Absorptions- und Emissionsspektren wesentlich überlappen. Die theoretischen Kurven, für deren Berechnung eine Konstante eingeführt wurde, die aus den Versuchen mit der Konzentrationsdepolarisation erhalten wurde, sind punktiert dargestellt. Wie man sieht, stimmen die experimentellen Ergebnisse ziemlich gut mit der Theorie überein.

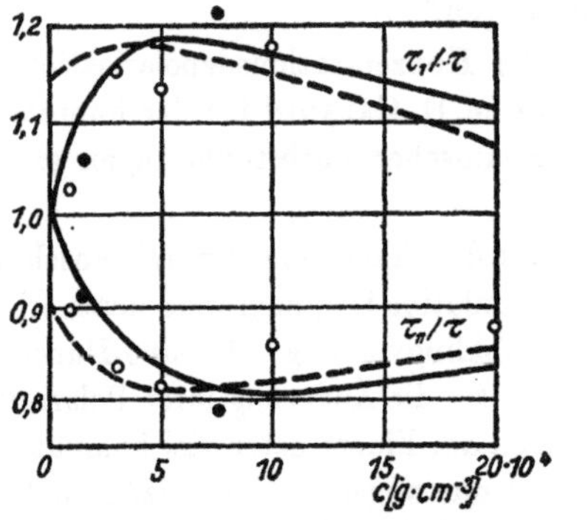

Abb. 50. Vergleich der theoretischen und experimentellen Werte von $\frac{\tau_1}{\tau}$ und $\frac{\tau_{11}}{\tau}$ für verschiedene Konzentrationen der Lösung von Fluoreszein in Glyzerin (Kreise) und in Zucker (Punkte)

Ausgezogene Kurven: theoretische Kurven ohne Korrektur, punktierte: mit Korrektur wegen wiederholter Absorption und Emission

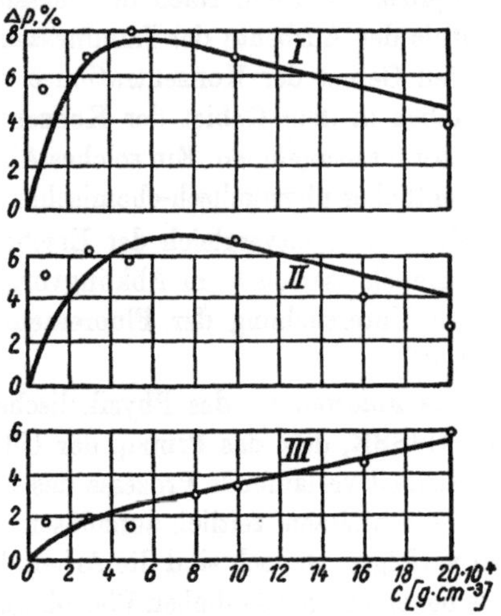

Abb. 51. Theoretische Kurven und experimentelle Werte der Differenz des Depolarisationsgrades Δp an verschiedenen Punkten der optischen Bank (0 und 300 cm) für verschiedene Konzentrationen von verschiedenen Farbstofflösungen in Glyzerin

I Fluoreszein; *II* Rhodamin 5G; *III* Rhodulin-orange

Das Fluorometer gibt keine Möglichkeit, ebenso unmittelbare und einfache Messungen durchzuführen, wie sie für das lange Nachleuchten im Falle der Urangläser mit dem Phosphoroskop nach Becquerel durchgeführt werden können. Jedoch kann eine gewisse Analogie zu diesen Versuchen auch mit dem Fluorometer erreicht werden, wenn man die Polarisation des Leuchtens in verschiedenen Punkten der fluorometrischen Kurve mißt (in verschiedenen Entfernungen der Fluorometerbank). Die Fluoreszenz, die im Anfangsteil der fluorometrischen Kurve beobachtet wird, entspricht im Mittel viel früheren Momenten des Abklingvorgangs, als die Fluoreszenz am Ende der Kurven. In der Abb. 51 ist nach den Versuchen von M. D. Galanin die Konzentrationsabhängigkeit des Polarisationsgrades der Fluoreszenz (die Abweichungen von dem mittleren Polarisationsgrad für verschiedene Stellungen auf der Fluorometerbank) für eine Lösung von Fluoreszein in Glyzerin dargestellt. Die ausgezogene Kurve ist theoretisch berechnet, wobei eine Konstante benutzt wurde, die sich aus der Messung der Konzentrationsdepolarisation ergab. Mit Kreisen sind die experimentellen Ergebnisse bezeichnet. In Abb. 51 sind zum Vergleich die theoretischen Kurven mit den experimentellen Werten für die Differenz des Polarisationsgrades am Anfang der Fluorometerbank (0 cm) und in einem Abstand von 300 cm in Abhängigkeit von der Konzentration für in Glyzerin gelöstes Fluoreszein (*I*), Rhodamin 5 G (*II*) und Rhodulin-orange (*III*) dargestellt. Aus der Abbildung ist ersichtlich, daß die theoretischen Werte mit dem Experiment gut übereinstimmen.

Die experimentelle Untersuchung der Depolarisation beim Abklingvorgang zusammen mit den Versuchen über die Konzentrationsdepolarisation unterstreichen deshalb in vielfacher Hinsicht die Theorie der Wanderung.

DRITTES KAPITEL

DIE KONZENTRATIONSAUSLÖSCHUNG DER LUMINESZENZ UND DIE INDUKTIVE RESONANZ

§ 7. Die Konzentrationsauslöschung der Photolumineszenz und Versuche zu ihrer Deutung

Zum Unterschied von der Konzentrationsdepolarisation und der Depolarisation beim Abklingvorgang ist die Schwächung der Helligkeit der Photolumineszenz beim Anwachsen der Konzentration eines leuchtenden Stoffes schon längst bekannt. Schon NEWTON kannte sie, mit ihr befaßte sich STOKES, und sie war Gegenstand einer Vielzahl von physikalischen und chemischen Untersuchungen des 19. und 20. Jahrhunderts. Bereits STOKES wandte seine Aufmerksamkeit der Umkehrbarkeit des Prozesses zu, und zwar der Wiederherstellung der Lumineszenzausbeute bei Verdünnung. Ebenso häufig waren und sind heute noch zahlreiche physikalisch-chemische Theorien verbreitet, die die Auslöschung auf nicht umkehrbare chemische Prozesse, wie elektrolytische Dissoziation, Koagulation der Moleküle, Auskristallisation usw., zurückzuführen versuchen. Für die Feststellung der rein physikalischen Natur der Konzentrationsauslöschung besitzt außer ihrer Umkehrbarkeit die annähernde Parallelität im Verlauf der Ausbeute L der Lumineszenz und ihrer mittleren Dauer τ als Funktion der Konzentration c prinzipielle Bedeutung.

Die Auslöschung verläuft nach einem komplizierten Gesetz [25]. Bei sehr kleinem c ist die Ausbeute L praktisch konstant; es wird eine „Schwelle" beobachtet (s. Abb. 44). In einem bestimmten Bereich jedoch setzt plötzlich Auslöschung ein, die in einem großen Intervall durch die empirische Formel

$$\frac{L_0}{L} = e^{\alpha(c - c_0)} \tag{63}$$

beschrieben wird (L_0: Ausbeute bei $c \to 0$; α und c_0: Konstante). Bei sehr großem c werden erneut Abweichungen von dieser Formel beobachtet, und die Auslöschung geht langsamer vor sich. Diese Art der Konzentrationsauslöschung für Farbstoffe wurde mehrmals mit Hilfe verschiedener Methoden geprüft [5, 26]. Einige dabei auftretende Zweifel an der Existenz eines „Schwellenwertes" bei kleinem c [27] erwiesen sich als unbegründet [5].

Die erste physikalische Theorie der Konzentrationsauslöschung, der die Idee von J. PERRIN von der statistischen physikalischen Wechselwirkung der Moleküle (induction moléculaire) zugrunde liegt, wurde von F. Perrin [28] entwickelt. Aus allgemeinen statistischen Überlegungen erhielt er die einfache Formel

$$\frac{L_0}{L} = e^{\alpha c}. \tag{64}$$

Diese Formel weicht jedoch entschieden von den Versuchsergebnissen ab und erklärt nicht die „Schwelle" und die parallel verlaufende Änderung von L und τ. Die Annahme von Stößen „zweiter Art" als Ursache der Konzentrationsauslöschung in Lösungen [25, 29] stimmt ebenso mit dem Experiment nicht überein. Sie führt zu der Formel

$$\frac{L_0}{L} = 1 + c\frac{\tau_0}{k} \tag{65}$$

(k: eine Konstante), die mit (63) nicht übereinstimmt. Wenn der Wirkungsquerschnitt der stoßenden Moleküle bei Stößen zweiter Art nicht mit dem gaskinetischen Wert übereinstimmt, so muß die Auslöschung dem Gesetz [30] gehorchen:

$$\frac{L_0}{L} = e^{\omega c}\left(1 + c\frac{\tau_0}{k}\right). \tag{66}$$

Hier ist ω die Volumendifferenz zwischen der Wirkungssphäre und dem gaskinetischen Wert. Diese Formel steht jedoch ebenso mit den Versuchsergebnissen nicht im Einklang.

Die Vorstellung von der quantenmechanischen Resonanz wurde für die Erklärung der Konzentrationsauslöschung der Lumineszenz in Farbstofflösungen zuerst von F. A. Duschinski [31] angewendet. Er nahm an, daß die Auslöschung dann vor sich geht, wenn sich in einer sehr kleinen Entfernung von dem angeregten Molekül ein anderes Teilchen befindet oder wenn die Moleküle assoziiert sind. Nach Einführung willkürlicher Vereinfachungen und spezieller Annahmen erhielt Duschinski die Formel

$$\frac{L_0}{L} = 1 + kc^3. \tag{67}$$

Sie steht mit den Versuchsergebnissen in völligem Widerspruch, und ihre Ableitung ist nicht richtig. Jedoch ist die Annahme einer Resonanz und Energiewanderung zwischen den Molekülen, von der Duschinski ausging, in ihrer Anwendung auf die Konzentrationsauslöschung vollkommen vernünftig. Gerade diese Annahme liegt der weiter unten dargelegten Theorie der Konzentrationsauslöschung zugrunde. Die Vorstellung von Resonanzübergängen der Anregungsenergie zur Lösung des Problems der Konzentrationsauslöschung wurde auch von T. Förster [10, 32] in letzter Zeit weiter ausgearbeitet. Er geht dabei von einer näherungsweisen Berechnung der Konstanten aus, die in die Theorie eingehen. Die Untersuchung befindet sich noch im Anfangsstadium und besitzt eine gänzlich andere Zielsetzung und anderen Charakter, als die unten folgende Theorie.

§ 8. Die Theorie der Konzentrationsauslöschung

Die physikalischen Bedingungen, unter denen eine Umwandlung der im Molekül absorbierten Lichtenergie in Wärme vor sich geht, wird man nur auf Grund genauer Kenntnisse von dem Bau des Moleküls und vom Aggregatzustand des Stoffes klären können. Wir betrachten das Problem der Konzentrationsauslöschung in allgemeiner Form und beschränken uns auf die Feststellung dieser Tatsache, d. h. wir machen die Voraussetzung, daß unter gewissen Bedingungen die Anregungsenergie im Molekül in Wärme übergeht. Im § 4 des zweiten Kapitels bemerkten wir schon, daß eine solche Umwandlung in Wärme in einigen Fällen bei isolierten Molekülen für $c \to 0$ vorkommen kann. Die Wahrscheinlichkeit des Ausbleibens einer solchen Umwandlung bezeichneten wir mit g. Eine solche „innere" Auslöschung kann bei Existenz induktiver Resonanz als Grundlage für die einfachste Theorie der Konzentrationsauslöschung dienen [15]. Bei jedem Übertragungsprozeß der Anregungsenergie auf ein anderes Molekül erhält man von neuem eine Wahrscheinlichkeit für die innere Auslöschung (die Wahrscheinlichkeit für das Ausbleiben einer solchen Auslöschung wird in diesem Fall mit f bezeichnet). Je öfter die Übertragungsprozesse vor sich gehen, d. h. je größer die Konzentration ist, desto größer wird die Wahrscheinlichkeit einer Umwandlung der Anregungsenergie in Wärme, und desto häufiger wird dieser einfachste Fall der „Konzentrationsauslöschung" realisiert.

Neben diesem einfachsten Typ der Auslöschung wird weiter das Vorhandensein eines Prozesses angenommen, der dem Wesen nach ein Konzentrationseffekt ist, d. h. in seinen Grundeigenschaften von dem mittleren Abstand zwischen den Molekülen abhängt. Für die Wahrscheinlichkeit des Ausbleibens von Übergängen, die von einer Auslöschung dieser Art begleitet sein können, wurde schon früher Formel (18) abgeleitet:

$$r(c, t) = e^{-\omega_0 c} e^{-\frac{ct}{k_1}}.$$

Bei der Ableitung von (18) wurde allgemein angenommen, daß auch im ersten Moment gleich nach der Erregung eine gewisse Wahrscheinlichkeit dafür besteht, daß ein Übergang der Anregungsenergie mit Auslöschung erfolgt. Die Wahrscheinlichkeit für das Ausbleiben solcher „statistischer" Übergänge, die mit einer Auslöschung verbunden sind, ist gleich $e^{\omega_0 c}$.

Die früher berechnete Formel (50) für die Wahrscheinlichkeit einer Ausstrahlung der Anregungsenergie nach n Übergängen ohne Auslöschung stellt die Grundlage für die Ableitung des Gesetzes von der Konzentrationsauslöschung in allgemeiner Form dar. Tatsächlich wird zur Zeit t die Gesamtstrahlung $L(t)$ vom Zusammenwirken aller Prozesse, die durch die verschiedenen Indizes n für die einzelnen Stufen charakterisiert sind, gleich

$$L(t)\,dt = \sum_0^\infty S_n\,dt;$$

$$L(t)\,dt = g\,\frac{e^{-\Omega c}}{\tau_0}\,e^{-wt}\left[\sum_0^\infty \left(f e^{-\Omega c}\cdot\frac{c}{k_2}\right)^n \frac{t^n}{n!}\right] dt = g\,\frac{e^{-\Omega c}}{\tau_0}\,e^{-\left(w - f e^{-\Omega c}\frac{c}{k_2}\right)t}\,dt \qquad (68)$$

sein. Setzen wir den Wert w aus (46) ein, so finden wir

$$L(t)\,dt = g\,\frac{e^{-\Omega c}}{\tau_0}\,e^{-\left\{\frac{1}{\tau_0}+\frac{c}{k_1}+\frac{c}{k_2}(1-f e^{-\Omega c})\right\}t}\,dt. \tag{69}$$

Um die Gesamtausbeute zu erhalten, muß man (69) über alle Werte t von 0 bis ∞ integrieren. Wir finden

$$L = \int_0^\infty L(t)\,dt = \frac{g}{\tau_0}\,e^{-\Omega c}\,\frac{1}{\left\{\frac{1}{\tau_0}+\frac{c}{k_1}+\frac{c}{k_2}(1-f e^{-\Omega c})\right\}}. \tag{70}$$

Hieraus folgt für L_0, den Wert der Ausbeute bei $c \to 0$:

$$L_0 = g. \tag{71}$$

Stellen wir auf Grund von (70) und (71) den Ausdruck $\frac{L_0}{L}$ für den reziproken Wert der Ausbeute auf, so erhalten wir

$$\frac{L_0}{L} = e^{\Omega c}\left[1 + c\left(\frac{\tau_0}{k_1}+\frac{\tau_0}{k_2}-\frac{\tau_0}{k_2} f e^{-\Omega c}\right)\right]. \tag{72}$$

Diese Formel drückt das Gesetz der Konzentrationsauslöschung in sehr allgemeiner Form aus. Die in (72) eingehenden Konstanten sind die gleichen wie in den Formeln (56) und (60) für die Konzentrationsdepolarisation und die Depolarisation beim Abklingvorgang.

Für das Konzentrationsgebiet, in dem $\Omega c \ll 1$, kann man (72) mit genügender Näherung in folgende Form umschreiben

$$\frac{L_0}{L} \approx 1 + c\left[\frac{\tau_0}{k_1}+\frac{\tau_0}{k_2}(1-f)+\Omega\right] + c^2\Omega\left[\frac{\tau_0}{k_1}+\frac{\tau_0}{k_2}\right] + c^3\Omega^2\,\frac{\tau_0}{k_2} f. \tag{72'}$$

In dem einfachsten Fall der Konzentrationsauslöschung, wo $\Omega = 0$, $k = \infty$, und dessen Sinn physikalisch vollkommen klar ist, nimmt (72) folgende Form an:

$$\frac{L_0}{L} = 1 + \frac{c\tau_0}{k_2}(1-f). \tag{72''}$$

Aus der Art der Ableitung von (72) geht hervor, daß nur ein Vergleich mit den experimentellen Daten den zulässigen Grad der Vereinfachung der Formel (72) zu bestimmen erlaubt.

Es ist wichtig, folgendes zu bemerken: Der Formel (72) liegen drei Annahmen zugrunde: 1. eine Resonanzwechselwirkung zwischen den Molekülen, die von der Zeit abhängt; 2. die „statistische" Wechselwirkung, die nicht von der Zeit abhängt; 3. die Wanderung der Anregungsenergie. Wenn man auf die erste Annahme verzichtet, d.h. die Konstanten $\frac{1}{k_1}$ und $\frac{1}{k_2}$ gleich 0 setzt, kommt man zu der falschen Formel von F. Perrin (64). Wenn man umgekehrt die statistische Wechselwirkung vernachlässigt, indem man $\Omega = 0$ setzt, so erhält man die Formel (65), die die Erscheinungen der Lumineszenzauslöschung durch Fremdstoffe [29, 30] gut wiedergibt, jedoch für die Konzentrationsauslöschung nicht richtig ist. Zieht man endlich die Wanderung der

Anregungsenergie nicht in Betracht, was gleichbedeutend mit dem Verschwinden der Konstanten $\frac{\tau_0}{k_2}$ ist, so erhält man die Formel (66), die für die Prozesse der Konzentrationsauslöschung ebenfalls nicht genügt. Die Formel von DUSCHINSKI (67) würde man, wie aus (72') ersichtlich ist, nur erhalten, wenn die Koeffizienten von c und c^2 gleich 0 gesetzt würden. Das bedeutet aber, daß auch der Koeffizient von c^3 verschwindet. Anders gesagt: Die Formel (67) kann unter keinen Umständen gelten.

§ 9. Die Verkürzung des Abklingvorgangs bei Konzentrationsauslöschung

In dem Prozeß der Konzentrationsauslöschung muß vom Standpunkt der dargelegten Wanderungstheorie aus eine direkte Analogie zu der Erscheinung der Depolarisation beim Abklingvorgang vorhanden sein.

Beim Fehlen einer Konzentrationsauslöschung muß das Abklingen spontaner Prozesse offensichtlich dem Gesetz

$$\underset{c\to 0}{I_c(t)}\,dt = \underset{c\to 0}{I_{c0}}\,e^{-\frac{t}{\tau_0}}\,dt$$

folgen. Andererseits folgt aus (69), daß der Abklingvorgang bei Vorliegen einer Konzentrationsauslöschung nach der folgenden Formel vor sich gehen muß:

$$I_c(t)\,dt = I_{c0}\,e^{-\left\{\frac{1}{\tau_0}+\frac{c}{k_1}+\frac{c}{k_2}(1-fe^{-\Omega c})\right\}t}\,dt,$$

d.h. die mittlere Abklingdauer ist durch die Formel

$$\frac{1}{\tau} = \frac{1}{\tau_0} + \frac{c}{k_1} + \frac{c}{k_2}(1-fe^{-\Omega c}) \tag{73}$$

bestimmt.

Die zusätzliche, dauernd anwachsende Schwächung des Leuchtens in dem Maße seines natürlichen Abklingens wird durch die Wanderung der Anregungsenergie hervorgerufen. Im ersten Moment nach der primären Anregung ist die Wahrscheinlichkeit für Übergänge der Energie auf andere Moleküle, die von einer Auslöschung begleitet ist, kleiner als später, in Übereinstimmung mit den früheren Ausführungen.

Aus dem Vergleich von (72) und (73) folgt, daß

$$\frac{L_0}{L}\,\frac{\tau}{\tau_0} = e^{-\Omega c}. \tag{74}$$

Ist die Wirkungssphäre Ω praktisch gleich Null, so muß für beliebige Konzentrationen zwischen Ausbeute und Nachleuchtdauer strenge Proportionalität gelten. Wenn Ω endlich ist, können L und τ nur annähernd proportional zueinander verlaufen. Wie aus dem Folgenden zu ersehen ist, ist solche annähernde Parallelität stets vorhanden. Diese Tatsache erlangt den Wert eines experimentum crucis für die Theorie der Konzentrationsauslöschung, genauso wie die Tatsache der Depolarisation beim Abklingvorgang eine entscheidende Rolle für die Theorie der Konzentrationsdepolarisation spielt. Die Parallelität zwischen L und τ beweist in Wahrheit eine Abhängigkeit der

Ausbeute von der Zeit, die nach der Erregung verstrichen ist. Eine solche Abhängigkeit könnte beobachtet werden, wenn der Prozeß der Auslöschung durch Stöße zwischen den Molekülen bestimmt wäre und dem Gesetz (65) gehorchte. Das Gesetz (65) wird jedoch sichtlich nicht erfüllt, und die Konzentrationen der lumineszierenden Farbstoffe sind dabei so klein, daß Stöße während der Lebensdauer des angeregten Zustandes nur recht selten vorkommen können; endlich hängt die Konzentrationsauslöschung von der Zähigkeit des Mediums fast gar nicht ab und geht in vollem Umfange sowohl in Wasser wie in Glyzerin vor sich. Deshalb können Stöße als Ursache der Konzentrationsauslöschung im wesentlichen ausgeschlossen werden. Die Abhängigkeit der Ausbeute von der Zeit kann nur durch die nach der Anregung sich entwickelnde Wechselwirkung zwischen den Teilchen bestimmt sein, d. h. durch Prozesse mit Resonanzcharakter.

§ 10. Die experimentelle Prüfung der Theorie der Konzentrationsauslöschung

Die Gleichungen (72) und (73) enthalten die fünf Konstanten: $\tau_0, f, \Omega, k_1, k_2$. Durch sie werden die strukturellen Eigenheiten der Teilchen und ebenso auch die molekularen Eigenschaften des Mediums ausgedrückt. Der funktionelle Bau der Gleichungen drückt den Wanderungscharakter der Prozesse in sehr allgemeiner und breiter Form aus. Andererseits beschreiben die Konstanten die Erscheinung vollkommen. Es sind empirische Konstanten, die jedoch nicht willkürlich ausgewählt, sondern vollständig definiert sind, da sie auch in die Ausdrücke für andere unabhängige physikalische Prozesse eingehen.

Die mittlere Zeit τ_0 für $c \to 0$ kann gegenwärtig mit genügender Genauigkeit mit Hilfe von Fluorometern oder auf Grund der Abhängigkeit der Polarisation der Photolumineszenz von der Zähigkeit und auch noch durch andere Methoden bestimmt werden.

Die Größe τ in (73) kann genauso wie τ_0 experimentell unabhängig von der Messung der Konzentrationsauslöschung bestimmt werden, und zwar mit Hilfe des Fluorometers oder der Bestimmung der Polarisation (im Falle verschiedener Konzentrationen) als Funktion der Viskosität.

Andererseits gibt uns die Formel (74) die Möglichkeit zu einer unabhängigen experimentellen Bestimmung von Ω. Ω stellt die Größe der Wirkungssphäre (nach Abzug der gaskinetischen Wirkungssphäre) dar, in der die Löschung praktisch momentan vor sich geht.

In die Formel (70) für die Konzentrationsauslöschung gehen die Konstanten g und f der inneren Auslöschung ein. Die Größe g charakterisiert die Wahrscheinlichkeit für das Ausbleiben der inneren Auslöschung bei direkter Absorption des Photons, die Größe f die entsprechende Wahrscheinlichkeit für den nachfolgenden Übergang der Anregungsenergie. Die Ausbeute wird experimentell aus der gesamten Energie bestimmt und nicht aus der Anzahl der Photonen. Deshalb ist g nach dem Stokesschen Gesetz formal gegenüber $\frac{\lambda_a}{\lambda_f}$ immer kleiner als 1, wo λ_a die mittlere Wellenlänge des absorbierten und λ_f die des ausgestrahlten Lichtes bedeuten. Im übrigen ist es natürlich (wenn auch nicht notwendig), bei der Behandlung der inneren Auslöschung anzunehmen, daß

$$g = \frac{\lambda_a}{\lambda_f} \cdot f. \tag{75}$$

Bei dieser Annahme können g und f aus der absoluten Ausbeute der Photolumineszenz bei $c \to 0$ bestimmt werden. Auf Grund von (75) ist unter diesen Bedingungen die absolute Ausbeute gegeben durch

$$L = g = \frac{\lambda_a}{\lambda_f} \cdot f. \tag{76}$$

Gegenwärtig sind bereits bequeme Methoden zur Bestimmung der absoluten Ausbeute vorhanden [33].

Ist f bekannt, und berücksichtigt man, daß für $c \to 0$ gilt, $\frac{c\tau_0}{k_1} \approx 0$, $e^{-\Omega c} \approx 1$, so kann man die Konstante k_2 aus der Konzentrationsdepolarisation (56) oder aus der Depolarisation beim Abklingvorgang (61) bestimmen.

Endlich geben dieselben Formeln für die Depolarisation, jedoch bei großem c und bekanntem τ_0, Ω, f, k_2, die Möglichkeit, k_1 zu bestimmen.

Einer von diesen möglichen Wegen, die Konstanten zu bestimmen, liegt in der Gleichung für die Konzentrationsauslöschung (72) vor. Der gezeigte Weg ist dabei nicht der einzige, so daß klar ist, daß die Konstanten ganz bestimmte Werte haben, die durch voneinander unabhängige Methoden bestimmt werden können.

Gegenwärtig liegen viele systematische parallele Messungen der Polarisation, Ausbeute und Dauer der Fluoreszenz in Lösungen organischer Farbstoffe vor. Die Messungen wurden hauptsächlich in dem P. N. Lebedew-Institut für Physik [61] und im Staatlichen Optischen Institut [4, 5] ausgeführt. In der Abb. 52 werden die ersten Ergebnisse eines Vergleichs von Theorie und Experiment für Polarisation, Ausbeute und

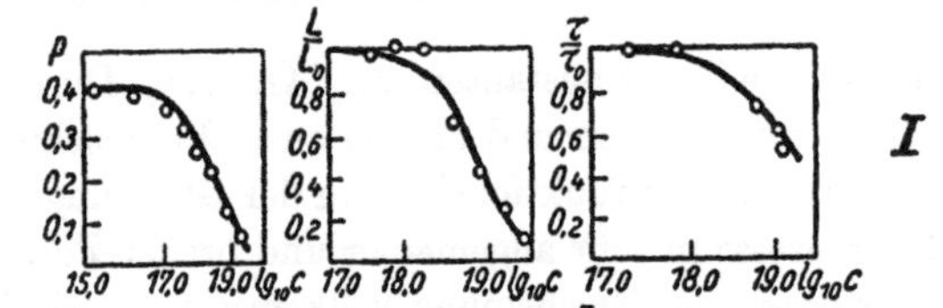

Abb. 52. Vergleich der experimentellen Daten der Konzentrationsdepolarisation p, der Auslöschung $\frac{L}{L_0}$ und der Abklingdauer $\frac{\tau}{\tau_0}$ der Fluoreszenz in Lösungen mit den theoretischen Kurven nach den Messungen von B. J. Sweschnikow und P. P. Theofilow [4] und W. Szymanowski [34]

I Fluoreszein in Glyzerin; *II*: Rhodamin B in Glyzerin; *III*: Eosin in Glyzerin; *IV*: Trypaflavin in Glyzerin

Leuchtdauer als Funktion der Konzentration für Fluoreszein, Rhodamin B, Eosin und Trypaflavin in Glyzerin angegeben. Die Messungen der Polarisation und der Ausbeute wurden von B. J. SWESCHNIKOW und P. P. THEOFILOW [4] in Leningrad ausgeführt. Die Abklingdauer hat W. SZYMANOWSKI [34] in Warschau fluorometrisch gemessen. Beim Vergleich des Experimentes mit der Theorie wurde f gleich 1 angenommen. Die ausgezogenen Kurven sind theoretisch berechnet. Die dabei angenommenen Werte der Konstanten sind ziemlich willkürlich, weil man keine Gewißheit über die Identität der Lösungen von THEOFILOW und SWESCHNIKOW einerseits und der Lösungen von SZYMANOWSKI andererseits besitzt. Die angenommenen Werte der Konstanten sind in Tabelle 2 zusammengestellt.

Tabelle 2

	$\Omega \cdot 10^{20}$	$\frac{\tau_0}{k_1} \cdot 10^{20}$	$\frac{\tau_0}{k_2} \cdot 10^{20}$
Fluoreszein	1,2	5,5	81,5
Rhodamin B	1,4	10,0	120,0
Eosin	1,0	1,0	73,0
Trypaflavin	7,3	0,5	30,0

In Abb. 53 ist eine graphische Darstellung der Messungen von F. M. PEKERMAN [5] für Trypaflavin, Fluoreszein, Rhodulin-orange, Rhodamin 5 G, Acridin-orange und Rhodamin B in Glyzerin gegeben. Die ausgezogenen Kurven sind theoretisch mit den Werten der Tabelle 3 für die Konstanten berechnet. Der Wert für f ist auch hier gleich 1 angenommen.

Tabelle 3

	$\Omega \cdot 10^{20}$	$\frac{\tau_0}{k_1} \cdot 10^{20}$	$\frac{\tau_0}{k_2} \cdot 10^{20}$
Trypaflavin	4,0	3,0	23
Fluoreszein	1,0	8,0	150
Rhodulin-orange	4,0	10,0	30
Rhodamin B	1,0	8,6	300
Rhodamin 5 G	2,0	7,8	69
Acridinorange	7,3	22,0	46

Aus den angeführten Ergebnissen geht hervor, daß sich die Folgerungen aus der Wanderungstheorie bestätigen. Die Werte der Konstanten in den Tabellen 2 und 3 haben im übrigen nur vorläufigen, größenordnungsmäßigen Charakter, da ein Fehler in einer Konstanten durch Fehler bei einer anderen weitgehend kompensiert werden kann. Man hat jedoch die Möglichkeit, die Genauigkeit der Messungen und folglich auch der Konstanten zu vergrößern.

Die aus den Tabellen 2 und 3 berechneten Mittelwerte der Konstanten sind

$$\Omega_{\text{mitt.}} = 3 \cdot 10^{-20}; \quad \frac{\tau_0}{k_{1\,\text{mitt.}}} = 8 \cdot 10^{-20}; \quad \frac{\tau_0}{k_{2\,\text{mitt.}}} = 90 \cdot 10^{-20}.$$

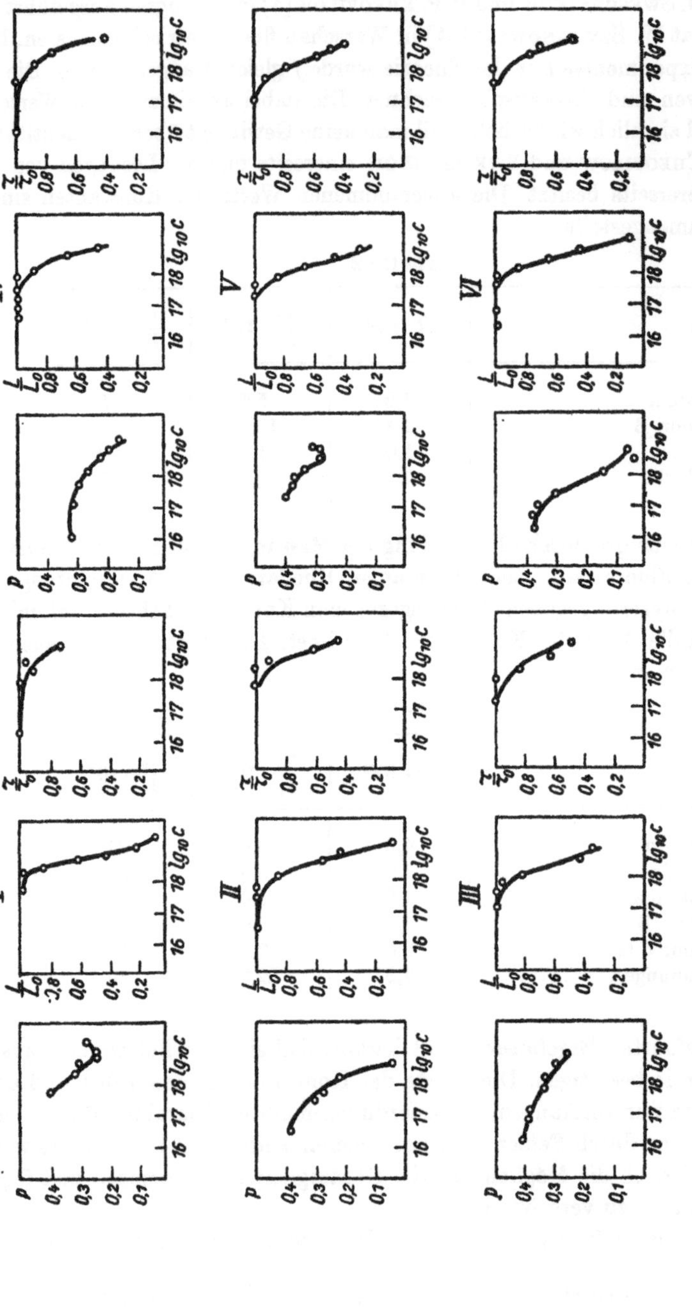

Abb. 53. Vergleich der experimentellen Daten mit den theoretischen Kurven für die Konzentrationsdepolarisation p, die Auslöschung $\frac{L}{L_0}$ und die Abklingdauer $\frac{\tau}{\tau_0}$ der Fluoreszenz in Lösungen in Glyzerin nach Messungen von F. M. Pekerman [5]

I Trypaflavin; *II* Fluoreszein; *III* Rhodulin-orange; *IV* Rhodamin 5G; *V* Acridinorange; *VI* Rhodamin B

Nehmen wir den gaskinetischen Durchmesser der Farbstoffmoleküle mit der Größenordnung $1 \cdot 10^{-7}$ cm an, so finden wir aus diesen Mittelwerten, daß sich im Falle augenblicklicher Auslöschung das Nachbarmolekül in einem Abstand befinden muß, der nicht mehr als ungefähr zwei Moleküldurchmesser betragen darf. Der mittlere Abstand, der der Möglichkeit von Resonanzübergängen der Anregung mit nachfolgender Auslöschung entspricht, beträgt etwa 3–4 Moleküldurchmesser. Endlich ist der mittlere Abstand, der die Resonanzübergänge ohne Auslöschung bestimmt, von der Größenordnung von 10 Moleküldurchmessern.

Das ganze angeführte experimentelle Material bezieht sich auf Lösungen organischer Farbstoffe. Im § 6 des zweiten Kapitels wurden schon Messungen von A. N. Sewtschenko [19, 21, 23] an Urangläsern angeführt. Sie bestätigen vollkommen die Wanderungstheorie der Depolarisation beim Abklingvorgang. Allerdings ist die quantitative Untersuchung des Konzentrationseinflusses des UO_2 in Gläsern mit großen Schwierigkeiten verbunden. Infolge der Kleinheit des Dipolmoments von UO_2 sind zur Herstellung eines merklichen Leuchtens sehr hohe Konzentrationen erforderlich, die ungefähr zwei Größenordnungen über denen im Falle der Farbstoffe liegen. Dabei werden die mittleren Abstände zwischen den Molekülen so klein, daß starke physikalisch-chemische Veränderungen, und zwar bei verschiedenen Konzentrationen in verschiedenem Maße, auftreten (s. S. 111). Die Herstellung der Urangläser erfordert außerdem hohe Temperaturen, die das Auftreten chemischer Umwandlungen begünstigen.

Die Messungen der Konzentrationsauslöschung für verhältnismäßig kleine Konzentrationen von Uranylsulfat in flüssigen Lösungen, in Schwefelsäure und in Wasser, wurden schon vor einem viertel Jahrhundert [22] durchgeführt, wobei sich eine Abhängigkeit der Ausbeute von der Konzentration ergab, die sich stark von der gewohnten Konzentrationskurve der organischen Farbstoffe unterscheidet. Für kleine Salzkonzentrationen (von 10^{-4} bis $5 \cdot 10^{-3}$ g/cm³) ändert sich der reziproke Wert der Ausbeute in Abhängigkeit von der Konzentration c linear (Abb. 54). Außerdem zeigt sich bei Änderung der Zähigkeit der Lösung (durch Erwärmen) eine konstante lineare Abhängigkeit zwischen $\frac{1}{L}$ und dem Fließvermögen (das der Viskosität umgekehrt

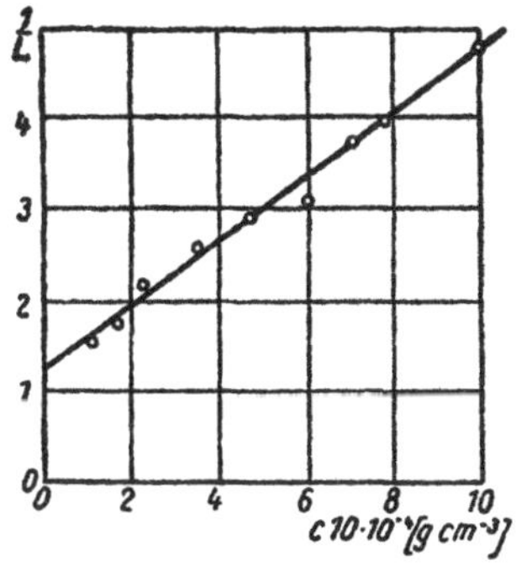

Abb. 54. Konzentrationsauslöschung von in Schwefelsäure gelösten Uranylsalzen [22, 5]

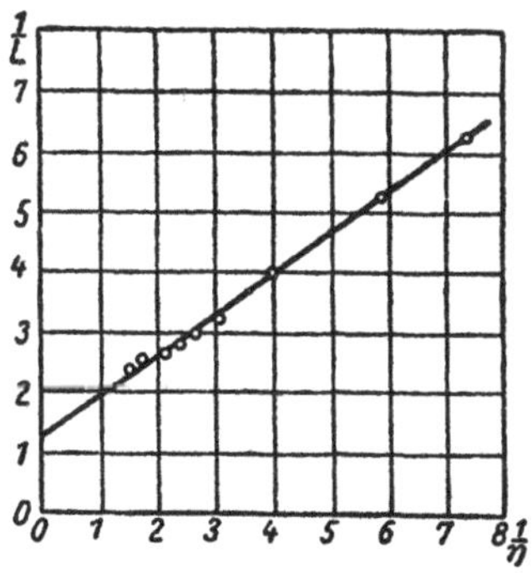

Abb. 55. Konzentrationsauslöschung von in Schwefelsäure gelösten Uranylsalzen als Funktion des Fließvermögens (des reziproken Wertes der Viskosität)

proportional ist), wie aus Abb. 55 zu ersehen ist. Weiter ist die Ausbeute L im Falle der Uranylsalze direkt proportional zu τ, was durch einen direkten Versuch gezeigt wurde [22]. Alle angegebenen Eigenschaften führen zu folgender Gleichung für die Auslöschung bei kleinen Konzentrationen der Uranylsalze:

$$\frac{L_0}{L} = 1 + \frac{\tau_0 c}{k\eta}.$$

Diese Gleichung ist mit der Formel (65) identisch, die für den Fall einer Auslöschung, die durch Stöße zwischen den Molekülen erklärt werden kann [30, 31], abgeleitet war.

Versuche mit flüssigen Lösungen der Uranylsalze wurden für kleine Konzentrationen unlängst von F. M. PEKERMAN [5] zur Feststellung der Abhängigkeit der Ausbeute von der Konzentration wiederholt. Der Einfluß der Zähigkeit wurde dabei nicht untersucht. PEKERMAN bestätigte die früher gefundene lineare Abhängigkeit zwischen $\frac{L_0}{L}$ und c.

Auf Grund der beschriebenen Versuche mit Uranylsalzlösungen möchte man natürlich annehmen, daß die Konzentrationsauslöschung in diesem Fall einen grundsätzlich anderen Charakter besitzt, als in Farbstofflösungen. Dieser Charakter wird durch die Zusammenstöße angeregter mit nicht angeregten Molekülen bestimmt [39]. Die Wanderungstheorie sieht ebenso die Möglichkeit einer linearen Abhängigkeit zwischen $\frac{L_0}{L}$ und c vor, wenn $\Omega \approx 0$ und $\frac{\tau_0}{k_1} \approx 0$, wie aus Formel (72'') ersichtlich ist. Doch ist in diesem Falle die früher angegebene Abhängigkeit von der Zähigkeit der entscheidende Faktor (s. Abb. 55), die man kaum oder jedenfalls nur schwer vom Standpunkt der Resonanzvorstellung erklären kann.

Auf den ersten Blick scheint es, daß ein Widerspruch zwischen den Polarisationsmessungen an Urangläsern und den Versuchen der Konzentrationsauslöschung an Uranylsalzen in flüssigen Lösungen besteht. Die ersteren zeugen ganz offensichtlich von dem Resonanzcharakter der Erscheinung, die zweiten werden umgekehrt am einfachsten durch Zusammenstöße zwischen den Molekülen erklärt. Dieser Widerspruch läßt sich jedoch leicht erklären. Zweifellos können sich Stöße zwischen den Teilchen, wenn sie wirklich während der Lebensdauer eines Anregungszustandes vorkommen, auf die Prozesse des Übergangs der Anregungsenergie in Wärme bemerkbar machen. Im Falle der in Flüssigkeiten gelösten Uranylsalze sind die Bedingungen für Stöße besonders günstig infolge der sehr langen Lebensdauer des Anregungszustandes ($\sim 10^{-5}$ sec) einerseits und der verhältnismäßig kleinen Viskosität des Mediums andererseits. Umgekehrt wäre es schlecht zu verstehen, daß solche Stöße keine Wirkung auf die Strahlung ausüben sollen. Von diesem Standpunkt aus ist der Charakter des Gesetzes für die Auslöschung im betrachteten Fall vollkommen verständlich. Außerdem muß auch auf Grund der Versuche über das polarisierte Leuchten der Urangläser gleichzeitig Resonanz auftreten. Jedoch kann sich infolge der Kleinheit des Dipolmoments von UO_2 und der schwachen Konzentrationen in den flüssigen Lösungen die Resonanz in diesem Falle als unbedeutend erweisen. Aus der Tabelle 1 (S. 134) kann man für die dort zuerst angeführte Konzentration von UO_2 in Glas entnehmen, daß $\frac{\tau_0}{k_2} = 2{,}4 \cdot 10^{-21}$; andererseits ist für Farbstoffe, wie wir gesehen haben, im Mittel

$\frac{\tau_0}{k^2} = 80 \cdot 10^{-21}$, d.h. um den Faktor 30 größer. Nur unter den besonderen Bedingungen der Urangläser, wenn die Viskosität außerordentlich groß ist, Stöße praktisch ausgeschlossen sind und die Konzentration sehr hoch ist, zeigen sich die Resonanzwechselwirkungen mit voller Deutlichkeit und werden umgekehrt die kinetischen Faktoren unterdrückt.

Von diesem Standpunkt aus stimmt die Gesamtheit der Versuche, die mit Uranylverbindungen durchgeführt wurden, mit den früher angeführten Vorstellungen vollkommen überein, und wir kommen zu einer Verallgemeinerung der Vorstellung von der Konzentrationsauslöschung.

§ 11. Der Einfluß einer Änderung der mittleren Lebensdauer der angeregten Zustände auf die Konzentrationsdepolarisation und Auslöschung

Die mittlere Lebensdauer eines angeregten Zustandes der Moleküle geht in den Hauptgleichungen der Wanderungstheorie (56), (61), (72) in die Ausdrücke $\frac{\tau_0}{k_2}$ und $\frac{\tau_0}{k_2}$ ein. Wenn k_1 und k_2 im wesentlichen nur durch die Struktur der Teilchen bestimmt sind, so kann sich der Wert von τ_0 in weiten Grenzen in Abhängigkeit vom Zustand des Mediums ändern. Fügt man der Lösung Fremdstoffe bei, die die Fluoreszenz löschen, aber das Licht nicht absorbieren, so kann man τ_0 um ein Vielfaches verkleinern. Besonders geeignet sind von den Stoffen, die wir zu diesem Zweck benutzt haben: Kaliumjodid, Anilin und Resorcin. Die Auslöschung durch diese Stoffe hängt eng mit den Zusammenstößen der entsprechenden Moleküle mit angeregten Teilchen [29, 30] zusammen und gehorcht den Gleichungen (65) und (66). Die Änderung von τ_0 ist im ersten Fall der Ausbeute proportional. Die angegebene Annahme der Verkleinerung von τ_0 ist verständlicherweise nur dann anwendbar, wenn zwischen den auslöschenden und den fluoreszierenden Molekülen keine chemische Wechselwirkung auftritt.

B. J. Sweschikow und P. P. Theofilow [4] haben die Polarisation des Leuchtens von Fluoreszein, Rhodamin B, Eosin und Trypaflavin für verschiedene Konzentrationen dieser Farbstoffe bei Anwesenheit eines auslöschenden Zusatzes, nämlich Anilin (ebenfalls in verschiedenen Konzentrationen), gemessen. In der Abb. 56 werden die experimentellen Ergebnisse (Kreise) und die theoretischen Kurven angeführt. Die Berechnung der theoretischen Kurven erfolgte mit Hilfe der Konstanten, die schon früher für die gleichen Stoffe bei den normalen Versuchen der Konzentrationsdepolarisation gefunden wurden und in der Tabelle 2 auf Seite 145 zusammengestellt sind. In den Abbildungen ist auf den Ordinatenachsen der Polarisationsgrad und auf den Abszissenachsen der Wert τ_0 aufgetragen; hierbei ist τ_0 die veränderliche mittlere Lebensdauer der angeregten Zustände, die durch die Auslöschung der Fluoreszenz durch Anilin verkleinert wird.

Aus der Abbildung geht deutlich hervor, daß die Wanderungstheorie hier in neuer Form bestätigt wird. Derartige Messungen ergeben andererseits eine neue Methode für die Ermittlung der Konstanten, die in die Hauptgleichungen eingehen.

Eine ähnliche Prüfung der Wanderungstheorie kann prinzipiell auch für die Konzentrationsauslöschung durchgeführt werden. In diesem Fall wird jedoch das Experiment durch eine Verstärkung der chemischen Wechselwirkung bei den unvermeidlichen hohen Konzentrationen der Farbstoffe und der auslöschenden Teilchen erschwert. Ein hinreichendes (wenn auch nicht notwendiges) Anzeichen für solche chemischen Einwirkungen bildet die Änderung der Emissionsspektren beim Hinzufügen der auslöschenden Substanz.

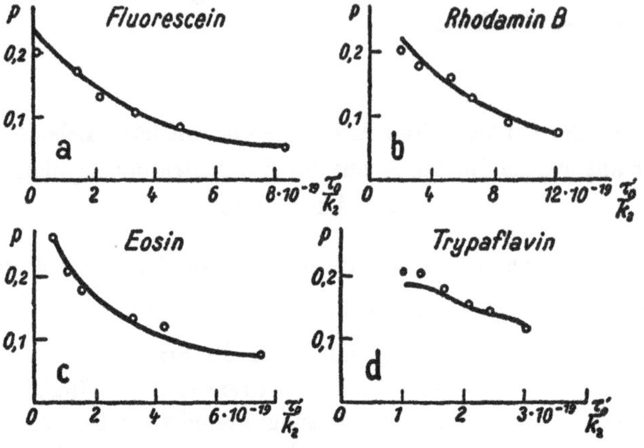

Abb. 56. Einfluß einer Verkürzung der mittleren Lebensdauer angeregter Zustände (τ_0) infolge eines Zusatzes von Anilin auf den Polarisationsgrad der in Glyzerin gelösten Farbstoffe: Fluoreszein, Rhodamin B, Eosin und Trypaflavin, nach Messungen von B. J. Sweschnikow und P. P. Theofilow [4]. Die ausgezogenen Kurven sind die theoretisch berechneten

Eine umfangreiche Serie von Messungen zur Untersuchung des Einflusses einer Änderung von τ_0 auf die Konzentrationsauslöschung wurde von F.M. Pekerman [5] durchgeführt. Die Ergebnisse sind in der Abb. 57 für Fluoreszein in Wasser mit Kaliumjodid als auslöschendem Zusatz, für Rhodamin B in Äthylalkohol mit Resorcin, für Acridinorange in Äthylalkohol mit Resorcin und für Trypaflavin in Äthylalkohol mit Resorcin dargestellt. Auf der Abszissenachse ist die Konzentration des Farbstoffes, auf der Ordinatenachse der Wert $\frac{L}{L_0}$ aufgetragen. Wie L, so hängt auch verständlicherweise L_0 von der Konzentration des Zusatzes ab. Die verschiedenen Kurven beziehen sich auf verschiedene Konzentrationen des Zusatzes. Qualitativ geht aus dem Verlauf der Kurven und ihrer Lage zueinander klar hervor, daß die Erscheinungen so vor sich gehen, wie man es theoretisch erwartet. In dem gleichen Maße wie die Konzentration der auslöschenden Substanz anwächst, d.h. wie sich τ_0' verkleinert, nimmt die Konzentrationsauslöschung ab. Die „Schwelle" verschiebt sich in Gebiete höherer Konzentration des Farbstoffes, und der Abfall der Kurven wird flacher.

Zum Schluß sei noch auf eine Methode zur quantitativen Prüfung der Folgerungen, die in bezug auf den Einfluß der mittleren Lebensdauer angeregter Zustände auf die Konzentrationsauslöschung gemacht wurden, hingewiesen. Diese Methode wurde noch

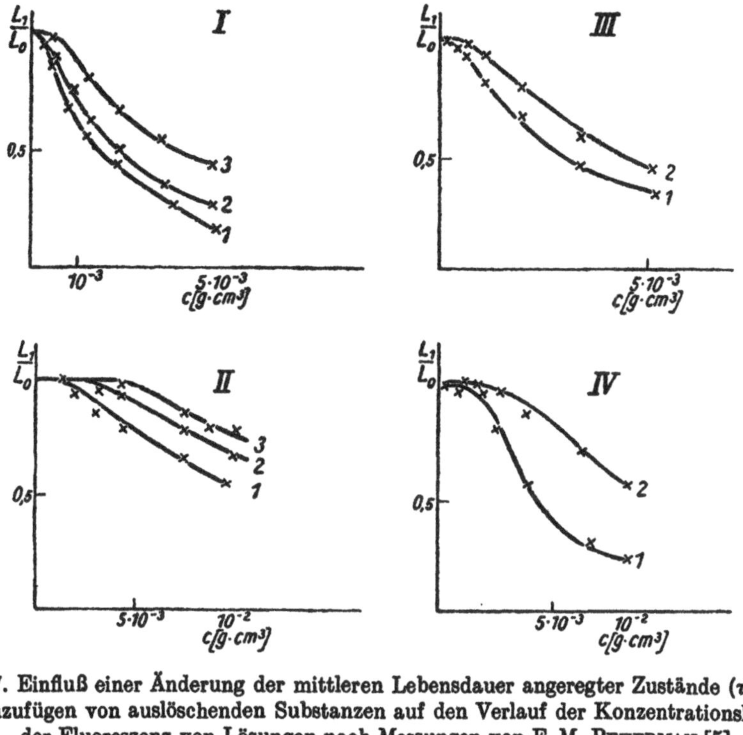

Abb. 57. Einfluß einer Änderung der mittleren Lebensdauer angeregter Zustände (τ_0) durch das Hinzufügen von auslöschenden Substanzen auf den Verlauf der Konzentrationslöschung der Fluoreszenz von Lösungen nach Messungen von F. M. Pekerman [5]

I Fluoreszein in Wasser mit Kaliumjodid in verschiedenen Konzentrationen:
1 ohne Zusatz; *2* mit KJ ($C_{KJ} = 5 \cdot 10^{-2}$ g/cm³); *3* $C_{KJ} = 3 \cdot 10^{-1}$ g/cm³

II Rhodamin B in Äthylalkohol mit Resorcin:
1 ohne Zusatz; *2* Konzentration des Resorcin $C_{Res} = 5 \cdot 10^{-2}$ g/cm³; *3* $C_{Res} = 10^{-1}$ g/cm³

III Acridinorange in Äthylalkohol mit Resorcin: *1* ohne Zusatz; *2* mit Resorcin $C_{Res} = 5 \cdot 10^{-2}$ g/cm³

IV Trypaflavin in Äthylalkohol mit Resorcin: *1* ohne Zusatz; *2* mit Resorcin $C_{Res} = 10^{-1}$ g/cm³

nicht angewendet. Setzen wir in die Formel für die Konzentrationsauslöschung (72) anstatt τ_0

$$\tau_0' = \tau_0 \frac{L_0(C)}{L_0} \tag{77}$$

ein, wo $L_0(C)$ die Ausbeute der Fluoreszenz bei der Konzentration c des auslöschenden Zusatzes und der Farbstoffkonzentration $c \to 0$ ist, so finden wir

$$\frac{\frac{L_0}{L} \cdot e^{-\Omega c} - 1}{\frac{L_0(C)}{L_0}} = c\tau_0 \left(\frac{1}{k_1} + \frac{1}{k_2} - \frac{f}{k_2} e^{-\Omega c} \right). \tag{78}$$

Lassen wir die Konzentration c des Farbstoffes konstant und ändern die Konzentration C des Zusatzes, so müssen wir erwarten, daß der Quotient auf der linken Seite von (78) konstant bleibt.

Die zur Prüfung geeignete Formel (78) nimmt eine noch einfachere Form an, wenn $\Omega c \ll 1$ und außerdem $\Omega c \ll \frac{\tau_0}{k_1}$. Die letztere Ungleichung hat in vielen Fällen Geltung, wie man aus der Tabelle 3 auf der Seite 145 ersieht. Bei der Erfüllung dieser Bedingungen kann man (72′) benutzen und schreiben

$$\frac{\frac{L_0}{L}-1}{\frac{L_0(C)}{L_0}} = c\left[\frac{\tau_0}{k_1}+\frac{\tau_0}{k_2}(1-f)\right]+c^2\Omega\left[\frac{\tau_0}{k_1}+\frac{\tau_0}{k_2}\right]+c^3\Omega^2\frac{\tau_0}{k_2}f. \tag{79}$$

Bei konstantem c und veränderlichem C muß das Verhältnis auf der linken Seite von (79) konstant bleiben, wenn die Theorie richtig ist und alle notwendigen Bedingungen erfüllt sind.

VIERTES KAPITEL

LUMINESZENZAUSLÖSCHUNG UND ABSORPTION DES LICHTES

§ 12. Lumineszenzauslöschung durch absorbierende Fremdstoffe

Für die Erklärung der Depolarisation und der Konzentrationsauslöschung des Lumineszenzlichtes haben wir drei allgemeine optische Eigenschaften beim Molekül vorausgesetzt: 1. Die angeregten Teilchen werden als ausstrahlende Systeme betrachtet, die eigene Schwingungen ausführen; 2. es wird angenommen, daß das Absorptionsspektrum der nicht angeregten Moleküle sich teilweise mit dem Emissionsspektrum überdeckt; 3. es wird zugelassen, daß unter gewissen (nicht genau zu bestimmenden) Bedingungen die Anregungsenergie in Wärme übergehen kann. Alle diese drei allgemeinen „klassischen" Eigenschaften müssen selbstverständlich bei einer genaueren Analyse quantenmechanisch interpretiert werden. Wir haben gesehen, daß im Rahmen dieses Schemas alle bekannten Tatsachen, die mit der Konzentrationsdepolarisation und der Lumineszenzauslöschung zusammenhängen, eine vollkommene Klärung finden. Dasselbe Schema führt notwendig auf die Existenz einiger neuer Erscheinungen, die über die Grenzen des Konzentrationseinflusses hinausgehen und in diesem Kapitel betrachtet werden.

Zunächst muß, wenn die Voraussetzungen der Theorie richtig sind, der Auslöschungsprozeß nicht nur durch „eigene" nicht angeregte Moleküle erzeugt werden, sondern genauso auch durch beliebige Fremdmoleküle. Von diesen fremden Molekülen wird eine einzige, und zwar optische Eigenschaft gefordert: sie müssen auf irgendeine Weise das Lumineszenzlicht absorbieren. Auf die mögliche Existenz einer solchen neuen Form der Lumineszenzauslöschung durch absorbierende Fremdstoffe wies zuerst J. Perrin [35] im Jahre 1927 hin. Diese Erscheinung wurde jedoch nicht bewiesen und genügend untersucht, sondern geriet in Vergessenheit. Die Konzeption von F. Perrin von der „molekularen Induktion", die ihn auf die Existenz einer Auslöschung durch absorbierende Fremdstoffe führte, war sehr unklar und blieb unausgearbeitet; insbesondere war die Ausbildung der Resonanz mit der Zeit nicht berücksichtigt.

Vom Standpunkt der Vorstellung, die hier dargestellt ist, ist die Lumineszenzauslöschung durch einen beliebigen Stoff, genauso wie die Konzentrationsauslöschung, eine notwendige optische Folgerung, wenn man nur die Besonderheiten der Optik bei Entfernungen zwischen den emittierenden und absorbierenden Teilchen berücksichtigt, die kleiner als die Wellenlänge des Lichtes sind.

Betrachten wir zuerst Moleküle, die ihrer Struktur nach nicht lumineszieren können und die von ihnen absorbierte Lichtenergie vollständig in Wärme verwandeln. Wenn ein solches Molekül eine Resonanzkopplung mit einem leuchtenden, in geringer Entfernung befindlichen Teilchen eingeht, so muß es das Licht viel stärker absorbieren als bei größeren Entfernungen. Der Grund ist folgender: Durch die Kopplung muß die Energie des leuchtenden Teilchens zum Nachbarmolekül übergehen, doch kann sie nicht zurückkehren, weil sie in diesen Nachbarteilchen in Wärme verwandelt wird. Die Kopplung zwischen solchen Molekülen muß sich folglich in einer sehr starken Zunahme des Abklingvorganges der leuchtenden Teilchen auswirken, wenn man die klassischen Vorstellungen benutzt. Bei großen Entfernungen wird die Absorption normal sein, weil hier die Kopplung verschwindet. Deshalb besteht die Lumineszenzauslöschung durch absorbierende Fremdstoffe in Wirklichkeit in einem sehr starken Anwachsen der Absorption des Lichtes in kleinen Entfernungen von der Quelle.

Die Löschung muß im betrachteten Fall offensichtlich von einer Verkürzung der mittleren Lebensdauer der angeregten Zustände begleitet sein (was gleichbedeutend ist mit einer Verstärkung des Abklingens). Dieser Umstand ergibt eine besondere Methode zur experimentellen Untersuchung der Erscheinung.

Die Lumineszenzauslöschung durch absorbierende Fremdstoffe wurde experimentell für einige Farbstoffe untersucht [30]. In der Hauptreihe der Versuche wurde die relative Ausbeute $\frac{L}{L_0}$ der Lumineszenz bei Änderung der Konzentration des Zusatzes bestimmt und die notwendige Korrektur angebracht, die die „triviale“ Absorption des Lumineszenzlichtes durch den Fremdstoff in weiten Entfernungen berücksichtigt. Parallel zu diesen photometrischen Messungen wurde mit dem schon früher (S.135) angedeuteten Ultraschall-Fluorometer in dem P.N. Lebedew-Institut für Physik die mittlere Lebensdauer angeregter Zustände τ bestimmt. Solche Messungen konnten nur in einem kleinen Konzentrationsintervall infolge des starken Anwachsens der Auslöschung bei Konzentrationserhöhung des Zusatzes durchgeführt werden.

In Abb.58 sind die reziproken Werte der relativen Ausbeute $\frac{L_0}{L}$ und der relativen Abklingdauer $\frac{\tau_0}{\tau}$ in Abhängigkeit von der Konzentration (Zahl N der Moleküle in 1 cm^3) aufgetragen und die Fluoreszenzspektren sowie die Absorptionsspektren des Zusatzes einander gegenübergestellt.

Die Ergebnisse dieser in Abb.58 dargestellten Versuche zeigen, daß: 1. die Auslöschung um so stärker ist, je mehr sich die Spektren der Ausstrahlung des fluoreszierenden Stoffes und der Absorption des Zusatzes gegenseitig überlappen; 2. die Auslöschung und die Verkürzung der Leuchtdauer in den Genauigkeitsgrenzen der Messung parallel und proportional zueinander verlaufen.

Die Lumineszenzauslöschung in Lösungen durch absorbierende Fremdstoffe hat ebenso T. Förster [32] untersucht. Er bestimmte die Auslöschung der Fluoreszenz von Trypaflavin in Methanol durch Zusatz von Rhodamin B. Wenn der auslöschende Stoff in diesem Fall die Fähigkeit besitzt zu fluoreszieren, so zeigt sich neben der Auslöschung auch eine sensibilisierte Fluoreszenz des Rhodamins. Die Versuche von

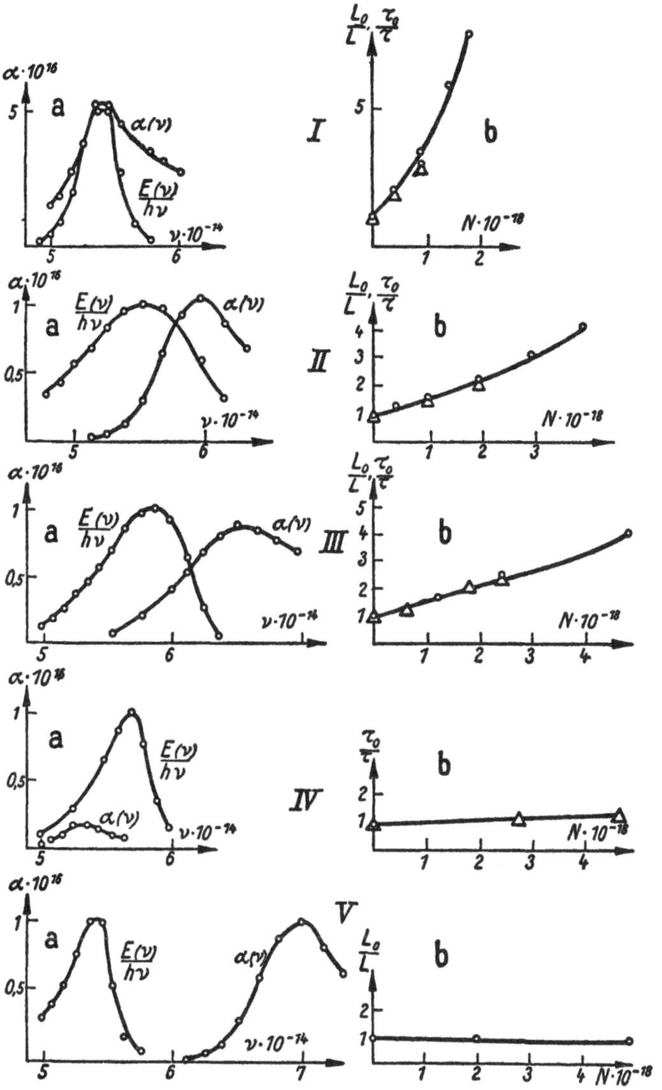

Abb. 58. Fluoreszenzlöschung durch absorbierende Fremdstoffe

a Gegenseitige Lage der Fluoreszenzspektren und der Absorptionsspektren der Zusätze; *b* Kurven der Auslöschung (N Zahl der Fremdmoleküle in 1 cm³) (Kreise) und der relative Wert τ_0 (Dreiecke). *I* Rhodamin 5G und Fuchsin; *II* Chininsulfat und Auramin; *III* Benzoflavin und Chrysoidin; *IV* Fluoreszein im alkalischen Medium und Phenolphthalein; *V* Rhodamin 5G und Auramin

FÖRSTER tragen qualitativen Charakter, bestätigen jedoch mit Gewißheit die Tatsache des Vorhandenseins einer neuen Form der Auslöschung.

Die Auslöschung durch absorbierende Fremdstoffe ist ihrer Natur nach der Konzentrationsauslöschung ähnlich. Der Unterschied besteht nur darin, daß im letzten Fall nicht alle nicht angeregten Moleküle sich in einem Zustand befinden, der einem

Übergang der Anregungsenergie in Wärme entspricht. Man kann sogar sagen, daß die Auslöschung durch absorbierende Fremdstoffe dem Wesen nach einfacher ist und zu einem klaren Verständnis des organischen Zusammenhangs zwischen Konzentrationsauslöschung und Lichtabsorption verhilft. Wenn der Fremdstoff seinerseits fluoresziert, so wird ein Zwischenzustand zwischen der Konzentrationsauslöschung und der Auslöschung mit Hilfe eines Stoffes realisiert, der das absorbierte Licht vollständig in Wärme verwandelt. Dabei ist die Wanderung der Anregungsenergie von der Ausstrahlung durch sensibilisierte Fluoreszenz an Stelle der Fluoreszenz des leuchtenden Grundstoffes, wie sie bei der Konzentrationsauslöschung auftritt, begleitet.

Die Versuche von M.D. Galanin zeigten, daß beide Formen der Auslöschung (Konzentrations- und Fremdstoffauslöschung) praktisch (in dem Gebiet der angewandten Konzentration) unabhängig von der Zähigkeit des Mediums sind, während die Auslöschung durch nichtabsorbierende Fremdstoffe stets bei einer Erhöhung der Zähigkeit, seiner kinetischen Natur entsprechend, schwächer wird.

§ 13. Depolarisation und Auslöschung der Lumineszenz in einem „eindimensionalen" Medium

Bei Verkleinerung der Dicke der beleuchteten fluoreszierenden Schicht wird allmählich die „triviale" Reabsorption ausgeschlossen, und die Strahlung der Lösung tritt ebenso wie die mit der induktiven Resonanz verbundenen Vorgänge immer klarer in Erscheinung. Wenn man jedoch die Schichtdicke sehr stark verkleinert und zu Dicken $\ll \lambda$ übergeht, so muß man nicht nur ein Verschwinden der „trivialen" Erscheinungen erwarten, sondern ebenso auch eine Schwächung der Effekte, die sich auf die induktive Resonanz beziehen, d.h. der Depolarisation und Auslöschung. Bei diesen winzigen Dicken sind nicht mehr genügend „Resonanzpartner" vorhanden, in bestimmten Richtungen fehlt eine genügende Anzahl von Wechselwirkungsmolekülen. Die Anzahl der in Resonanz stehenden Teilchen wird in der Fläche der beleuchteten Schicht selbst ausreichend sein, doch fehlen Teilchen in den Richtungen senkrecht zu dieser Fläche infolge der angedeuteten Verkleinerung der Schicht bis zu Dicken von der Größenordnung des mittleren Abstandes zwischen den Molekülen des gelösten Stoffes.

Die Depolarisation und Auslöschung wird durch die Wirkung aller benachbarten Moleküle hervorgerufen, deshalb muß sich ein Fehlen von in Resonanz stehenden Teilchen in bestimmten Richtungen in einer Schwächung der Depolarisations- und Auslöschungsprozesse bemerkbar machen, auch wenn die mittlere Konzentration die gleiche bleibt.

Diese Folgerung, die sich mit Notwendigkeit aus der Wanderungstheorie ergibt, kann man unter noch strengeren, fast „eindimensionalen" Bedingungen prüfen. Dafür kann man die Eigenschaften des „porösen" Glases benutzen, das im Staatlichen Optischen Institut in dem Laboratorium von I.W. Grebenschtschikow [37] entwickelt wurde. Dieses Glas ist nach der chemischen Bearbeitung vollkommen durchsichtig und streut nicht das Licht, wenn auch sein ganzes Volumen von fadenförmigen Poren durchzogen ist. Das Porenvolumen betrug bei den verwandten Proben ungefähr 25% des gesamten Glasvolumens. Der Durchmesser der meisten Poren erreichte nach Messungen von L. A. KOTSCHUR $1 \cdot 10^{-6}$ cm; die Poren sind durch bedeutend dickere Wände voneinander getrennt. Die Poren des Glases wurden mit einer fluoreszierenden Lösung einer Konzentration gefüllt, bei der schon Auslöschung einsetzt. Für Fluoreszein ist diese Konzentration gleich $4 \cdot 10^{-4}$ g/cm³, was einem mittleren Abstand von $1{,}2 \cdot 10^{-6}$ cm zwischen den Molekülen entspricht. Dieser Abstand ist also ungefähr gleich dem Durchmesser der Poren. Die Mehrzahl der gelösten Moleküle war deshalb hintereinander „eindimensional" in der Form eines Rosenkranzes angeordnet. Bei Erhöhung der Konzentration des Fluoreszeins auf $5 \cdot 10^{-3}$ g/cm³ sinkt die Ausbeute um den Faktor 5, dabei ist der mittlere Abstand zwischen den Molekülen gleich $5 \cdot 10^{-7}$ cm, d. h. noch vergleichbar mit dem Durchmesser der Poren.

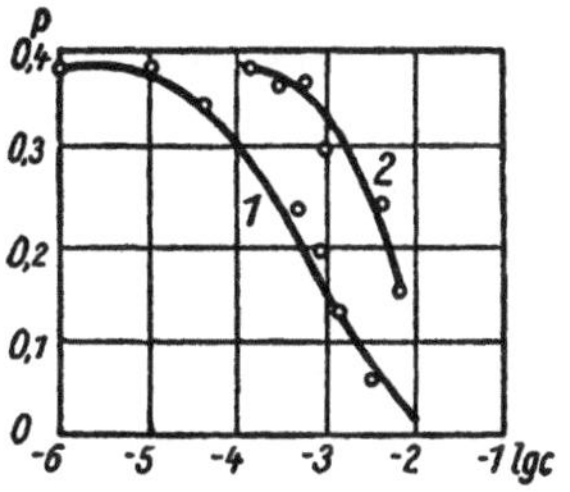

Abb. 59. Depolarisation der Fluoreszenz von in Glyzerin gelöstem Fluoreszein

1 Depolarisation der Lösung in einer Küvette; *2* Depolarisation im porösen Glas (nach Messungen von F. M. PEKERMAN)

Die Versuche von F. M. PEKERMAN [5] wurden mit sauren Farbstoffen durchgeführt, die in den Poren des Glases nicht adsorbiert werden, und zwar mit wäßrigen alkalischen Lösungen des Fluoreszeins und mit dem Natriumsalz der Perylentetrakarbonsäure. In Abb. 59 sind die Messungen der Konzentrationsdepolarisation unter gewöhnlichen Bedingungen und im porösen Glas dargestellt. Die Gleichheit der Konzentration wurde in beiden Versuchsserien durch spezielle photometrische Messungen unter Berücksichtigung des relativen Porenvolumens im Glas kontrolliert. Die Messungen beziehen sich auf in Glyzerin gelöstes Fluoreszein. Wie aus der Abbildung ersichtlich ist, wurde die erwartete Erscheinung vollkommen bestätigt. Die Depolarisation beginnt im porösen Glas bei viel höheren Konzentrationen als unter gewöhnlichen Bedingungen.

Analoge Versuche wurden für die Konzentrationsauslöschung durchgeführt. Ihre Resultate sind in der Abb. 60 dargestellt. Die Kurven *a* beziehen sich auf die Auslöschung einer wäßrigen Fluoreszeinlösung, die Kurven *b* auf die Auslöschung einer Lösung des

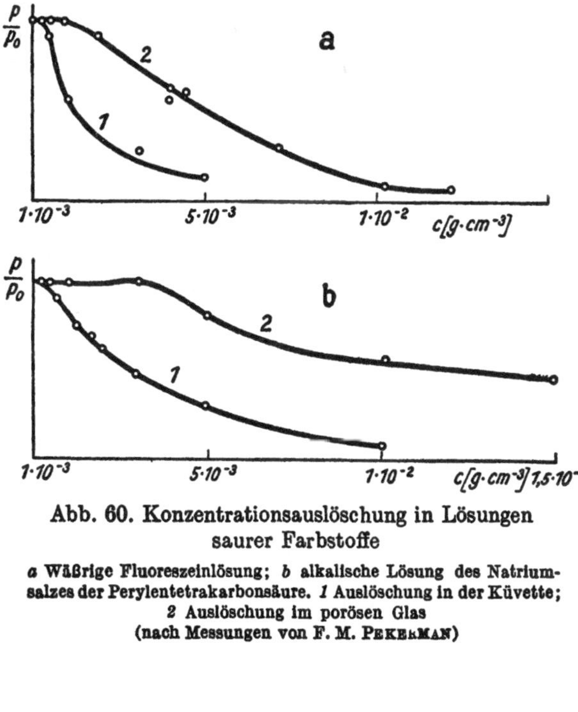

Abb. 60. Konzentrationsauslöschung in Lösungen saurer Farbstoffe

a Wäßrige Fluoreszeinlösung; *b* alkalische Lösung des Natriumsalzes der Perylentetrakarbonsäure. *1* Auslöschung in der Küvette; *2* Auslöschung im porösen Glas (nach Messungen von F. M. PEKERMAN)

Natriumsalzes der Perylentetrakarbonsäure. Die unteren Kurven (*1*) entsprechen der Auslöschung unter gewöhnlichen Bedingungen in einer Glasküvette, die oberen (*2*) der Auslöschung im porösen Glas. Wie man aus der Abbildung ersieht, beginnt die Auslöschung unter den „eindimensionalen“ Bedingungen des porösen Glases bei viel höheren Konzentrationen und entwickelt sich viel schwächer.

Die „eindimensionalen“ Versuche mit der Fluoreszenz im porösen Glas entziehen auf diese Weise allen existierenden früheren chemischen und physikalisch-chemischen Deutungen des Einflusses der Konzentration auf die Eigenschaften der Fluoreszenz den Boden und können als ein neues, ganz spezifisches Argument für die Theorie der Wanderung der Anregungsenergie durch Resonanz betrachtet werden.

§ 14. Die Absorption des Lumineszenzlichtes in dünnen Schichten

Bei der Ausstrahlung von Licht in einem absorbierenden Medium geht, wie schon früher unterstrichen wurde, strenggenommen der Unterschied der Begriffe „Quelle“ und „Medium“ verloren, weil das Medium auf die Quelle durch Resonanz einwirkt und umgekehrt der Ausstrahler die Eigenschaften des Mediums (Wanderung der Anregung) verändert. Infolge der induktiven Resonanz mit den absorbierenden Nachbarmolekülen erlischt das leuchtende Teilchen rascher; es tritt Auslöschung ein. Wie schon früher bemerkt wurde, ist das gleichbedeutend mit einer starken Erhöhung der Absorptionsfähigkeit benachbarter Schichten. Der Ausstrahler und die nächsten gekoppelten Teilchen bilden im Grunde genommen eine organische Einheit: eine Quelle mit den Eigenschaften, wie sie in weiterer Entfernung wahrgenommen wird. Für alle bisher untersuchten Moleküle stellt diese zusätzliche Absorption eine nichtselektive Auslöschung dar. Sie schwächt das ganze Lumineszenzspektrum in gleichem Maße.[1]

Die Absorption in großen Entfernungen vom leuchtenden Molekül hat den normalen selektiven Charakter. Diese normale Absorption liegt bei der Reabsorption und Wiederausstrahlung des Lichtes in fluoreszierenden Lösungen vor. Doch ist der Absorptionscharakter, wie wir jetzt wissen, in der Nähe des leuchtenden Moleküls, im Gebiet der induktiven Resonanz, ein völlig anderer: die Absorption ist sehr groß und hat nichtselektiven Charakter. Haben wir es dabei mit einer *Überlagerung* zweier Prozesse zu tun, oder geht ein Prozeß plötzlich, wenn auch kontinuierlich, in einen anderen über? Die klassische Theorie der Schwingungen elektrisch gekoppelter Systeme (ebenso wie die Quantentheorie) gibt eine bestimmte Antwort darauf, daß nämlich der Übergang kontinuierlich vor sich geht. Man kann deshalb behaupten, daß in dem Maße der Annäherung des absorbierenden Systems an den Strahler die selektive Absorption durch eine aselektive Auslöschung ersetzt wird. Die absolute Größe der selektiven Auslöschung muß sich unter diesen Bedingungen ändern. Der triviale Versuch mit der

---

[1] Natürlich wird man annehmen, daß die angegebene Nichtselektivität durch die strukturellen Eigenheiten der untersuchten Moleküle bestimmt ist. Bekanntlich strahlen alle diese Moleküle bei jeder beliebigen Anregung stets das gleiche Spektrum aus. Für Moleküle, die diese Eigenschaft nicht haben, könnte man annehmen, daß sich die Auslöschung als selektiv erweisen wird.

wiederholten Absorption und Emission in einem lumineszierenden Volumen zeigt den selektiven Charakter der Absorption bei großen Entfernungen vom leuchtenden Molekül. Die Erscheinungen der Konzentrationsauslöschung und der Auslöschung durch absorbierende Fremdstoffe zeigen andererseits das ungeheure Anwachsen und die Aselektivität der Absorption in der Nähe des Strahlers.

Um die Absorption des Übergangstyps mit der sich ändernden selektiven Absorption und dem Anwachsen der selektiven Auslöschung festzustellen, sind Versuche mit sehr dünnen lumineszierenden Schichten notwendig.

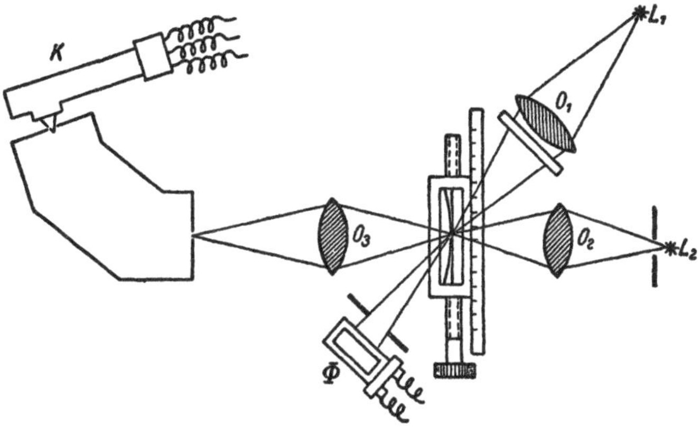

Abb. 61. Schema der Anordnung zu Messungen mit dünnen fluoreszierenden Schichten

Für diesen Zweck [36] wurde eine Anordnung verwendet, die der zur Untersuchung „NEWTONscher Ringe" ähnlich ist (Abb. 61). Ein Tropfen einer fluoreszierenden Lösung wird zwischen eine ebene Platte und eine schwach gekrümmte Linse aus kristallinem, nicht merklich lumineszierendem Quarz gebracht. Die Platte und die Linse waren senkrecht zur optischen Achse des Quarzes geschnitten. Man erhielt eine Schicht der Lösung von verschiedener Dicke; von Hundertsteln der Wellenlänge im Zentrum des Systems bis zum 10fachen von λ an den Rändern. Der Durchmesser des ersten dunklen NEWTONschen Ringes betrug im reflektierten Licht ungefähr 6 mm. Das verkleinerte Bild einer Quecksilberhöchstdrucklampe L_1 wurde von dem Objektiv O_1 durch ein Lichtfilter auf die lumineszierende Schicht projiziert. Der leuchtende Punkt wurde mit Hilfe der Linse O_3 auf den Spalt eines Monochromators abgebildet. Am Ausgangsspalt war ein Photomultiplier großer Empfindlichkeit von L. A. KUBEZKOW aufgestellt, der die relativen Intensitäten registrierte. Das System der NEWTONschen Ringe konnte mit Hilfe einer Schraube in der Ebene der Schicht verschoben werden. Die Lampe L_2 diente zur Bestimmung der Absorption des Lichtes einer außerhalb der Schicht gelegenen Lichtquelle. Die Absorption des erregenden Lichtes in der lumineszierenden Schicht wurde mit einem Photoelement Φ gemessen.

Die Aufgabe bestand darin, den Koeffizienten der selektiven Absorption des Fluoreszenzlichtes in dünnen Schichten zu bestimmen. Die aselektive Absorption, die durch die induktive Resonanz der strahlenden Teilchen mit den benachbarten Molekülen hervorgerufen wird, äußert sich durch eine Auslöschung, wobei diese, qualitativ gesehen, sowohl in dicken als auch in dünnen Schichten vorkommt, da man jede dicke Schicht als die Summe vieler dünner Schichten ansehen kann. Nur in Schichten, deren Dicke bedeutend kleiner als λ ist, muß eine Verkleinerung des Koeffizienten der aselektiven Absorption (oder Auslöschung) infolge des Fehlens von Partnermolekülen eintreten, die die Größe der induktiven Resonanz bestimmen. Diese Erscheinung tritt in weit stärkerer Form bei „eindimensionaler“ Verteilung der fluoreszierenden Moleküle auf, wie im § 13 gezeigt wurde.

Um die gesuchte selektive Übergangsabsorption von dem sich über das ganze Spektrum erstreckenden Untergrund der aselektiven Auslöschung zu trennen und um ebenso die Komplikation durch die schwachen Interferenzstreifen in dünnen Schichten auszuschließen, wurde folgendes Verfahren verwendet. Bei jeder Stellung des NEWTONschen Systems, die durch die Schraube eingestellt wurde, wurde die aus dem Monochromator austretende Lichtenergie für zwei Wellenlängen des Fluoreszenzspektrums mit dem Photomultiplier gemessen: für eine Wellenlänge λ_1, die dem Gebiet der Resonanz entsprach, d. h. der Überdeckung der Emissions- und der Absorptionsstreifen, und für eine Wellenlänge λ_2, die vom Medium praktisch nicht absorbiert wurde.

Bezeichnen wir mit F_1, F_2 die Energie des Fluoreszenzlichtes bei den Wellenlängen λ_1 und λ_2, bezogen auf die Einheit der absorbierten Anregungsenergie; durch I_1 und I_2 die relative Intensität des Lichtes für λ_1 und λ_2, die durch den Photomultiplier gemessen wird; durch α_1, α_2 die entsprechenden Absorptionskoeffizienten; durch α_0 den Absorptionskoeffizienten für das anregende Licht; durch l_0 die Schichtdicke. Auf Grund des BOUGUERschen Gesetzes kann man schreiben

$$I_1 = F_1\alpha_0 \int_0^{l_0} e^{-\alpha_0 l} \cdot e^{-\alpha_1(l_0-l)}\,dl = \frac{F_1\alpha_0 e^{-\alpha_1 l_0}}{(\alpha_0-\alpha_1)}\,\{1 - e^{-(\alpha_0-\alpha_1)l_0}\}$$

und entsprechend

$$I_2 = \frac{F_2\alpha_0 e^{-\alpha_2 l_0}}{(\alpha_0-\alpha_2)}\,\{1 - e^{-(\alpha_0-\alpha_2)l_0}\}.$$

Nimmt man weiter an, daß das Licht der Wellenlänge λ_2 fast nicht absorbiert wird, d. h. $\alpha_2 \approx 0$, so findet man

$$\frac{I_1}{I_2} = \frac{F_1}{F_2}\cdot\frac{\alpha_0}{(\alpha_1-\alpha_0)}\cdot\frac{(e^{-\alpha_0 l_0} - e^{-\alpha_1 l_0})}{(1 - e^{-\alpha_0 l_0})}. \qquad (80)$$

Diese Formel, die, wie schon angegeben, unter der Voraussetzung abgeleitet wurde, daß das Gesetz von BOUGUER streng erfüllt ist, d. h., daß α_1 unabhängig von der Dicke ist, wurde einer experimentellen Prüfung unterzogen. Die Koeffizienten α_0 und α_1 wurden photometrisch für die außerhalb gelegene Quelle L_1 (s. Abb. 61) bestimmt. Wenn das Gesetz von BOUGUER für beliebige Dicken richtig wäre, so müßte die Formel (80) für alle Schichtdicken streng erfüllt werden.

Die Ergebnisse sind in Abb. 62 wiedergegeben. Die ausgezogenen Kurven sind nach den unabhängig gemessenen Werten (für die außerhalb liegende Quelle) α_1 und α_0 berechnet. Die Kreise bezeichnen die experimentellen Messungen. Auf der Abszissenachse sind die Werte für l_0, in λ ausgedrückt, aufgetragen, auf der Ordinate $\frac{I_1}{I_2}$. Die erste Kurve bezieht sich auf den Fall des Benzoflavin als fluoreszierender und auf Chrysoidin als auslöschender Substanz; die zweite Kurve wurde für die Fluoreszenz des Chininsulfats und den löschenden Zusatz Auramin erhalten; die dritte Kurve bezieht sich auf die Konzentrationsauslöschung des Fluoreszeins und die vierte auf die Konzentrationsauslöschung des Eosins. Aus der Abb. 62 sieht man zunächst, daß alle theoretischen Kurven, die nach (80) berechnet sind, mit der Verringerung der Schichtdicke ansteigen. Dieser Anstieg entspricht der normalen selektiven Absorption des Fluoreszenzlichtes im Medium. Aus der Formel (80) folgt, daß bei konstantem α_0 und wachsendem l_0 der Wert für $\frac{I_1}{I_2}$ kleiner werden muß. Dieser triviale Effekt in dem Gebiet bedeutend größerer Schichtdicken als λ wird durch das Experiment bestätigt, wie aus der Abbildung hervorgeht. Die vollkommene Übereinstimmung der experimentellen Punkte mit den theoretischen Kurven zeugt zugleich von der genügenden Meßgenauigkeit. Jedoch weichen in allen Fällen bei Dicken kleiner als λ die experimentellen Werte systematisch von den berechneten Kurven nach oben ab. Das bedeutet, daß *der Koeffizient der selektiven Absorption in Entfernungen kleiner als λ von den ausstrahlenden Molekülen zu wachsen beginnt und um so größer wird, je kleiner die Schichtdicke ist.* Das Gesetz von Bouguer ist nicht erfüllt. Damit ist experimentell ein Gebiet festgestellt, wo die selektive Absorption sich zu ändern anfängt. Die neue, durch das Experiment gefundene Erscheinung ist zwar quantitativ nicht ins Gewicht fallend, sie ist aber von prinzipieller Bedeutung. Sie scheint die Brücke zu schlagen zwischen der gewöhnlichen Optik mit voneinander getrennter Lichtquelle und Medium und der Optik des gleichzeitig emittierenden und absorbierenden Mediums, bei der die Begriffe der Lichtquelle und des Mediums schwer voneinander abzugrenzen sind.

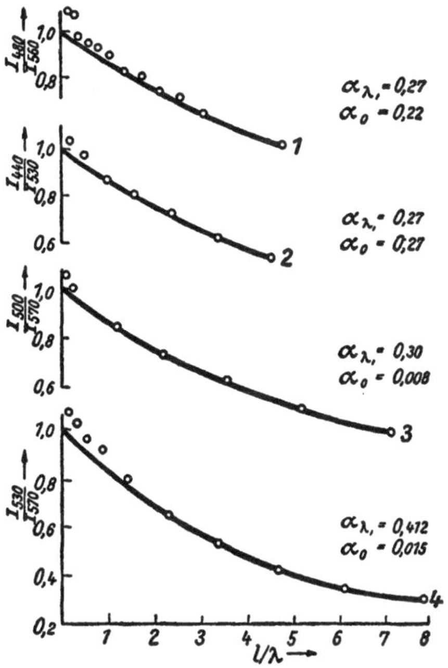

Abb. 62. Verhältnis der Fluoreszenzintensitäten, die im absorbierten (λ_1) und nicht absorbierten (λ_2) Spektralbereich austritt, in Abhängigkeit von der Schichtdicke

1 Benzoflavin und Chrysoidin; *2* Chininsulfat und Auramin; *3* Fluoreszein; *4* Eosin

LITERATUR

1. Л. И. Мандельштам, Собр. соч., т. I, стр. 261.
   L. I. Mandelstam, Ges. Werke, Bd. I, S. 261.
2. W. L. Lewschin, Z. Phys., 1924, 26, 274.
3. С. И. Вавилов, П. Г. Глухов и И. А. Хвостиков. ДАН СССР.
   S. I. Wawilow, P. G. Gluchow und I. A. Chwostikow, Ber. Akad. Wiss. UdSSR, 1937, 16, 267.
4. Б. Я. Свешников и П. П. Феофилов, ЖЗТФ.
   B. I. Sweschnikow und P. P. Theofilow, Zs. f exp. u. theor. Phys., 1940, 10, 1372.
5. Ф. М. Пекерман, ДАН СССР. Диссертация, ГОИ.
   F. M. Pekerman, Ber. Akad. Wiss. UdSSR, 1946, 52, 409, 778; Dissertation, Staatl. Opt. Inst., 1948.
6. E. Gaviola und P. Pringsheim, Z. Phys., 1924, 24, 24; F. Weigert und G. Käppler, Z. Phys. 1924, 25, 99.
7. G. L. Datta, Z. Phys., 1936, 37, 625.
8. H. Kallmann und F. London, Z. Phys. Chem., 1929, 2, 207.
9. F. Perrin, Ann. Phys., 1932, 17, 283.
10. Th. Förster, Ann. Phys., 1948, 2, 55.
11. С. И. Вавилов, Бестник Ленинградского ун-та.
    S. I. Wawilow, Bote der Leningrader Univ., 1946, Nr. 1, S. 5.
12. Ср. напр. обзоры С. И. Вавилов, Изв. АН СССР, серия физ.; П. П. Феофилов, Изв. АН СССР, серия физ.
    Vgl. z. B.: S. I. Wawilow, Nachr. d. Ak. d. Wiss. UdSSR. Physik. Serie 1945, 9, 283; P. P. Theofilow, ebd. 1949, 13, 33.
13. Ср. С. И. Вавилов, ЖЗТФ.
    Vgl. S. I. Wawilow, Zs. f. exp. u. theor. Phys., 1940, 10, 1363.
14. С. И. Вавилов, ЖЗТФ.
    S. I. Wawilow, Zs. f. exp. u. theor. Phys., 1943, 13, 13.
15. С. И. Вавилов, ДАН СССР.
    S. I. Wawilow, Ber. Akad. Wiss. UdSSR, 1944, 45, 7.
16. М. Н. Галанин, Тр. физ. ин-та им. П. Н. Лебедева.
    M. D. Galanin, Abhandl. d. Phys. Inst. P. N. Lebedew, 1950, 5, 382.
17. С. И. Вавилов, ДАН СССР.
    S. I. Wawilow, Ber. Akad. Wiss. UdSSR, 1936, 12, 271.
18. С. И. Вавилов, ДАН СССР.
    S. I. Wawilow, Ber. Akad Wiss. UdSSR, 1944, 42, 344.
19. А. Д. Севченко, ДАН СССР.
    A. N. Sewtschenko, Ber. Akad. Wiss. UdSSR, 1944, 42, 349.
20. М. Д. Галанин, ДАН СССР.
    M. D. Galanin, Ber. Akad. Wiss. UdSSR. 1947, 57, 883.
21. А. Н. Севченко, ЖЗТФ.
    A. N. Sewtschenko, Zs. f. exp. u. theor. Phys., 1947, 17, 1063.
22. S. I. Wawilow und W. L. Lewschin, Z. Phys., 1928, 48, 397.
23. А. И. Севченко, Изв. АН СССР.
    A. N. Sewtschenko, Nachr. Akad. Wiss. UdSSR, 1949, 13, 188.
24. A. Jablonski u. W. Szymanowski, Nature, 1935, 135, 582; A. Jablonski, Z. Phys., 1935, 95, 53; 1936, 103.
25. S. I. Wawilow, Z. Phys., 1925, 31, 750.
26. Ф. С. Барышанская, ДАН СССР.
    F. S. Baryschanskaja, Ber. Akad. Wiss. UdSSR, 1937, 17, 99.

27. A. Boutaric et J. Bouchard, J. Phys. et Rad., 1933, 4, 324; J. Bouchard, J. Chim. Phys., 1936, 33, 51, 127, 232.
28. F. Perrin, C. R., 1924, 178, 1978.
29. S. I. Wawilow, Z. Phys., 1928, 50, 52; 1929, 55, 690.
30. I. M. Frank und S. I. Wawilow, Z. Phys., 1929, 53, 665.
31. Ф. А. Душинский, ДАН СССР.
F. A. Duschinski, Ber. Akad. Wiss. UdSSR, 1937, 14, 73.
32. Th. Förster, Z. Elektrochem., 1949, 53, 93; Z. Naturforsch. 1949, 4a, 321.
33. S. I. Wawilow, Z. Phys., 1924, 22, 266.
34. W. Szymanowski, Z. Phys., 1935, 95, 460.
35. J. Perrin, C. R., 1927, 184, 1097.
36. С. И. Вавилов и М. Д. Галанин, ДАН СССР.
S. I. Wawilow und M. D Galanin, Ber. Akad Wiss. UdSSR, 1949, 67, 811.
37. О. С. Молчанова и И. Д. Гребенщиков, ЖОХ.
O. S. Moltschanowa und I W. Grebenschtschikow, Zs.f. org. Chem. 1942, 12, 587.
38. С. И. Вавилов, ДАН СССР.
S. I. Wawilow, Ber. Akad. Wiss. UdSSR, 1950.
39. S. I. Wawilow, Z. Phys., 1928, 50, 52.

Bei Fragen zur Produktsicherheit wenden Sie sich bitte an:
If you have any questions regarding product safety,
please contact:

Walter de Gruyter GmbH
Genthiner Straße 13
10785 Berlin
productsafety@degruyterbrill.com